U1008571

科学岛记忆

八号工程

邹士平　主编

中国科学技术大学出版社

内 容 简 介

本书为“科学岛记忆”系列图书之一，列入安徽省文化强省建设专项资金项目。八号工程是20世纪70年代初到80年代中期，国家在合肥市科学岛建设的初期受控核聚变装置的代号。本书基于诸多历史文件、资料等，全面概述了“八号工程”建设的历程，包含项目筹划、建设、优化、转型等。八号工程是全超导托卡马克核聚变实验装置（EAST）、稳态强磁场中心等诸多大科学装置的攀登基石与开路先锋，被誉为“科学的春天”埋下的“太阳”种子。

本书有助于梳理中国受控核聚变事业的发展历程，总结相关历史经验，弘扬老一辈科学家科技报国、科技兴国的爱国主义精神。

图书在版编目（CIP）数据

科学岛记忆．八号工程 / 邹士平主编．-- 合肥 ：中国科学技术大学出版社，2025．4．-- ISBN 978-7-312-06198-1

安徽省文化强省建设专项资金项目

Ⅰ．G322.21；TL63

中国国家版本馆CIP数据核字第202536DP43号

科学岛记忆：八号工程

KEXUEDAO JIYI：BA HAO GONGCHENG

出版 中国科学技术大学出版社
安徽省合肥市金寨路96号，230026
http://press.ustc.edu.cn
http://zgkxjsdxcbs.tmall.com

印刷 合肥华苑印刷包装有限公司

发行 中国科学技术大学出版社

开本 787 mm×1092 mm 1/16

印张 17

插页 1

字数 305千

版次 2025年4月第1版

印次 2025年4月第1次印刷

定价 108.00元

本书编写组

主　编　邹士平

副主编　张　曙　申　飞　林中凰

编　委（按姓氏笔画排列）

王亚东　甘　璐　刘杰云　吴　烨

肖　雪　汪　瑶　钱军秀　储　慧

八号工程礼赞

（代序）

八号工程，豪气干云催生研究所；

八号工程，向死而生迂回聚变路。

八号工程，始于二十世纪七十年代，国家经济困难之时，举全国之力，建设重大科技基础设施，经费捉襟见肘，路途一波三折。从大装置，大投入，到小型化，多途径，矢志不渝，坚韧坚守，过程精彩，意志感人。

八号工程，是发展聚变的里程碑，是攀登聚变的曲折路，是验证聚变的试金石，是献身聚变的群英谱。

八号工程，一十二载，是一次伟大的科学实践，书写了敢为人先的挑战勇气，众志成城的团队作风，百折不回的坚强意志，永不言败的执着信念，脚踏实地的求是态度，迭代接力的奉献精神。

二〇二四年六月三日于科学岛

目 录

1 引　言

从发现火开始，人类改造自然界的斗争历史就和对各种自然能源的利用分不开了。能源，是人类社会发展的基石。没有能源，从陆地到海洋，从海洋到天空，从天空到宇宙，人类社会的一切活动都将停摆。一个没有能源的世界，是死寂的、是没有生命的。

至今人类掌握的主要能源，如煤、石油、水力、风力、太阳能等，无不是太阳发出能量的直接或间接转化形式，而太阳只不过把它的光和热的20亿分之一给了地球，太阳之所以能发出这么大的热量并经久不息，缘于原子核的聚变能的维持。

原子核结合能的释放有两种方式：一种是由比较重的核（核子数在100以上）分裂成两个轻一点的原子核——称为核裂变；另一种是由两个比较轻的核（核子数在40以下）聚合成一个较重的核——称为核聚变。从单位重量的燃料来说，聚变反应不但比化学反应（如煤、石油的燃烧）释放的能量大而且比裂变反应放出的能量也大得多：

1 kg煤燃烧可得热量3.3×10^{7} J；

1 kg汽油燃烧可得热量5.3×10^{7} J；

1 kg铀裂变可得热量8.2×10^{13} J；

1 kg氘聚变可得热量3.5×10^{14} J。

所以从释放的能量来看，1 kg氘相当于4 kg铀、6600 t汽油，近20000 t煤。和铀不一样，氘没有放射性且提取也比较容易。从经济效益来看，1 kg氘的价格远低于6600 t汽油的价格。其次，氘的储量也很大，1 kg海水中就有0.03 g氘，地球上约有10^{21} kg海水，氘含量约为10^{17} kg，可释放10^{31} J的能量，足够供应人类上百亿年所需的能量。

虽然聚变有这么多的优点，但是利用它却有很大的困难，这和原子核的结构和核反应的机制有关。聚变要通过两个氘核互相接近，达到核作用力范围（约10^{-13} cm）才能产生反应。当两个带正电的氘核互相接近时，就有静电的排斥力把它们推开（即同性相斥），静电势就像一座山似的把它们隔开。为了使它们接近，要使两个氘核以很大速度对碰，用它们的动能来克服静电势。据实验资料估计，为了使二个氘核能相遇，它们间的相对速度至少要在7×10^{7} cm/s（即700 km/s）以上，这时作为燃料的氘早已成为温度在5×10^{7} ℃以上的等离子体了，这就是聚变反应又称为热核反应的缘由。

在地球上是没有如此高温的等离子体存在的，就是有，由于它要膨胀，要向四面八方逃散、变冷，也会很快消失。但在宇宙空间，等离子体是大量存在于各类恒星上的。它们在那里是不会飞散的，因为恒星的质量很大，引力也很大，足以把这一团气体吸引在一起。地球引力对速度在8 km/s以上的运动物体已经约束不住了,更谈不上速度700 km/s以上的氘核了。

因此,要在地球环境里产生聚变反应,第一个大难题是如何约束高温等离子体,第二个大难题是怎样把它提高到5×10^{7} ℃乃至1×10^{8} ℃,并使这时聚变反应放出的能量超过高温等离子体损失的能量,达到"热核点火"的条件。所以,弄清楚太阳能量产生的原理并且研究利用这种原理,就等于有了一把打开能源大门的金钥匙,就有了能够驱动人类社会持续高质量发展的取之不尽、用之不竭的原动力。

2011年4月9日,习近平同志在视察中国科学院合肥物质科学研究院等离子体物理研究所时说:"人类的文明进步离不开科技创新的支撑,人类的生存发展离不开能源,而能源的永续利用离不开科技进步。核聚变能研究工作为人类在选择未来能源方面开辟了一条光明的道路。而在人类聚变工程发展中,又是中国人在起着重要的前驱作用,正如毛主席所说那样'中国人要对人类做出更大贡献',你们是在做一项非常伟大的事业,相信一定会取得成功,再接再厉。"

2 建设受控热核装置设想

1964年,毛主席发出科学技术赶超世界先进水平的号召。1965年,中国科学院着手制定我国科学技术跃进的10~20年规划,认为在物理学方面应该在6个项目上赶超:等离子体和受控热核反应、低温工程、强磁场技术、高压工程、固体能谱、强电流脉冲放电技术。为此拟建立一个综合性的实验物理中心,其指导思想是,物理学是带头学科,要发展物理学就要建立大型实验装置。1965年,国家科委派工作组到中国科学院物理研究所(以下简称物理所)协助工作,提出方案,由国家科委党组、中国科学院党委报送周恩来总理。当年11月,周恩来总理批准了国家科委和中国科学院报送的计划。地址选在“三线”的汉中,称技术物理中心,也称“325”工程,预算7500万元,建筑面积60000~70000 m^2,人员编制3000人。拟建的技术物理中心由中国科学院物理所党委书记、副所长李德仲任主任,李德仲将物理所留苏高才生、物理学新星陈春先调入该拟建的技术物理中心,负责核聚变、技术物理研究方面的调研、规划,制定实施方案和措施等。1966年,“文化大革命”开始后,这个技术物理中心规划不出意外地流产了,受控核聚变研究也就跟着夭折了。

1968年8月,第三届等离子体物理和受控核聚变研究国际会议在新西伯利亚召开,苏联公布了托卡马克装置T-3的最新实验结果。这是一种强磁场环形等离子体装置,在当时取得很高的参数,等离子体电子温度达到了1000 eV,等离子体约束时间长达几毫秒。他们的实验结果一经发表,震惊了国际学术界。

1969年4月,陈春先被下放到中国科学院湖北潜江“五七干校”劳动了一年多。他在1970年7月返回物理所后,开始梳理其自1967年以来就开始关注的受控核聚变的具体实施方案的思路,查阅了大量的俄文文献,对苏联受控核聚变装置T-3进行了深入研究。

陈春先日记记载,1970年8月14日,陈春先在北京大学讲授托卡马克受控核聚变;8月25日,在物理所一室汇报托卡马克装置所需的电感蓄能方案;9月11日,在中国科学院第四个五年计划赶超项目讨论会上,与电工所严陆光等提出利用中国科学院安徽光学精密机械研究所(以下简称安徽光机所)八号电感建设一个具有世界先进水平的强磁场环形热核反应实验装置的设想。

中国科学院原合肥分院院长邱励俭回忆:“就在1971年,当我即将离开中关村力学所,前往合肥的时候。我参加了一次中关村普通的科学集会,讨论聚变研究前景,会场上有一个穿着一件又破又旧的红毛衣,又粗又胖的中年人,慷慨激昂地,用清晰而又具有物理活力的发言震撼了我:‘只有托卡马克才有希望。'有人告诉我,他就是陈春先。"陈春先紧盯托卡马克的状态给邱励俭留下了深刻的印象:"努力,每天做什么很清楚;用功,物理思想明确,能抓核心问题;能鼓动,有公关能力,善于利用各种人际关系。"

1971年,物理所党委书记高原带着陈春先来到合肥,与安徽光机所副所长何志明、科技处副处长姚民军、一室邱励俭和季幼章等同志协商在安徽光机所建造核聚变实验装置的设想。

20世纪70年代初,受控核聚变研究在国家那里"很难排上号",陈春先开始四处奔走游说。他性格执着、不厌其烦、乐此不疲,认定的事就必须干到底。他用了一个通俗而形象的比喻——"海水变石油"来游说有关领导。陈春先在游说时如同"黏豆包"一样,不解决问题誓不罢休。他终于争取到了院所两级领导的支持,迅速开辟了中国科学院系统受控热核聚变研究领域的新局面。时任中国科学院秘书长郁文在听取陈春先汇报后,将情况反映至国务院。

1972年10月4日,周恩来总理对我国受控核聚变研究作出"受控研究两家搞,两条腿走路,百家争鸣"的批示(指中国科学院与二机部同时进行研究,百家争鸣),由此形成了之后我国磁约束聚变研究的长远布局,中国科学院党的核心小组正式确定受控热核反应研究为全院重点项目。

该项研究的最终目的,是实现"燃烧"海水中的重氢,使其发生可控热核反应,以获得人类社会发展所需要的巨大能源。它的研究成功,将使大海成为人类取之不竭的燃料库,并为大规模改善自然环境创造新的前景,有着重大的政治、经济、科学和军事意义。自20世纪50年代以来很多国家进行了长期艰苦的探索,60年代末以来取得了重要进展。从当时的发展形势看,70年代中期到80年代中期将是受控热核研究发生转折的时期,有可能突破"点火"这个重大目标。因此,美国、苏联投入了大量的人力物力,除了苏联的T-3装置外,美国于1951年3月在普林斯顿大学启动仿星器位形(8字形)可控核聚变相关研究,同年7月获得美国原子能委员会(Atomic Energy Congress, ACE)的正式批准;1953年他们首次提出等离子体回旋共振加热(ICRH)的概念;1961年2月,相关实验室更名为普林斯顿等离子体物理实验室(PPPL);1964年,PPPL首次提出中性束注入加热等离子体(NBL)方案;1969年7月,缘于苏联T-3托卡马克装置取得丰富的研究成果,PPPL开始将研究重点从仿星器转向托卡马克。与此同时,西欧各国也决定联合建造大型"点火"装置。为了早日实现工业、农业、国防和科学技术四个现代化,当时的科技工作者认为我国有必要加强这方面的研究,把这一重大领域的研究工作搞上去。

20世纪60年代末，陈春先与同事在北京物理所托卡马克实验楼前合影(右一为陈春先)

1970年陈春先从湖北潜江中国科学院“五七干校”回北京留影(第二排右一为陈春先)

3 受控热核反应实验站

3.1 建站依据和计划

物理所和安徽光机所经过近两年的充分沟通和交流后，于1973年1月28日联名向中国科学院提出《关于建设受控热核反应研究实验站的请示报告》(以下简称《报告》，图3.1)。《报告》明确了受控热核反应研究的目标，就是利用海水中的重氢元素，在高温下放出巨大热核能(1 L海水所含重氢可释放出相当于300 L汽油的能量)，通过人工控制的方法为人类做功。这个目标一旦实现，对整个人类生产力的提高会带来革命性的变化。

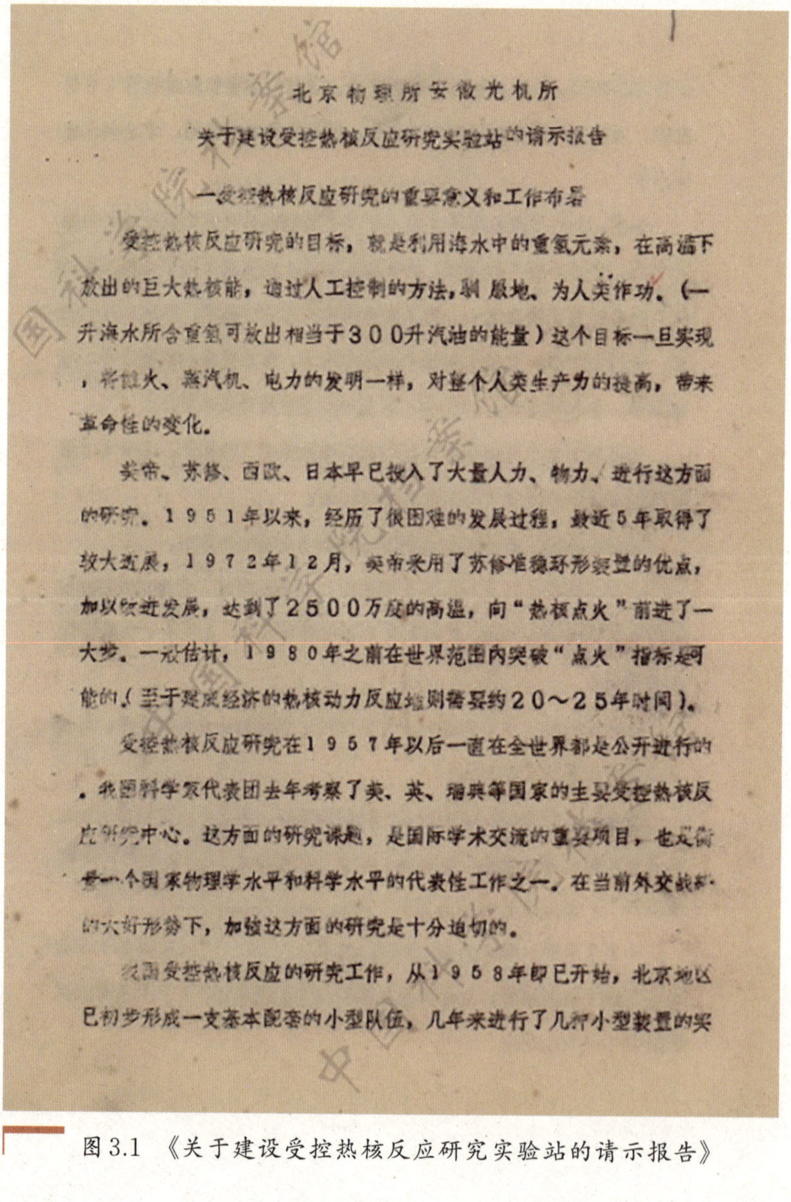

北京物理所安徽光机所

关于建设受控热核反应研究实验站的请示报告

一受控热核反应研究的重要意义和工作布署

受控热核反应研究的目标，就是利用海水中的重氢元素，在高温下放出的巨大热核能，通过人工控制的方法，稳定地、为人类作功。（一升海水所含重氢可放出相当于300升汽油的能量）这个目标一旦实现，将同火、蒸汽机、电力的发明一样，对整个人类生产力的提高，带来革命性的变化。

美帝、苏修、西欧、日本早已投入了大量人力、物力、进行这方面的研究。1951年以来，经历了很困难的发展过程，最近5年取得了较大进展，1972年12月，美帝采用了苏修准稳环形装置的优点，加以改进发展，达到了2500万度的高温，向"热核点火"前进了一大步。一般估计，1980年之前在世界范围内突破"点火"指标是可能的。（至于建成经济的热核动力反应堆则需要约20～25年时间）。

受控热核反应研究在1957年以后一直在全世界都是公开进行的。我国科学家代表团去年考察了美、英、瑞典等国家的主要受控热核反应研究中心。这方面的研究课题，是国际学术交流的重要项目，也是衡量一个国家物理学水平和科学水平的代表性工作之一。在当前外交战线的大好形势下，加强这方面的研究是十分迫切的。

我国受控热核反应的研究工作，从1958年即已开始，北京地区已初步形成一支基本配套的小型队伍，几年来进行了几种小型装置的实

图3.1 《关于建设受控热核反应研究实验站的请示报告》

《报告》指出,自1951年以来,美国、苏联、西欧、日本投入了大量的人力、物力进行受控热核反应研究。1972年12月,美国对苏联准稳态环形装置加以改进并发展,达到了2.5×10^{7} ℃的高温,向“热核点火”前进了一大步。一般估计,1980年前在世界范围内突破“点火”指标是可能的。建成商业型热核动力反应堆则可能需要20～25年时间。

《报告》提出,我国受控热核反应的研究工作起始于1958年,目前在北京地区已初步形成一支小型队伍,近几年来进行了几种小型装置的实验和理论研究,观察到热核反应的中子。但总的水平仍落后世界10年左右。我们必须奋起直追,才能赶上世界先进水平。

1972年,我国科学家代表团考察了美国、英国、瑞典等国家的主要受控热核反应研究中心。一致认为该研究是国际学术交流的重要项目,也是衡量一个国家科学水平的代表性工作之一,尤其在当时中、美关系缓和的大好形势下,加强这方面的研究是十分迫切的。

根据中国科学院《受控热核反应研究计划任务书》的部署,1980年以前的任务大体分为三个互相交叉的阶段:

(1) 在北京地区进行多途径小型实验的探索。建立技术先进、机动、灵活、多样的小型实验装置,深入进行等离子体物理研究,实验新的加热和约束原理。开展相应的理论工作,探索解决“实现热核点火”的关键性、原理性物理问题。

(2) 1974—1975年,利用安徽光机所八号电感能源筹建准稳态环形中间实验装置。从1973年开始准备,1976年起进行物理实验。

(3) 1975—1980年,围绕热核点火的目标,建设具有我国特色的大型装置。

彼时物理所正在进行上述第一阶段的工作,为了不失时机地进行合肥中间实验的准备,《报告》建议从1973年起筹建“八号电感能源热核实验站”,筹建期3年左右。筹建进程初步设想如下:

1973年:组织力量,培训技术骨干(部分可通过物理所六号小型装置开展)。进行方案调研,准备能源和电气系统实验。年底前进行一次方案讨论。

1974年:完成中间实验装置的设计(提出几种方案供选择),进行部件性能的实验研究。

1975年:完成中间实验装置的加工、安装、调试。

1976年起:进行中间实验装置的物理实验。

《报告》着重指出,利用安徽光机所八号电感建设受控中间实验装置是实现赶超世界水平的重要步骤,且具有以下三方面重要的有利条件:

（1）安徽光机所现有的八号电感是国内唯一、世界上很少有的大型贮能装置设备(已投资600多万元,总投资900万～1000万元)。它是1966年由中国科学院电工所八室802组(组长严陆光,副组长张永、林良真)季幼章、陈浩树二人设计的,当时是为了配合640-3工程任务,即用大能量激光武器摧毁来袭的导弹,研制用于固体激光器脉冲氙灯的千万焦级大能量激光用电感储能装置。

季幼章于1964年第4季度利用所里的电缆线,设计并绕制成一台电感线圈(五号线圈),验证了电感储能电源激光器原理,从而为大能量固体激光器电源的研制准备了条件。1965年,电工所提出建一个百万焦耳电感储能中间实验装置,季幼章于1965年初设计,加工建成了百万焦耳(储能量10^6 J)电感线圈(六号线圈)。上海电缆厂负责加工铜电缆绞线,绕包聚酯薄膜绝缘带制成电缆。上海电机厂变压器车间将电缆绞线绕制成线圈,接头焊接引线,整体紧固,做好绝缘支撑等,于1965年底全部完成。

经过五号电感线圈(储能量10^5 J)原理试验,六号电感线圈(储能量10^6 J)中间实验,1966年初,电工所提出建造一个七号电感线圈,储能量为7.7×10^7 J。

随后季幼章、陈浩树通过论证,按照激光输出1 MJ(10^6 J)要求及0.5%转换效率,电感线圈储能量应为200 MJ(2×10^8 J),即要建一个八号电感储能线圈。

八号电感线圈用来储藏磁场能量,设计中对于导线材料、电缆结构和绝缘进行了分析比较,最终决定选用铝芯圆形电缆。电缆的绝缘选用聚酯薄膜。基于电感线圈的特点进行几何尺寸的选择,线圈的绝缘分为匝间、层间、对地三部分,分别根据放电时出现的峰值电压,采取了相应的措施。线圈的结构能很好地满足热稳定性和电动稳定性的要求。

1966年4月到1969年6月,以西安电炉变压器厂为主,同时组织上海电缆厂、西安绝缘材料厂进行非标准加工制造,并聘请上海电机厂变压器车间技工张道鸿师傅为技术顾问。季幼章和陈浩树驻厂,一起进行设计、加工、试验、验收。

自1969年8月开始,西安电炉变压器厂派出技术人员和工人,到合肥电工所分部2-1实验大厅进行现场绕制。该线圈共有10层,每层6个单饼,每饼由2根电缆并绕。到12月底绕制完成。

大型电感储能与电容储能相比具有体积小、重量轻、成本低的优点。在研制过程中,季幼章和陈浩树根据实际要求和可能,将电感储能装置最大设计水平提高到6×10^7 J(因此最初也叫七号电感),线圈正常运行储能可达5×10^7 J。

电感储能线圈电感为26.3 mH，由铝电缆串并联组成螺管线圈，线圈室温电阻为2.9 mΩ，充电时间常数约9 s，最大电流可达70 kA（对应最大储能量为6×10^7 J）。其充电电源由500台QT-103型潜艇退役蓄电池串并联而成，充电起始电压为250 V。其主断路器采用空气断路器，放电换流采用充填石英砂的铜熔丝。电感储能装置的控制、测量系统由802组自行研制。由于电感线圈绕制工艺复杂、体积大、重量重，搬运和长途运输难以解决，因此决定电感线圈零部件分别在上海电缆厂和西安电炉变压器厂加工，线圈由西安电炉变压器厂技术人员和工人在合肥现场绕制。随后802组会同电工所派驻合肥的科技人员积极进行线圈绕制准备工作以及进行电源等设备的安装。经过多方人员的努力，经历近一年的时间，技术人员完成了电感储能线圈的绕制，同时500台潜艇退役蓄电池、主开关、换流回路以及测量控制系统也安装调试完成，最终于1969年底建成设备。经过2年多配合及640-3工程近千次打靶试验，积累了运行经验。1972年11月调试达到5.97×10^7 J的水平（设计指标为5×10^7 J）。在此基础上增加200万～300万元的投资，预计可提供2×10^8 J（注：这也是八号电感名称的由来）的“大能量”，提供了热核中间实验装置所需的能源供给，节省了800万～900万元的设备投资。

（2）安徽光机所能源室现有技术骨干队伍，在大型脉冲电源、强磁场、电气技术方面是受控热核反应研究中一支很好的基础力量，只要加以适当的充实，就能基本满足准稳态环形热核中间实验的需要。此外，安徽光机所三室在应用激光进行热核反应的诊断方面有着2年多的研制经验。因此，热核实验站的工作可与安徽光机所激光应用的方向相互促进。

（3）安徽光机所现有加工和基建条件比较好。所属工厂是中国科学院规模最大、设备最多的精密机械工厂。建筑面积30000 m^2，职工按千人设计。现有职工550人，各种机床设备250多台，光学加工设备40多套。

全所建筑12万多平方米，绝大部分是实验室。在八号电感附近，有近4000 m^2的实验大厅可供受控实验之用。水源、电源的容量也很大。

以上条件，对于同时满足激光和受控两方面研究工作的发展要求是很充裕的，还可以减少2000万元以上的实验室建设投资，节省5年左右的建设时间。但要建立热核实验站仍存在一定困难，主要是研究技术力量不足，缺乏熟练的技术工人等。

《报告》最后希望在1973年内能调集100名左右的科技人员来安徽光机所从事受控热核反应研究工作。其中物理所有受控热核研究比较配套的骨干队伍30～50人，从全国各地调入50～70名专业对口的青年科技人员和少数有经验的研究技术骨干。

图3.2为安徽光机所1973年科学研究计划(部分内容)。

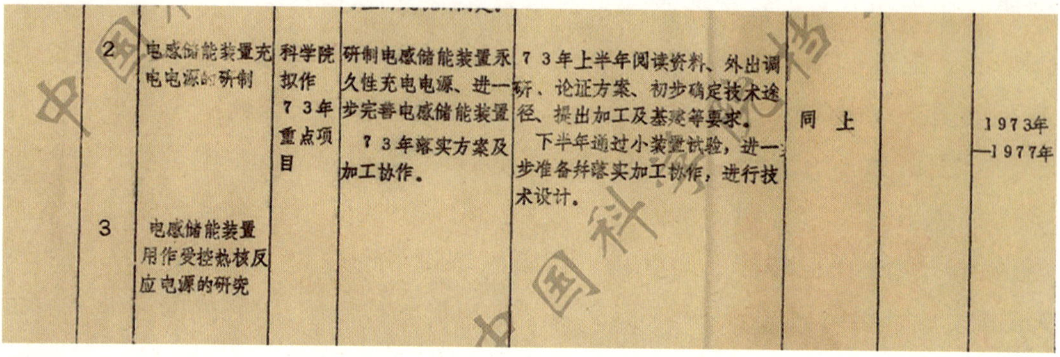

	2	电感储能装置充电电源的研制	科学院拟作73年重点项目	研制电感储能装置永久性充电电源、进一步完善电感储能装置 73年落实方案及加工协作。	73年上半年阅读资料、外出调研、论证方案、初步确定技术途径、提出加工及基建等要求。 下半年通过小装置试验，进一步准备并落实加工协作，进行技术设计。	同 上		1973年—1977年
	3	电感储能装置用作受控热核反应电源的研究						

图3.2 安徽光机所1973年科学研究计划(部分内容)

3.2 批准建设受控站

1973年4月6日，中国科学院批复同意在合肥建立受控热核反应研究实验站。实验站由物理所和安徽光机所双重领导，编制归安徽光机所。实验站的方向、任务、重大业务方案、年度计划和科研力量配置，由物理所和安徽光机所协商提出报中国科学院，经中国科学院批准后执行。实验站的党、政、生活管理和日常业务工作由安徽光机所统一领导。

实验站的人员调集，以物理所为主进行组织。按安徽省委批准的进人办法办理调动手续。

实验站的领导班子，党政干部原则上由安徽光机所负责配备，业务干部原则上由物理所负责配备。经两所协商一致后，由安徽光机所按干部任免权限上报地方党委批准。

实验站下属科研正副组长配备，由两所协商确定，由安徽光机所负责办理任免手续。

实验站所需实验和工作用房，由安徽光机所负责安排。需要新建、扩建和改建的用房，由两所共同编制基建计划，报中国科学院解决。已批准的3500 m^{2}宿舍基建任务，由安徽光机所负责联系施工。

实验站的经费、器材计划，由物理所、安徽光机所共同编制上报。由院“戴帽”下达到安徽光机所，专款专用。一般物资采购由安徽光机所负责，需要在北京采购的由物理所负责。其费用由实验站经费支付。

实验站各项工厂加工任务，由安徽光机所负责。安徽光机所无力承担而物理所能解决的项目，由物理所负责安排。两所都无法承担的加工任务，由安徽光机所报中国科学院三局协助解决。

实验站人员工资待遇执行调入地区工资标准。

筹建中的合肥受控热核反应研究实验站急需大批人才。陈春先提出：北京、上海、广州等大城市在"文革"中户口冻结，但合肥有落户可能；且"文革"期间，大批高校大学生、研究生在农村和边远地区接受"再教育"，完全脱离专业和科技背景，他们回不了大城市，若到合肥从事专业科技工作，是当时的最佳选择。物理所原党委书记高原回忆道：1973年1月20日，经我的一位老战友介绍，得悉安徽省革委会主任宋佩璋正在北京开会，第二天就要离京返回合肥。我得知消息后，急匆匆找到陈春先，拉着他马上搭公共汽车去前门饭店，好不容易找到了宋佩璋。我俩向宋提出要在董铺岛上建大型受控核聚变基地，需要引进人才，需要落实他们的城市户口。宋佩璋瞪大眼睛问："你们要在合肥搞原子弹？"他显然把原子弹与受控核聚变混为一谈了。陈春先拿出许多材料，深入浅出地讲了一番，宋佩璋受到感动和鼓舞，表态支持，同意回安徽后批准110名科技人员合肥户口指标，并要求我俩按当时的组织机构体制和规定，补交正式报批报告。

在安徽省委、中国科学院党的核心小组的重视及领导下，在兄弟单位的大力支持下，到1974年4月，受控热核反应研究实验站已调入各类技术人员90余人，与安徽光机所能源研究室50余人一起，组成了一支初具规模的受控热核反应研究队伍。

从1973年下半年开始，从全国各地调入的人员陆续到达合肥。事实上，这个人才网罗行动比全国"文革"后落实知识分子政策提早了七八年，在"文革"中能够说服中国科学院和处于军管之下的地方领导，创建受控核聚变实验站，筑巢引才，这简直是一个奇迹，也是陈春先对我国受控核聚变研究作出的重大贡献。

这些调入的技术人员主要是"文革"前1964年入学的研究生，或者是1965年、1966年、1967年大学毕业生中的精英，他们大多数是从北京大学、清华大学、复旦大学、中国科学技术大学等相关专业毕业被分配到全国边远地区的，他们因核聚变而被陈春先发掘出来并聚集在合肥。多年以后，他们中许多人成了全国受控核聚变领域的知名专家和重要岗位领导人，比较突出的是霍裕平、万元熙、谢纪康、王绍虎、郭文康、林文漪等。

图3.3为1973年12月29日，新调入人员的党组织关系介绍信（部分内容）。

图 3.4 为 1974 年 9 月 19 日，关于合肥受控站增调技术人员的请示报告（部分内容）。

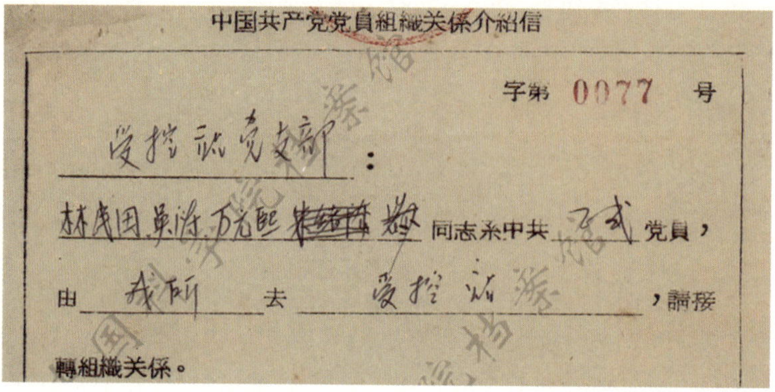

中国共产党党員組織关係介紹信

字第 0077 号

受控站党支部：

林茂国、吴涛、方光熙 等 同志系中共 正式 党员，

由 我所 去 受控站 ，請接轉組織关係。

图 3.3　1973 年 12 月 29 日，新调入人员的党组织关系介绍信（部分内容）

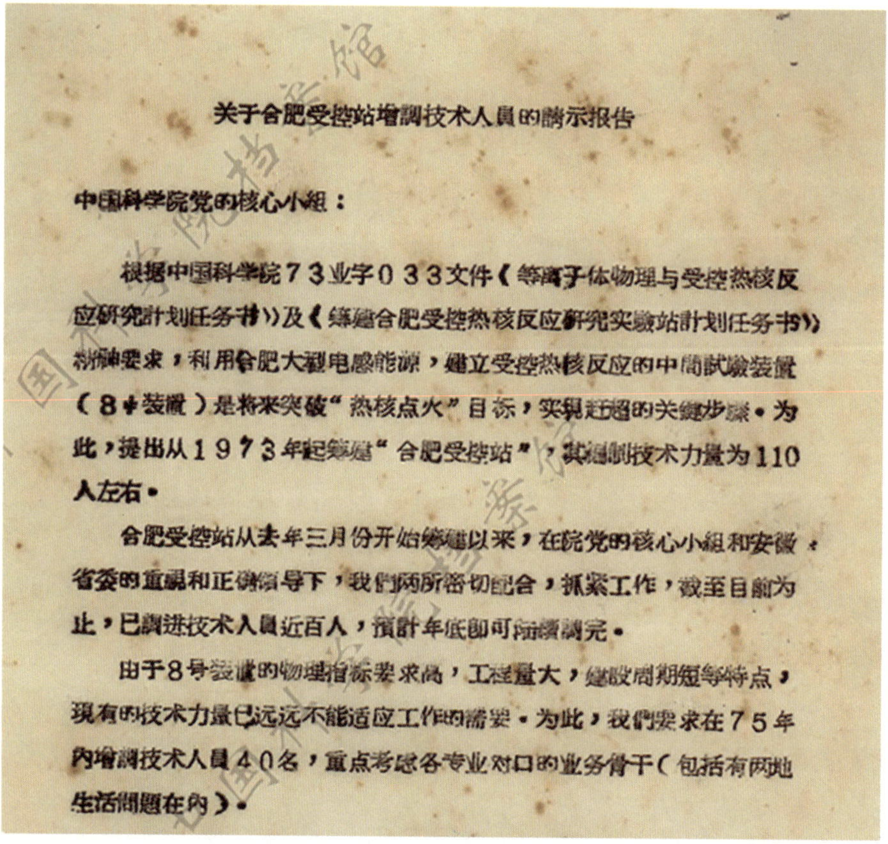

关于合肥受控站增調技术人員的請示报告

中国科学院党的核心小組：

根据中国科学院７３业字０３３文件《等离子体物理与受控热核反应研究計划任务书》及《筹建合肥受控热核反应研究实驗站計划任务书》精神要求，利用合肥大型电感能源，建立受控热核反应的中間試驗装置（８号装置）是将来突破“热核点火”目标，实現赶超的关键步骤。为此，提出从１９７３年起筹建“合肥受控站”，其編制技术力量为110人左右。

合肥受控站从去年三月份开始筹建以来，在院党的核心小組和安徽省委的重視和正确領导下，我們两所密切配合，抓紧工作，截至目前为止，已調进技术人員近百人，預計年底即可陆續調完。

由于８号装置的物理指标要求高，工程量大，建設周期短等特点，現有的技术力量已远远不能适应工作的需要。为此，我們要求在７５年内增調技术人員４０名，重点考虑各专业对口的业务骨干（包括有两地生活問題在内）。

图 3.4　1974 年 9 月 19 日，关于合肥受控站增调技术人员的请示报告（部分内容）

建设中的八号电感

八号电感储能线圈

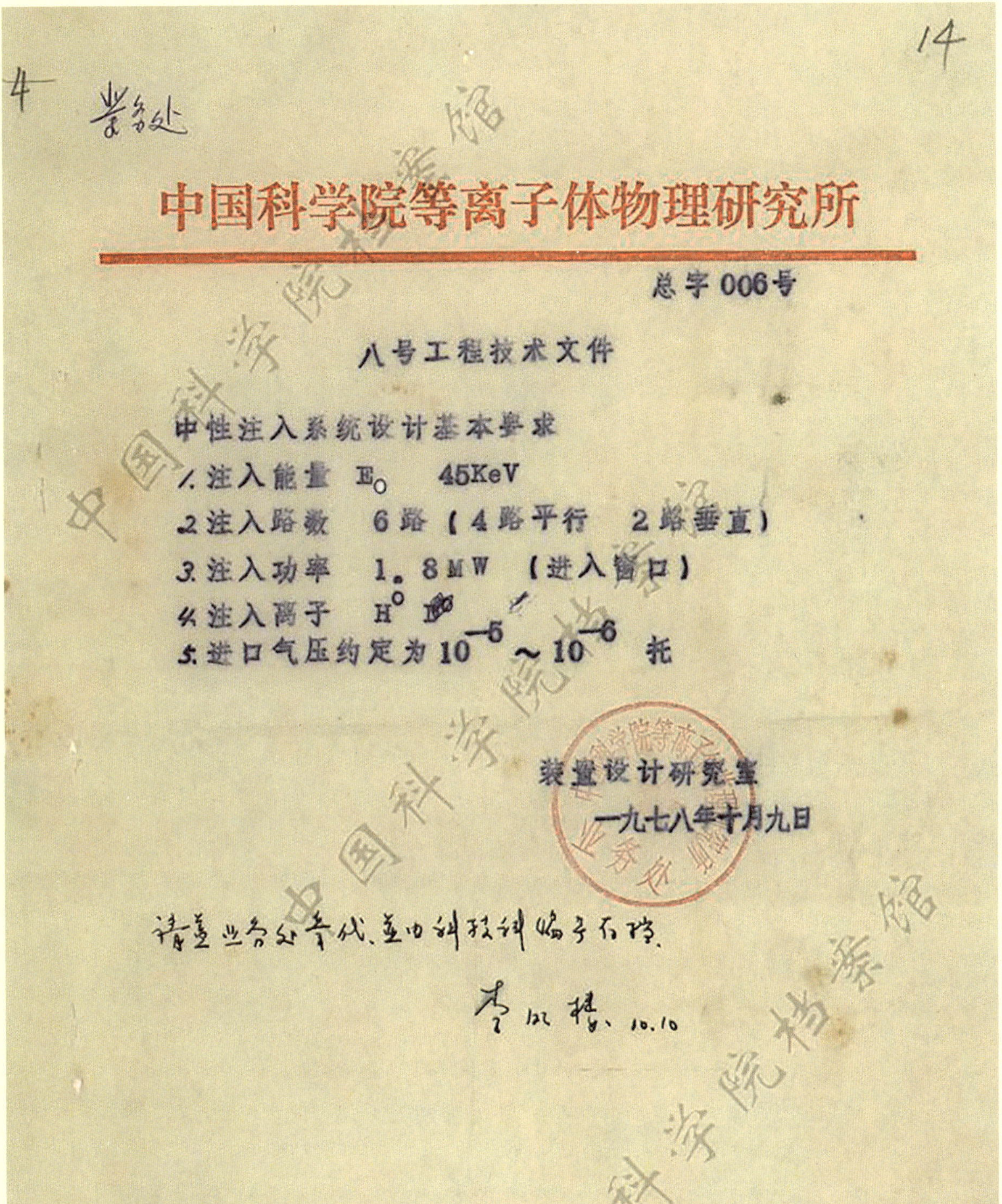

4

业务处

14

中国科学院等离子体物理研究所

总字006号

八号工程技术文件

中性注入系统设计基本要求

1. 注入能量 E_0 45KeV
2. 注入路数 6路（4路平行 2路垂直）
3. 注入功率 1.8MW （进入窗口）
4. 注入离子 H^0 D^0
5. 进口气压约定为 10^{-5} ~ 10^{-6} 托

装置设计研究室

一九七八年十月九日

请送业务处拿代、并由科技科编号存档。

李成楼、10.10

中国科学院档案馆

《八号工程技术文件》

4 筹建八号工程

受控站成立后，主要研究工作是筹建大型受控核聚变实验装置，简称八号工程。陈春先在物理所搞六号工程时，就开始规划中国科学院聚变研究的发展蓝图，而且把目标放在赶超国际水平上。为了建造一台更大的托卡马克装置，他多次到合肥调研，计划将安徽光机所已运行的八号电感(储能 10^8 J)作为储能装置，并利用该所场地作为实验室筹建八号装置，这是八号工程建设的由来。

中国科学院合肥物质科学研究院第一任院长谢纪康回忆说：陈春先在为八号工程上马游说时，表现出一种坚忍不拔的精神和一种超常的感染说服能力。他都没什么关系，却什么人都能找。他知道，要取得领导的支持，必须先说服一众领域专家，那段时间，他几乎把在北京的核科学口专家找了一个遍。找钱三强，能坐在他家门外楼梯上等一个小时；见到有关人员可以跟你讲核聚变，能让你成为核聚变的"信徒"；见到不同的人群，宣讲核聚变的内容不一样，干部和工人都能听懂并为之鼓掌。

1974年3月17日，安徽光机所和物理所形成了《关于合肥强磁场环形受控热核反应实验装置(八号装置)初步方案报告》。报告根据中国科学院〔73业字033号〕文件《受控热核反应研究规划》及《筹建合肥受控热核反应研究实验站计划任务书》指示精神，计划在充分利用安徽光机所现有大型电感能源、强磁场方面实验条件和有关技术力量基础上，在1974—1976年建成合肥环形热核中间实验装置，为赶超世界先进水平作出贡献。

该报告指出，根据合肥电源系统的规模，八号装置的建设计划分两阶段进行。

第一阶段：1975—1976年，环电流达到 1×10^6 A左右，纵磁场强度20000 G，储能量 5×10^7 J，离子和电子温度 1×10^7～2×10^7 ℃，能量约束时间100 ms以上。可以充分研究无碰撞区(即所谓"香蕉区"，未来的点火装置和热核反应堆必将在"香蕉区")的各种物理规律和新的现象(如各种香蕉粒子的不稳定性，中性束注入加热和磁面变化对约束的影响，等等)。

第二阶段：1978—1979年，在第一阶段实验的基础上，对实验装置和电源进行适当改装，使磁场升能至 2×10^8 J，中心磁场提高到40000 G，环电流提高到 2×10^6 A左右。使用强大的中性束注入(不小于5000 kW)和最有利于稳定性的磁面形态，向"点火"指标进行冲击(离子温度 3×10^7 ℃以上，能量约束时间0.3～0.5 s，密度 1×10^{14} cm^{-3})。

为了实现上述目标，首先要保证基本物理设计思想和参数选择的先进性，同时也要与我国现阶段工程技术水平相适应。八号装置基本物理思想主要体现在以下三个方面：

（1）在纵磁场储能量一定时，尽可能选取有利的几何尺寸，即较大的等离横截面和较小的纵横比。这样“较粗”和“较胖”的等离子环在稳定因子一定时，可允许存在较大的环电流，从而提高装置综合参数。

（2）采用强流中性注入这一辅助加热手段提高离子温度。随着温度上升，电流欧姆加热效率降低。所以利用上述手段输入能量是达到“点火”温度的一个关键环节。八号装置的中性束注入系统应提供3000～5000 W的束功率。

（3）采用外加载流导体系统控制磁面形态。研究环形磁面在不同截面时等离子体柱的平衡稳定特性、输运过程和能量损失，从而为点火装置选择最佳磁面形态提供依据。国际上目前还没有这种具体设计。其他如改进平衡稳定特性（如负反馈平衡系统）及其他辅助加热手段（如高频加热和绝热压缩）亦会考虑。

该报告给出了八号装置的经费预算和预期进度（图4.1）。经费投资估计如下：

（1）纵向强磁场系统：170万元。

（2）环电流放电系统：96万元。

（3）平衡场系统：15万元。

（4）超高真空系统：90万元。

（5）底座及支撑材料（不锈钢和玻璃钢）：40万元。

（6）诊断仪器与设备：90万元。

（7）控制系统及数据处理：60万元。

（8）辅助加热系统：100万元。

（9）基建改装费用：60万元。

（10）电源投资，若用电池则需240万元，若用机组则需400万元。

以上总投资在1000万元左右。

预计工程进度如下：

1974年，方案论证及主要部件模拟实验，时间为3个季度。

1975—1976年第一季度，主要部件研制，包括纵场24饼线圈，加热、平衡场线圈真空系统，时间为5个季度。

1976年第二、三季度，对本体及电源系统进行总装。

1976年第四季度，调试。

1977年，正式投入运行及取得数据。

1974年3月编制的八号装置设计方案提纲（草案），给出了各项任务具体承担者（图4.2）。

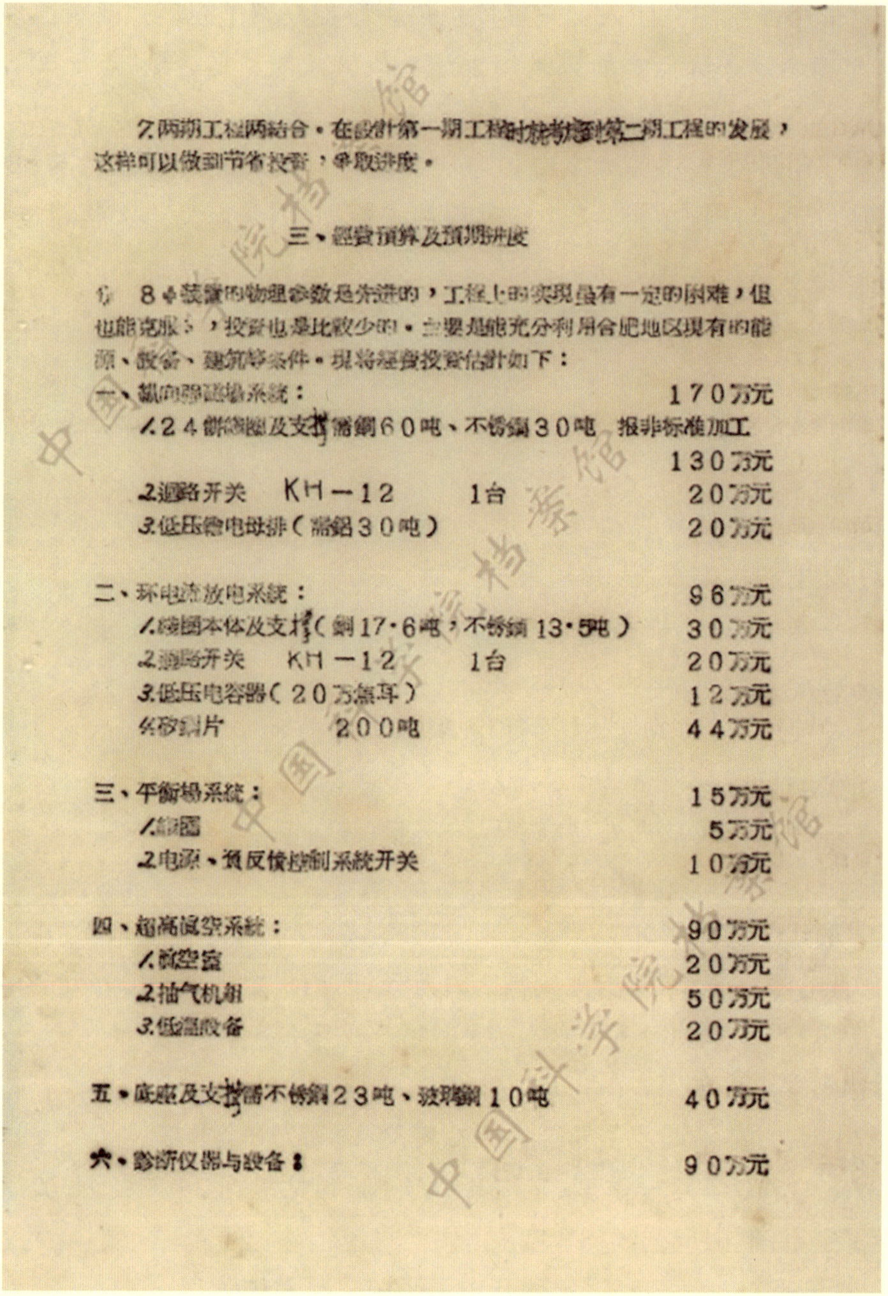

7.两期工程两結合。在設計第一期工程时就考虑到第二期工程的发展，这样可以做到节省投资，争取进度。

三、經費預算及預期进度

8号装置的物理參數是先进的，工程上的实現是有一定的困难，但也能克服的，投資也是比較少的。主要是能充分利用合肥地区現有的能源、設备、建筑等条件。現将經費投資估計如下：

一、纵向稳磁场系統：	170万元
1.24個線圈及支撑（需銅60吨、不锈鋼30吨）报非标准加工	130万元
2.迴路开关　KH－12　1台	20万元
3.低压穩电母排（需鋁30吨）	20万元
二、环电流放电系統：	96万元
1.線圈本体及支撑（銅17·6吨，不锈鋼13·5吨）	30万元
2.迴路开关　KH－12　1台	20万元
3.低压电容器（20万焦耳）	12万元
4.硅鋼片　200吨	44万元
三、平衡場系統：	15万元
1.線圈	5万元
2.电源、負反饋控制系統开关	10万元
四、超高真空系統：	90万元
1.真空室	20万元
2.抽气机組	50万元
3.低温設备	20万元
五、底座及支撑需不锈鋼23吨、玻璃鋼10吨	40万元
六、診斷仪器与設备：	90万元

中国科学院档案馆

图4.1　八号装置的经费预算和预期进度

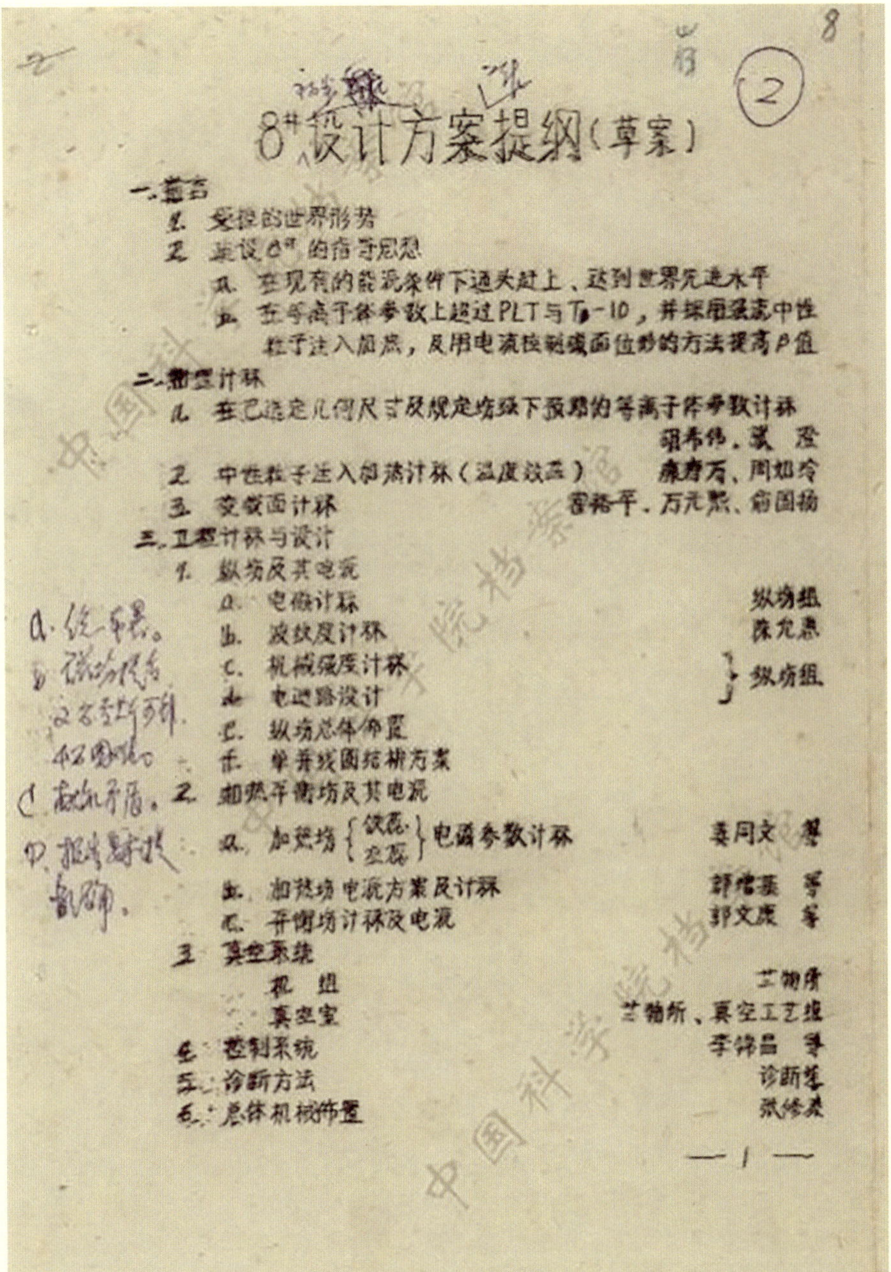

8#装置设计方案提纲（草案）

一、前言

1. 受控的世界形势
2. 建设8#的指导思想
   a. 在现有的经济条件下迎头赶上、达到世界先进水平
   b. 在等离子体参数上超过PLT与T-10，并采用强流中性粒子注入加热，及用电流控制截面位移的方法提高β值

二、物理计算

1. 在已选定几何尺寸及规定场强下预期的等离子体参数计算 胡希伟、戴澄
2. 中性粒子注入加热计算（温度效应） 康寿万、周如玲
3. 变截面计算 霍裕平、万元熙、俞国扬

三、工程计算与设计

1. 纵场及其电源
   a. 电磁计算 纵场组
   b. 波纹度计算 陈允惠
   c. 机械强度计算 } 纵场组
   d. 电路设计 } 纵场组
   e. 纵场总体布置
   f. 单并线圈绕制方案
2. 加热平衡场及其电源
   a. 加热场｛铁芯、空芯｝电磁参数计算 姜同文 等
   b. 加热场电流方案及计算 邵儒泰 等
   c. 平衡场计算及电源 郭文康 等
3. 真空系统
   机组 兰物所
   真空室 兰物所、真空工艺组
4. 控制系统 李锦昌 等
5. 诊断方法 诊断组
6. 总体机械布置 张修泰

— 1 —

图4.2　八号装置设计方案提纲(草案)

物理计算：霍裕平、万元熙、俞国扬、胡希伟、张澄、康寿万、周如玲。

工程计算与设计：

（1）纵场及其电源：陈允惠、纵场组。

（2）加热平衡场及其电源：姜同文、郭增基、郭文康等。

（3）真空系统：兰州近代物理所、真空工艺组、诊断组、李锦昌、张修泰等。

（4）预期进度及投资概算（1975—1976年）：业务组。

图4.3及表4.1为当时空芯变压器模拟实验的分工情况。

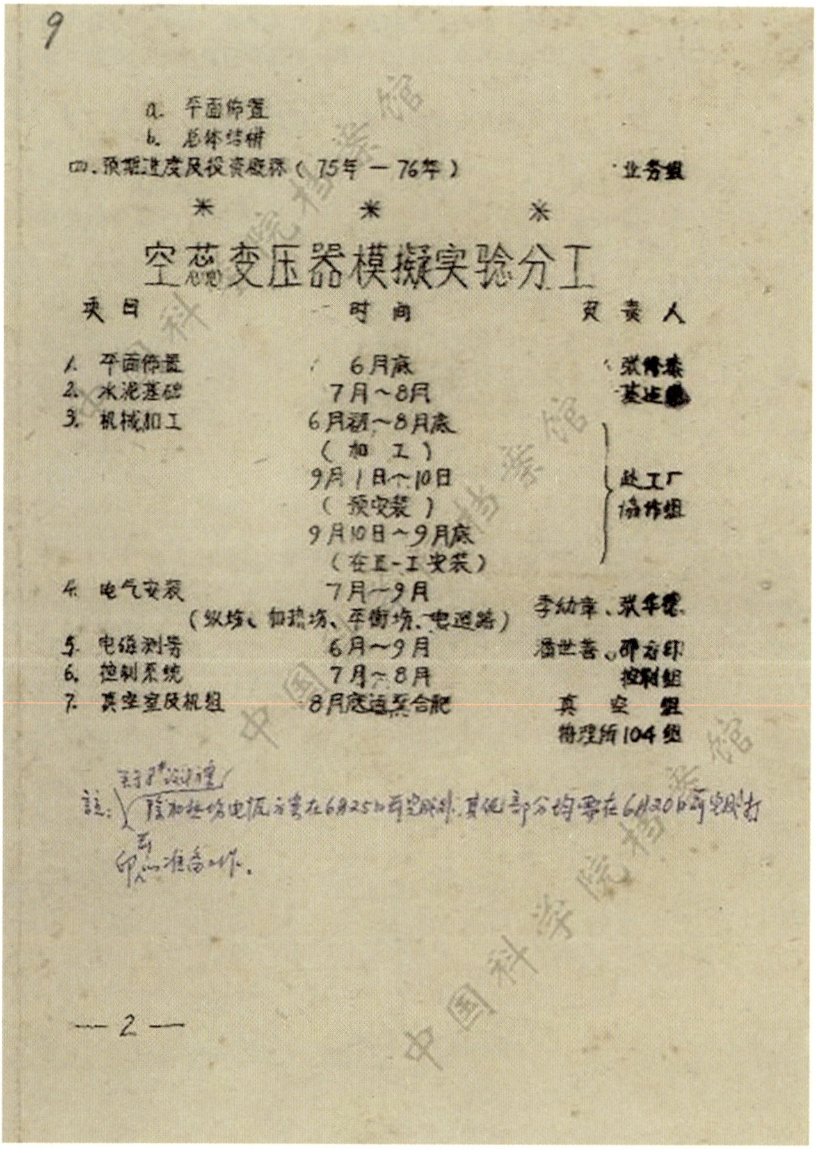
9

a. 平面布置

b. 总体结构

四、预期进度及投资概算（75年—76年）　业务组

＊　＊　＊

空芯变压器模拟实验分工

项目	时间	负责人
1. 平面布置	6月底	张修泰
2. 水泥基础	7月～8月	姜近[illegible]
3. 机械加工	6月初～8月底（加工） 9月1日～10日（预安装） 9月10日～9月底（在Ⅱ-Ⅰ安装）	赴工厂协作组
4. 电气安装（纵场、加热场、平衡场、电源路）	7月～9月	李幼章、张年[illegible]
5. 电[illegible]测[illegible]	6月～9月	潘世善、邵[illegible]
6. 控制系统	7月～8月	控制组
7. 真空室及机组	8月底运至合肥	真空组 物理所104组

注：[illegible]

—2—

图4.3　空芯变压器模拟实验分工

表 4.1　空芯变压器模拟实验分工

项　目	时间(1974年)	负 责 人
平面布置	6月底	张修泰
水泥基础	7月至8月	基建
机械加工	6月初至8月底(加工) 9月1日至10日(预安装) 9月10日至9月底(在Ⅱ－Ⅰ*安装)	赴工厂协作组
电气安装	7月至9月 (纵场、加热场、平衡场、电回路)	季幼章、张华德
电磁测量	6月至9月	潘世善、邵方印
控制系统	7月至8月	控制组
真空室及机组	8月底运至合肥	真空组 物理所104组

*即 2-1 实验大厅。

八号装置两个阶段目标的实现，将标志着我国受控热核反应研究进入世界先进行列。该报告最后表示：在院党的核心小组和上级党委的统一领导下，在各有关兄弟单位的大力支援下，我们一定能克服前进道路上的各种困难，我们的目标一定能够实现。

5 建设八号模拟装置

5.1 组建领导机构

1974年3月27日，安徽光机所决定成立受控工作领导小组，由党委副书记、革委会副主任凌汉如同志兼任组长，徐亚球、李登祥、高峰云同志为副组长，姚民军、卢国琛、吴永张、陈春先、邱励俭同志为组员。在党委领导下，在科技组具体指导下，统一指挥安徽光机所受控研究工作。

1974年3月22日，凌汉如同志主持召开即将成立的受控工作领导小组第一次会议，确定了安徽光机所1974年受控热核反应研究的主要任务（纲要）：

（1）完成环形热核装置的方案调研。上半年提出初步方案，6月份进行一次讨论。下半年完成技术设计，进行方案论证。

（2）进行三项关键性工艺模拟试验。即空芯变压器和平衡场模拟试验、纵场线圈单饼部件试验、真空室工艺试验。

（3）实验室建设。包括真空工艺与系统实验室、离子源与强流注入加热实验室、诊断与测量实验室（激光、微波、电磁测量）、电子学线路实验室、电源与强磁场实验室。

（4）培养技术队伍（计划另定）。

受控领导小组的成立，从组织上保证了受控研究工作的开展。各级党组织运用毛主席“集中优势兵力，打歼灭战”的思想指导科研生产。在大干中，参加会战的各级党组织纷纷召开动员会，从党内到党外，充分发动一切力量。各单位打破工种、车间、班组界限，形成了一支能打、会打硬仗的会战队伍。各级领导干部“发扬革命战争时期的那么一股劲，那么一股革命热情，那么一种精神”，深入科研生产第一线，加班加点研究问题、解决问题，有力地加快了工作进度。

5.2 开建八号模拟装置

当时除了陈春先等少部分人之外，大部分科研人员由于专业背景不同，对受控热核聚变装置认识维度不同，因此受控领导小组决定先建一个模拟装置，通过这个过程来解决绝大部分人存在的共性问题。为此，陈春先、邱励俭、霍裕平、康寿万等人上台讲课，为众多的科技人员查漏补缺，在学习上有的放矢，从而为以后的研究工作打好基础。

建造八号模拟装置，工艺高、难度大。国内没有做过，国际先例也很少。物理所六号装置的建成，为建造八号装置提供了宝贵的经验。但六号装置采用铁芯变压器为主体结构，而八号装置为了获得较多的物理参数并达到结构简单、节省投资的目的，将采用空芯变压器，这更增加了建造这一装置的难度。

八号模拟装置设计指标：等离子体大半径45 cm，小半径10 cm，环形磁场10000 G，环电流30000 A，预计等离子体电子温度100 eV，能量约束时间3～10 ms，技术水平达到国内先进水平。

八号模拟装置本体，包括纵场、加热场、平衡场、真空室、底座5个部分，共11个部件，3982个零件。总重2.7 t，投料6.3 t。

在本体建设过程中，大家在困难面前不退缩，不断进行技术革新。树立"为伟大祖国争光，为第三世界人民争气"的雄心壮志，在工作中沾一身油泥，炼一颗红心。例如装置铜壳加工是装置建设四大难关中的一关。铜壳厚1.5 cm，大直径90 cm、小直径40 cm，外形像个大轮胎，上面还要打100多个孔。为了掌握相关技术，安徽光机所铸工车间一方面派人外出学习，一方面在家实践。经过艰苦努力，终于用40 kg坩埚熔化了1200 kg中间合金，把化铁炉改为化铜炉，熔化了2 t多黄铜铸成了大铜壳。铜壳的后续加工更难，壳内外都要求精加工，圆中心线偏差不得超过1 mm。在一无仿形机床、二无超大卡尺的情况下，铸工车间两个青年工人在1.6 m高的小立车上，用一把弧形车刀，整整干了两个多月，才车出合乎要求的两个铜壳。装置的纵场座面，国外是用不锈钢制成的，在极度缺乏不锈钢的条件下，科研人员用厚胶布板来代替不锈钢。这样既不影响装置质量，又解决了难题。

在强流高能中性粒子注入托卡马克装置实现点火的过程中，研制强离子源是中性粒子注入的关键。在离子源装置的研制过程中，科研人员克服困难，苦干实干。几百千克重的一个电容器，大家分别将它们一个个从仓库搬到实验室；1 t多重的真空机组，大家用双手把它安装起来；利用仓库积压的纯铁做中间电极；从废料堆里找几块玻璃钢板加工成三电极绝缘环，等等。在这样艰苦的环境下，大家终于建成了束流强度1 A/脉冲、连续出束500 mA、束径小于100 mm、脉冲宽度10～50 ms、离子能量2×10^5 eV左右的实用强流离子源。

到1974年7月，科研人员已完成空芯变压器模拟装置的设计和工艺准备、模拟装置单饼纵场线圈的加工和实验，成功自制小电流氩弧焊机，初步筹建了真空、离子源、诊断等实验室，编印了3期"受控译文"。特别是经过认真广泛的调研和反复论证，提出了以赶超世界先进水平为目标来建设八号环形中间实验装置的初步方案。在这个方案的基础上，进入四季度后，根据中国科学院的要求，在兄弟所的协助下，又提出了一个改进方案的初步轮廓。这对于提高广大科研人员的技术水平、树立赶超世界先进水平的信心都起了重要作用。

5.3 向毛主席诞辰献礼

时间来到1974年9月，离完成任务的时间只剩下四个月了。但还有三分之二的任务没有完成，加工、总装、调试三大关均需攻破。时间是紧迫的、任务是艰巨的、困难是很大的。能不能在较短的时间内攻下三关、完成任务，这的确是一场硬仗。

为此，安徽光机所党委召开了全所动员大会，提出了“抓大事，促大干，大战四季度，为完成今年各项任务而战斗”的口号。所党委的号召，鼓舞着参加会战的每一位同志，大家纷纷表决心、订措施，为攻克这一任务而战斗。同志们豪迈地说：“外国有的，我们要有，外国没有的，我们也要有。我们宁愿吃冷饭，不睡觉，掉几斤肉，也要把它拿下来。”

从实验室到车间、厂房到处都是一片热气腾腾的景象，墙壁上贴满了同志们的决心书、保证书、挑战书。大战四季度的大字标语鼓舞着每一个同志。有的同志连续干了两个昼夜，甚至还有共产党员连续干了四个昼夜。

开始一段时间，八号模拟装置遇到了无法正常放电的问题，经过电磁测量组反复实验研究，发现杂散场的存在是无法正常放电的主要原因，并通过杂散场位形测量巧妙地找到了杂散场的来源是底盘涡流。另一方面经过艰难的试验观察，找到了空心变压器分布式绕组内部打火的故障以及设计、制造中的问题，并进一步对加热场系统设计问题进行了全面分析，这些都为后来对八号模拟装置的彻底改造提供了依据。

经过三个半月的奋战，同志们终于在1974年12月15日攻克了加工和总装两大难关，装置顺利出厂，运到2-1实验大厅“落座”（图5.1）。这时紧张的调试工作开始了：各个部分要通电，各个系统要配合。虽是严寒的冬季，但实验厅里昼夜灯火辉煌。同志们经过十个昼夜的连续奋战，克服了道道难关，终于在12月26日凌晨首次放电成功，向伟大领袖毛主席82寿辰献上了厚礼。

49年后，季幼章研究员回忆当时的场景，心情仍然十分激动：在部件通电调试的基础上，于1974年12月25日开始放电试验，26日清晨6时30分，在控制室里听到一声巨响，真空室观察窗闪出很亮的弧光，放电获得成功。全体参加调试人员都欢腾起来，喊着（模拟装置）“放电成功了”。当时的试验结果：纵场线圈电流60 kA，加热场电流40 kA，平衡场电流25 kA，真空度6×10^{-6} Torr（1 Torr=1.3332 Pa）。

12月26日下午，所领导到2-1实验大厅观看模拟装置放电实验，当时全岛科技人员都赶来了，在装置旁围了一层又一层，可谓人山人海。当宣布放电成功时，在场的领导和群众个个异常高兴、掌声雷动。参加装置建设和实验的人员无不沉浸在激动亢奋之中，这是他们迈出的坚实的第一步。

图 5.1　如今的 2-1 实验大厅

1999 年，参加工程建设的邵世田同志说：八号模拟装置是为八号托卡马克装置提供设计和建设经验而做的。我和康亚夫、聂玉线三人是受控站派驻工厂的技术人员，负责协调解决研制中的技术问题。模拟装置是一边设计、一边加工研制的。当时邱励俭、郭文康都极为关心，多次到工厂检查进度，郭文康还在现场设计加热场布线。郭德全负责真空室，我们几个人都住厂里。为了诊断探针的安装，谢纪康午夜赶到工厂加班。许家治、周丁法为绕制纵场线圈，长期在工厂上班。为了模拟装置早日建成，大家团结协作，争着抢着多干活。

邵世田回忆说：安徽光机所工厂二车间的师傅们承担模拟装置的部件加工和总装。在和他们日夜相处的半年时间里，他们那种为科研无私奉献的精神，那种钻研技术、一丝不苟的精神至今仍深深印在脑海中。铜壳和中心孔的加工条件不具备，工人师傅凭着过硬的技术，借助简陋的设备终于啃了下来。装置底盘是一个不锈钢蜂窝结构，工厂不能加工，委托合肥化机厂加工。当得知化机厂因缺少氮气不能切割钢板时，我和王穗荣等三人毫不犹豫地用平板车将四钢瓶氮气从 3 km 外的江淮厂推到化机厂。十月份进入安装阶段，工作十分辛苦，十多名老师傅分成两个班，24小时轮流转，夜餐也就四个包子一碗汤，没有奖金和补贴。吃不好，睡不好，我们眼熬红了，人熬瘦了，谁都没有一句怨言，谁都没有退却，甚至听不到一句牢骚话。建设托卡马克对我们和工人们来说都是第一次，在安装过程中，工人师傅吃尽了辛苦。在铜壳、加热场、垂直场和真空室的组装中，要保证有足够的绝缘强度。多次试装，多次失败，兆欧表摇来摆去，总是显示出令人沮丧的数字，弄得大伙一筹莫展、疲惫之极，但是没有一个人泄气。经过几天的反复探索，终于在1974年12月14日凌晨5点多钟总装完成，运到2-1实验大厅就位。1974年12月26日放电成功，宣告第一个托卡马克胜利建成，向毛主席生日献上了一份厚礼。

邵世田高兴地说：二十五年过去了，董铺岛已是国内外著名的科学岛。受控站也发展为国内外具有相当知名度和影响力的等离子体物理研究所。然而当初科研人员团结苦干、艰难创业的精神仍激励着等离子体所广大职工拼搏进取，形成了宝贵的精神财富和光荣传统。

建设八号模拟装置本体总工时9174个小时，其中2/3是在四季度完成的。前后参加装置工作及为它服务的共有近300人，所领导李锐、凌汉如、何志明深入一线指导工作。仅在12月，同志们加夜班到12点以后的共有394人次。

这一装置的研制过程有三个特点：一是快，只用了8个月时间；二是省，总投资只花了15万元；三是新，机构新，人员新，任务新。

受控站在1974年《工作总结》中感慨道：年初，我们的实验室是空的。一年来，同志们自己动手，在所器材部门支持下筹建实验室，现已初具规模，可以进行工作。我们还自制三台专用设备和大量辅助设备，修理仪器26台，节约开支几万元（图5.2）。

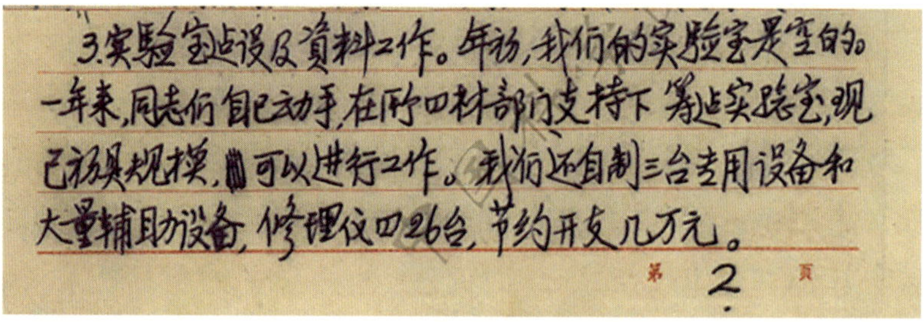
3.实验室建设及资料工作。年初，我们的实验室是空的。一年来，同志们自己动手，在所器材部门支持下筹建实验室，现已初具规模，可以进行工作。我们还自制三台专用设备和大量辅助设备，修理仪器26台，节约开支几万元。

第 2 页

图5.2　受控站1974年《工作总结》（部分内容）

《工作总结》回顾：一年来，在北京大学、物理所等兄弟单位支援下，受控站组织了"等离子体物理"讲座，共17讲（图5.3），讲座参加人数最多时达100多人。站内开展大小学术交流98次，为革命钻研业务互教互学已成风气。年初，我们只有50个新兵。除个别同志外，绝大多数同志对受控研究，尤其对托卡马克装置了解很少，甚至一无所知。现在我们已经有了一支101个人的可以开展研究工作的力量，各科研组在完成任务的同时，已开始在各自领域深入下去。

多年后，谢纪康和夫人张澄对当时的情景不胜感慨：那时的学习风气可真是不得了，每个人白天上班，晚上如饥似渴地学习。大家心里都怀着一个共同的目标，劲往一处使。有一件事给谢纪康留下了深刻的印象，有一年冬天，陈春先带他到沈阳出差，回合肥时，夜里在济南火车站转车，陈春先把身上穿的大红棉袄脱下来铺在站台地面上，他和谢纪康躺在上面。谢纪康就拿出一本英汉科技词典，尽挑生僻、复杂的单词来请教陈春先，在冬夜的星光下，两人你一句、我一句，一问一答……

《工作总结》最后强调，在物理所、中国科学技术大学等单位支持下，在所工厂（包括工厂党委、机关及其领导下的各车间，尤其是一、二、三车间）、一室等单位的共同努力下，完成了八号模拟装置和强流离子源装置的设计、加工、安装工作。在年底的总调中，分别取得了放电和起弧成功。

回顾1974年，受控站的同志们深有体会地说："1974年是我们在毛主席革命路线指引下干出来的，斗出来的。虽然我们取得了一些成绩，但是今后的任务更艰巨。因此，我们更要发扬自力更生、艰苦奋斗的精神。"

图5.3　授课中的邱励俭

6 优化八号工程方案

1974年9月24日，中国科学院二局发文同意安徽光机所请示，请力学所选派2人参加八号装置方案的空芯变压器设计计算，纵场、加热场电动力分析计算；请电工所选派2人参加纵场、变压器、电源方案审查。时间从1974年10月下旬开始，所需时间为2～3个月。

1974年10月，在成都举行了全国受控热核反应研究学术交流会（“109”会议）。会上全面讨论交流了研究成果，并就发展规划进行了座谈。大家认为，根据周总理关于“受控研究两家搞，两条腿走路，百家争鸣”的指示，中国科学院、二机部应加强协作，统筹规划，在建造较大实验装置时，应考虑使设计参数处于差别比较大的范围。从而能取得更多的新数据、更全面的工程经验。

1974年11月24日至12月27日，中国科学院二局组织物理所陈春先、霍裕平，电工所严陆光，力学所薛明伦、薛以年、刘新萍等6人到安徽光机所参加八号装置技术方案的论证工作。在所党委和受控站党支部的统一领导下，他们与有关主要技术人员组成20人左右的八号装置方案工作小组，对7月份报中国科学院的八号装置初步设计方案进行了详细的讨论、审核、复算，对有关参考资料进行了分析，提出了几种比较方案。全面研究了这些方案的先进性、现实性和技术经济指标。在此基础上选择了一种基本方案，作为进一步开展工作的基础。同时对初步设计中某些参数和结构进行了修改，大家认为八号装置的主要物理参数应达到20世纪70年代中期国际上的先进水平（如苏联的T-10装置，美国的PLT、PDX装置），工作组还对今后的工作提出了若干建议。

在修改方案中，工作小组对照当时世界上环形装置最佳参数和氘氚等离子体的“点火”要求，将八号装置第一阶段相关参数确定如下：

离子温度：$1\times10^{7}\sim2\times10^{7}$ ℃；

约束指标：$5\times10^{12}\sim5\times10^{13}$ s/cm^3；

环电流：约1×10^{6} A。

具体如图6.1所示。

工作小组认为以上参数的选择基本上是合理的。如果1977年能在八号装置上实现，这将标志着我国受控热核反应研究进入世界先进水平。为此，工作小组重点研究了如何通过八号装置的物理参数和工程设计参数的选择，切实保证以上目标的实现。

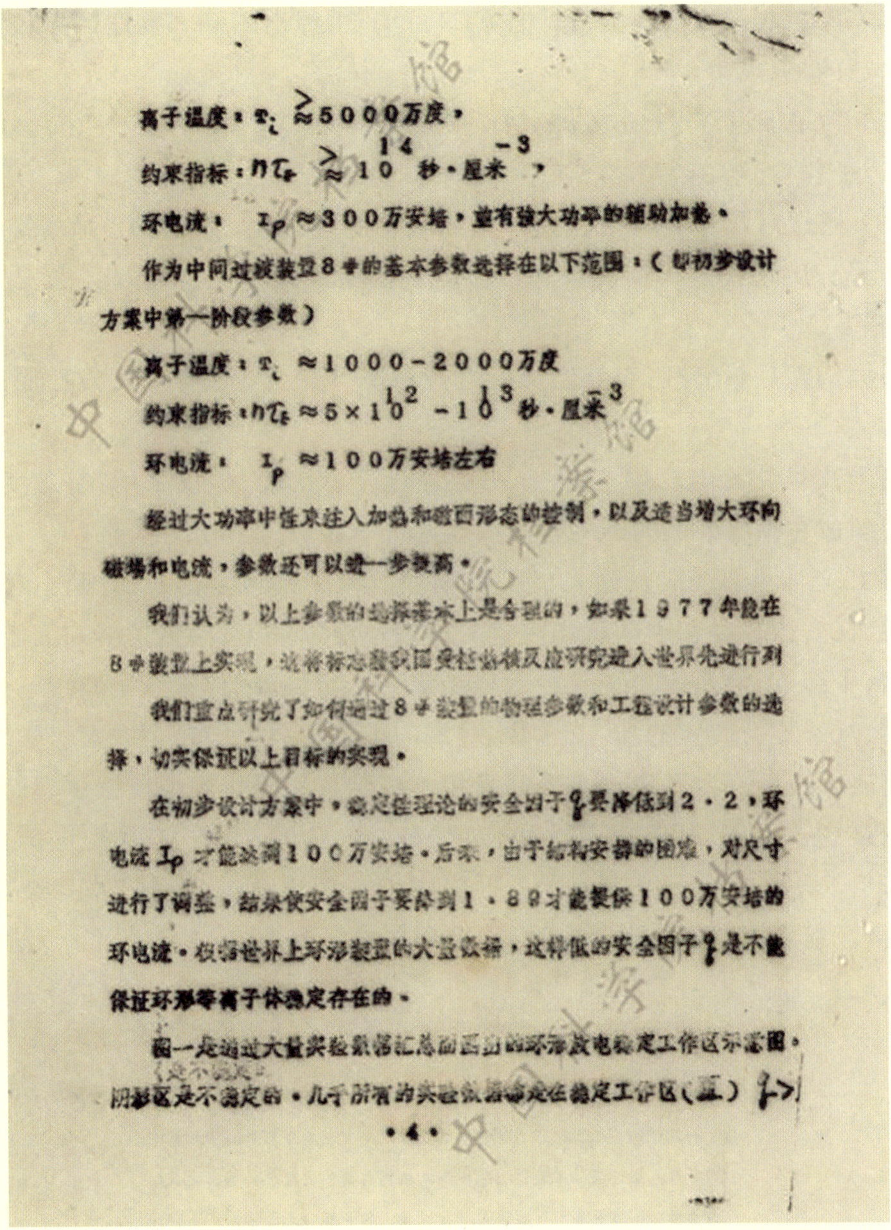

离子温度：$T_i \gtrsim 5000$万度，

约束指标：$n\tau_E \gtrsim 10^{14}$ 秒·厘米$^{-3}$，

环电流：$I_p \approx 300$万安培，並有强大功率的辅助加热。

作为中间过渡装置8#的基本参数选择在以下范围：（即初步设计方案中第一阶段参数）

离子温度：$T_i \approx 1000-2000$万度

约束指标：$n\tau_E \approx 5\times10^{12}-10^{13}$ 秒·厘米$^{-3}$

环电流：$I_p \approx 100$万安培左右

经过大功率中性束注入加热和截面形态的控制，以及适当增大环向磁场和电流，参数还可以进一步提高。

我们认为，以上参数的选择基本上是合理的，如果1977年能在8#装置上实现，这将标志着我国受控热核反应研究进入世界先进行列

我们重点研究了如何通过8#装置的物理参数和工程设计参数的选择，切实保证以上目标的实现。

在初步设计方案中，稳定性理论的安全因子q要降低到2.2，环电流I_p才能达到100万安培。后来，由于结构安排的困难，对尺寸进行了调整，结果使安全因子要降到1.89才能确保100万安培的环电流。根据世界上环形装置的大量数据，这样低的安全因子q是不能保证环形等离子体稳定存在的。

图一是通过大量实验数据汇总而画出的环形放电稳定工作区示意图。阴影区是不稳定的。几乎所有的实验数据都落在稳定工作区（至）$q>$

·4·

图 6.1　八号装置第一阶段参数

6.1 八号装置初步设计方案

工作小组经过一个多月的努力，提出以下意见：

（1）肯定八号装置初步设计方案（7月稿）中提出的基本物理目标和主要参数是合适的。

（2）为了保证环形电流约 1×10^6 A时环形等离子体的稳定性，有必要选取"安全因子"略大于3。

（3）通过对八号装置电气系统总体结构的合理化，有可能在基本维持7月所初步设计的工程规模情况下，实现"安全因子×环形电流值"（环形安全电流值）的提高。

根据调整后新情况，有必要深入进行平衡、稳定、能量平衡各方面深入的物理研究。

关于八号装置电气系统，工作小组经过分析比较，建议采用"空芯变压器，一次线圈放在纵场外面的结构方案"，作为进一步深入工作的基础。

1975年1月20日，安徽光机所和物理所向中国科学院二局报告（图6.2），一年来，在安徽省委和中国科学院党的核心小组领导下，经过两所广大工人、科技人员、干部的努力，取得了受控六号装置的初步试验情况，八号装置的初步设计方案，八号模拟装置的加工、总装、调试的重要成绩。但是与中国科学院的要求还有较大差距。为了进一步搞好受控六号装置和八号模拟装置试验，大力加强八号装置部件的研制，完善八号装置的设计，争取在9—10月间进行正式方案论证会，安徽光机所和物理所在报告中向二局申请成立受控八号装置方案组，以更好地发挥中国科学院多学科、综合技术强的优势。

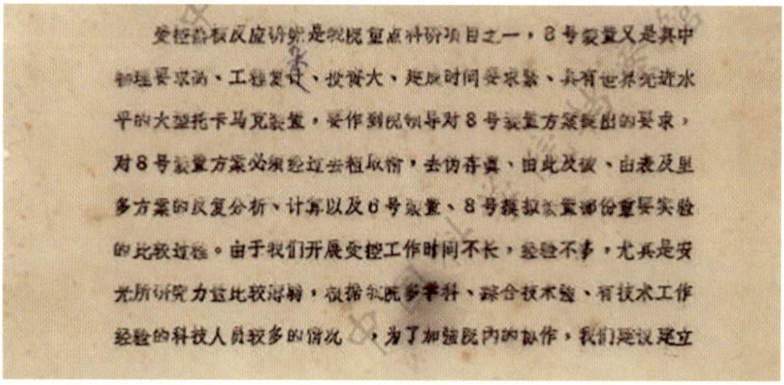

受控热核反应研究是我院重点科研项目之一，8号装置又是其中物理要求高、工程复杂、投资大、建成时间要求紧、具有世界先进水平的大型托卡马克装置，要作到院领导对8号装置方案提出的要求，对8号装置方案必须经过去粗取精，去伪存真、由此及彼、由表及里多方案的反复分析、计算以及6号装置、8号模拟装置部份重要实验的比较过程。由于我们开展受控工作时间不长，经验不多，尤其是安光所研究力量比较薄弱，根据我院多学科、综合技术强、有技术工作经验的科技人员较多的情况，为了加强院内的协作，我们建议建立

图6.2 1975年1月20日，安徽光机所和物理所的报告（部分内容）

方案组的主要任务是审查讨论八号装置方案的重大技术问题(基本目标、主要物理和工程参数的选择、总体结构和关键部件的技术方案等),并提出判断性的工作意见供领导机关和安徽光机所、物理所完善方案作参考。报告建议方案组成员如下(供领导参考):

物理所:李吉士、陈春先、郑少白、刘家瑞。

安徽光机所:姚民军、邱励俭、季幼章、霍裕平。

电工所:严陆光、马宏达。

力学所:薛明伦、薛以年。

北京大学:胡慧玲。

中国科学技术大学:荣福瑞。

兰州近代物理所:王福昌。

七机部510所:王碧云、邵惠明。

6.2 八号工程协调会议

中国科学院接到报告后,于1975年2月21日在北京召开了受控热核反应八号工程协调会议。参加会议的有:北京市科技局、七机部510所、北京大学、物理所、电工所、力学所、电子所、数学所、科仪厂、兰州近代物理所、中国科学技术大学、安徽光机所等12个单位共25人。

安徽光机所受控站同志在会上就八号工程进展情况向大家作了汇报。大家普遍认为,受控研究工作进展快、形势好,其中准稳态环形实验装置(托卡马克装置)进展是比较快的。安徽光机所在物理所六号装置的基础上,在安徽省委和所党委的领导下,在院内外兄弟单位的大力支持下,独立自主、自力更生,在八号工程方案、模拟实验、实验室建设和队伍成长等方面都取得了较大进展。

会议经过充分讨论,大家一致认为,受控热核反应是自然科学中的重大研究课题,认真组织院内外的社会主义大协作,发挥中国科学院综合性、多学科的特点,合理分工、加强领导,集中力量打歼灭战,是多快好省发展受控研究工作的有效途径。把各单位统一组织起来进行会战是必要的。

会议确定了与会单位的协作任务(图6.3、表6.1);成立了以与会单位业务负责同志组成的八号工程协作领导小组(表6.2),负责八号工程会战组织协调工作;建立了由与会单位有关科技人员组成的八号工程方案组(表6.3),负责审查讨论八号工程中重大技术问题并适当配合开展方案制定相关工作。

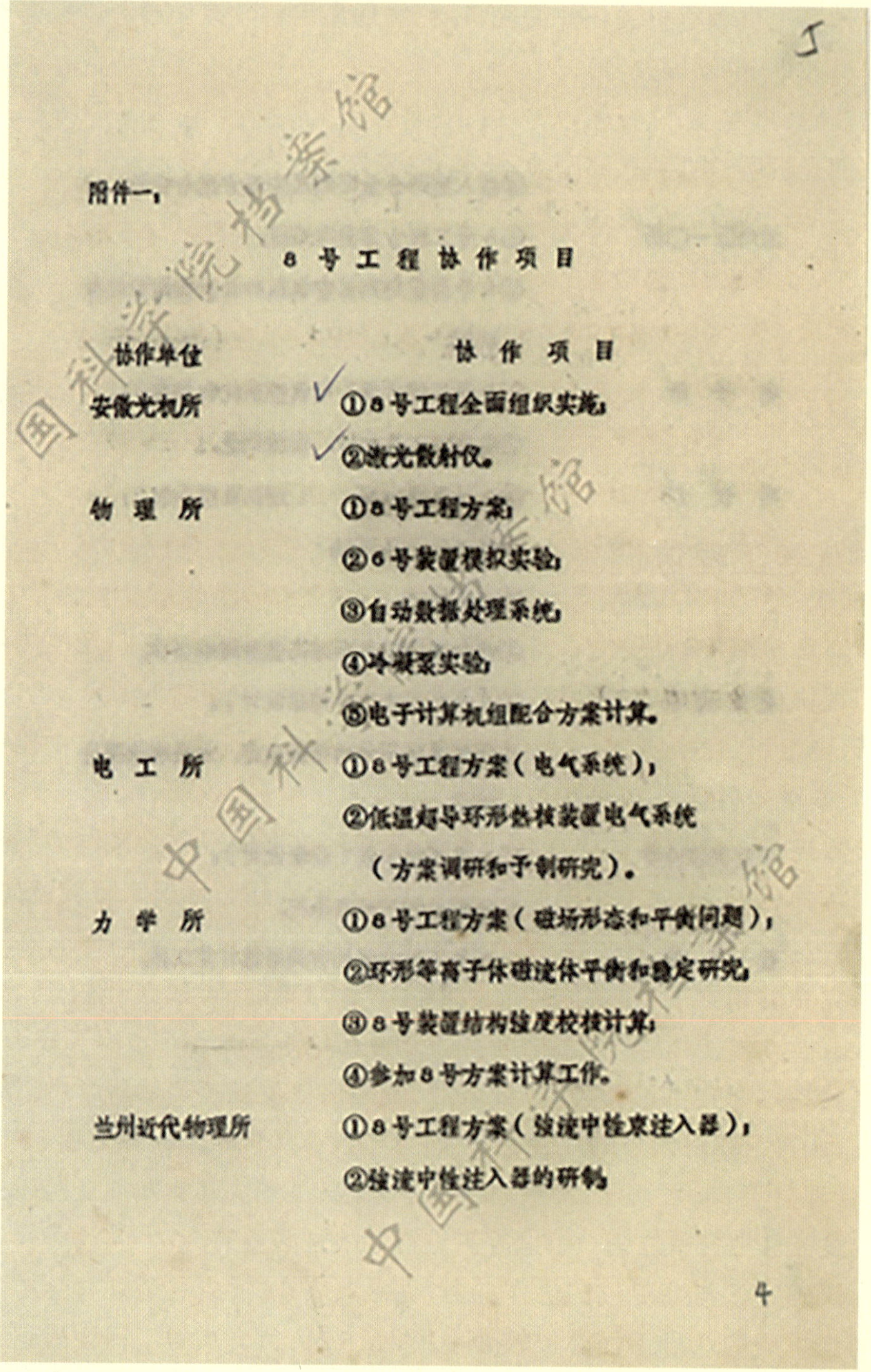

附件一：

8号工程协作项目

协作单位	协作项目
安徽光机所	①8号工程全面组织实施； ②激光散射仪。
物理所	①8号工程方案； ②6号装置模拟实验； ③自动数据处理系统； ④冷凝泵实验； ⑤电子计算机组配合方案计算。
电工所	①8号工程方案（电气系统）； ②低温超导环形热核装置电气系统（方案调研和予制研究）。
力学所	①8号工程方案（磁场形态和平衡问题）； ②环形等离子体磁流体平衡和稳定研究； ③8号装置结构强度校核计算； ④参加8号方案计算工作。
兰州近代物理所	①8号工程方案（强流中性束注入器）； ②强流中性注入器的研制

4

中国科学院档案馆

图6.3　八号工程协作单位与协作项目(部分内容)

表6.1　八号工程协作项目

协作单位	协　作　项　目
安徽光机所	(1) 八号工程全面组织实施； (2) 激光散射仪
物理所	(1) 八号工程方案； (2) 六号装置模拟实验； (3) 自动数据处理系统； (4) 冷凝泵实验； (5) 电子计算机组配合方案计算
电工所	(1) 八号工程方案(电气系统)； (2) 低温超导环形热核装置电气系统(方案调研和预制研究)
力学所	(1) 八号工程方案(磁场形态和平衡问题)； (2) 环形等离子体磁流体平衡和稳定研究； (3) 八号装置结构强度校核计算； (4) 参加八号方案计算工作
兰州近代物理所	(1) 八号工程方案(强流中性束注入器)； (2) 强流中性束注入器的研制； (3) 注入形两分量环形反应堆方案与设计
七机部510所	(1) 八号工程方案真空系统； (2) 八号装置超高真空机组和真空室的设计与研制
电子所	(1) 八号工程方案(电真空系统和测量)； (2) 电真空工艺元件,微波测量
科仪厂	(1) 八号工程方案(超高真空系统)； (2) 涡轮分子泵研制； (3) 分压强计； (4) 参加焊接工艺和超高真空阀的协作
北京大学	(1) 八号工程方案(物理设计)； (2) 环形等离子体的平衡稳定,加热有关理论研究
中国科学技术大学	(1) 八号工程方程(物理设计)； (2) 环形装置的诊断系统
数学所	八号工程方案的有关数值计算工作

表6.2 八号工程协作领导小组名单

职　务	姓　名	单　　位
召集人	赵震平	中国科学院二局
召集人	陆绥观	中国科学院计划局
召集人	刘维新	中国科学院三局
成　员	邢占升	七机部510所
成　员	潘国敏	北京大学
成　员	白伟民	物理所
成　员	林　辰	电工所
成　员	刘剑锋	力学所
成　员	夏玉林	电子所
成　员	任德威	兰州近代物理所
成　员	包忠谋	中国科学技术大学
成　员	姚民军	安徽光机所
秘　书	王遂德	中国科学院二局

表6.3 八号工程方案组名单

职　务	姓　名	单　　位
召集人	陈春先	物理所
召集人	邱励俭	安徽光机所
成　员	严陆光	电工所
成　员	郑少白	物理所
成　员	王先林	力学所
成　员	王书昌	近代物理所
成　员	王碧云	七机部510所
成　员	邵惠民	七机部510所
成　员	张承福	北京大学
成　员	夏蒙芬	北京大学
成　员	荣福瑞	中国科学技术大学
成　员	姚民军	安徽光机所
成　员	霍裕平	安徽光机所
成　员	季幼章	安徽光机所

6.3 受控研究十年规划

随后，受控站党支部于 1975 年 4 月 7 日起草了《受控研究十年规划》（图 6.4），分装置建设和基础理论及新技术研究两大方面。

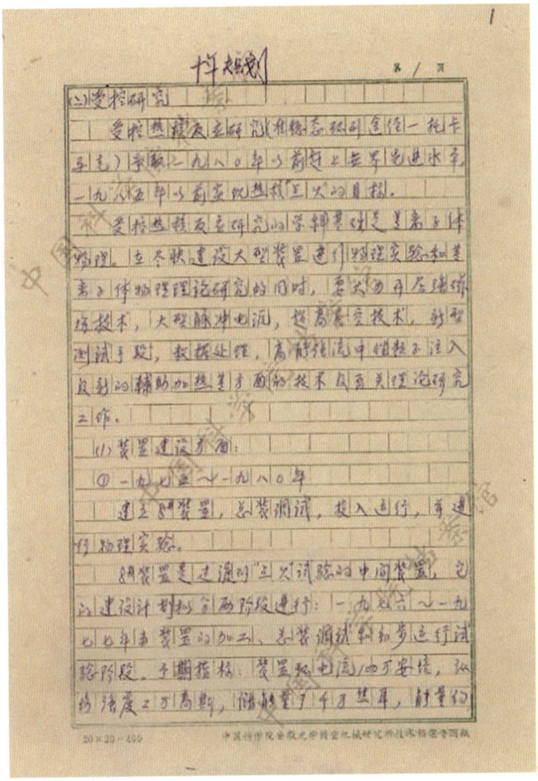
十年规划　第 1 页

（二）受控研究

受控热核反应研究（用稳态磁场约束高温等离子体）争取一九八〇年以前赶上世界先进水平，一九八五年以前实现热核"点火"的目标。

受控热核反应研究的学科基础是等离子体物理。在各种建设大型装置进行物理实验和等离子体物理理论研究的同时，要大力开展强磁场技术，大型脉冲电流，超高真空技术，新型测试手段，数据处理，高能强流中性粒子注入及射频的辅助加热等方面的技术及有关理论研究工作。

（1）装置建设方面：

①一九七五～一九八〇年

建立八号装置，总装调试，投入运行，并进行物理实验。

八号装置是过渡到"点火"试验的中间装置，它的建设计划分两阶段进行：一九七六～一九七七年为装置的加工、总装调试和初步运行试验阶段。主要指标：装置纵向电流 100 万安培，纵场强度 2 万高斯，储能量 7 千万焦耳，[illegible]

20×20＝400　中国科学院安徽光学精密机械研究所技术档案专用纸

(1)

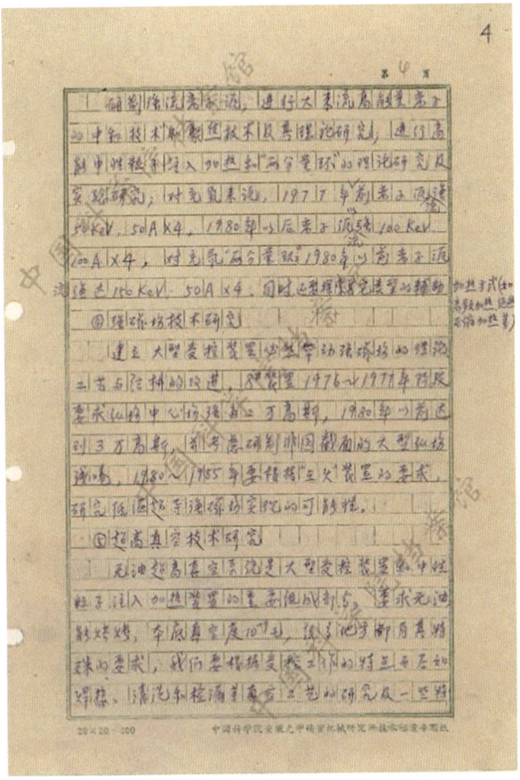
第 4 页

研制强流离子源，进行大束流高能量离子源中和技术和有关技术及有关理论研究，进行高能中性粒子注入加热和"两分量环"的理论研究及实验研究；对氘束流，1977 年前离子源达到 50 keV，50 A×4，1980 年以后离子源达到 100 keV，100 A×4，对氘氚"两分量环"1980 年以前离子源达到 150 keV，50 A×4，同时还要探索研究其他辅助加热方式（如高频加热、绝热压缩加热等）

④强磁场技术研究

建立大型受控装置必然带动强磁场的理论与结构的改进，八号装置 1976～1977 年阶段要求纵场中心场强为二万高斯，1980 年以前达到三万高斯，并考虑研制非圆截面的大型纵场线圈，1980～1985 年要根据"点火"装置的要求，研究低温超导强磁场实现的可能性。

⑤超高真空技术研究

无油超高真空系统是大型受控装置和中性粒子注入加热装置的重要组成部分，要求无油、耐烘烤，本底真空度 10^{-9} 托，[illegible]特殊的要求，我们要根据受控工作的特点开展如焊接、清洗和检漏等方面工艺的研究及一些新[illegible]

20×20＝400　中国科学院安徽光学精密机械研究所技术档案专用纸

(2)

图 6.4　受控研究十年规划（部分内容）

首先在装置建设方面，计划在 1975—1980 年，建立八号装置，总装调试，投入运行，并进行大量物理实验和理论研究工作，根据实验结果和理论数据，进行"点火"装置的方案设计。1981—1985 年，完成"点火"装置的方案设计和方案论证，开始建造施工。力争在 1983—1985 年进行实验，实现热核"点火"的目标。实现指标：储能 4×10^8 J～7×10^8 J，充电功率 2×10^5 kW，能量约束时间 10 s，环电流 3×10^6 A 以上。总投资约 1 亿元。

其次是基础理论及新技术研究方面，《受控研究十年规划》指出，受控热核反应研究必然会带动 8 个领域的技术发展：① 磁场位形和等离子体宏观平衡稳定的研究;② 高温等离子体物理的研究;③ 高温等离子体加热手段及其理论研究;④ 强磁场技术研究;⑤ 超高真空技术研究;⑥ 新型诊断测量技术的研究;⑦ 自动数据处理系统及实验自动控制技术的研究;⑧ 大型脉冲电源及其开关的研究。

6.4 八号工程方案讨论会

1975年5月20日,中国科学院在安徽光机所召开“受控热核反应八号工程方案讨论会”。参加会议的有:七机部510所、北京大学、物理所、电工所、力学所、数学所、自动化所、电子所、兰州近代物理所、北京科仪厂、科学院图书馆、安徽光机所、中国科学技术大学。

这次会议成立了八号工程方案讨论会领导小组,由如下人员组成:

组　长:凌汉如(安徽光机所党委副书记)

副组长:赵震平(中国科学院二局负责人)

副组长:白伟民(物理所业务处副处长)

成　员:徐亚球(安徽光机所受控站领导小组组长)

陈春先(八号工程方案组召集人)

严陆光(电工所科研组长)

眭朴如(七机部510所研究室副主任)

夏蒙芬(北京大学物理系教师)

许士元(兰州近代物理所研究室副主任)

荣福瑞(中国科学技术大学四系电物理教研室负责人)

聂松媛(力学所业务处干部)

八号工程方案讨论会会务组下设秘书小组和生活小组,成员如下:

会务组组长:郑　重

秘书小组:王遂德　姚民军　邱励俭　万元熙　郝立德　纪世瀛

生活小组:陈殿英　陈德康　马燕燕　邓龙妹　韦爱平　邹华敏等

这次会议开了10天,会议主要讨论了八号受控热核反应实验装置物理试验、工程设计及有关理论和技术问题(图6.5)。会议日程如下:

21日　上午　开幕式(由省、院、所领导讲话)

　　　下午　学习无产阶级专政理论

　　　　　　讨论省院领导同志的讲话

22日　上午　总体报告

陈春先(物理所):受控热核反应的“点火”实验与合肥八号环形装置

邱励俭(安徽光机所):八号环形装置的总体方案(简要说明)

下午　物理试验

王　龙(物理所):六号环形装置实验工作初步小结

胡希伟:八号装置的等离子体温度与能量约束时间

马中芳:环形等离子体的能量平衡计算

康寿万(物理所):中性束注入下能量平衡计算

夏蒙芬(北京大学):杂质效应

张常福(北京大学):环形等离子体反常输运问题

23日　上午　分组讨论能量平衡问题

下午　霍裕平(安徽光机所):八号装置磁面形态的几个问题

姜同文(安徽光机所):空芯变压器的磁面形态

俞国扬(安徽光机所):放电形成中磁面变化讨论

潘良儒(力学所):关于磁面形态计算问题

24日　上午　分组讨论磁面形态问题

下午　大会讨论

25日　休息

26日　上午　工程设计(电源、电气、总体结构方面)

郭增基(安徽光机所):八号装置的电源问题

王绍华(安徽光机所):关于纵场的工程问题

施加标(安徽光机所):空芯变压器的结构问题

樊正堂(安徽光机所):平衡场方案讨论

康亚夫(安徽光机所):总体支撑结构

下午　分组讨论工程设计

27日　上午　八号装置的中性注入加热系统讨论会(由兰州近代物理所、安徽光机所、物理所等同志作中心发言)

下午　八号装置真空系统讨论会(由七机部510所、安徽光机所、物理所等单位同志作中心发言)

28日　上午　大会发言并小结

下午　讨论协作

29日　讨论协作

30日　大会总结

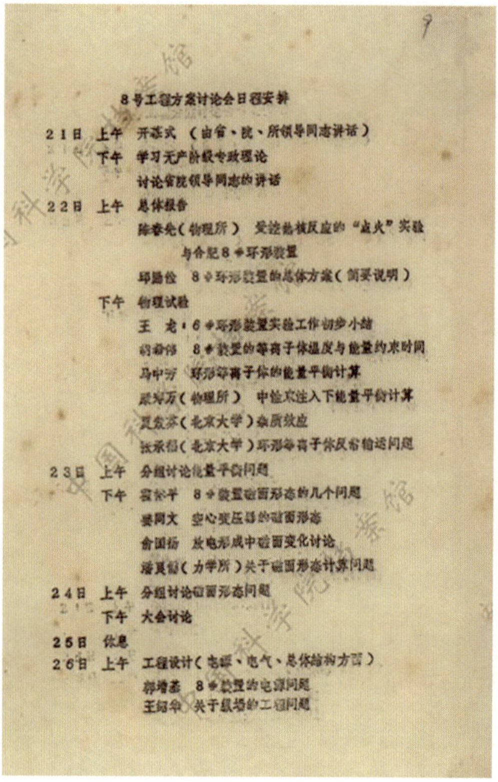

9

8号工程方案讨论会日程安排

21日 上午 开幕式（由省、院、所领导同志讲话）
下午 学习无产阶级专政理论
讨论省院领导同志的讲话
22日 上午 总体报告
陈春先（物理所） 受控热核反应的"点火"实验与合肥8＃环形装置
邱励俭 8＃环形装置的总体方案（简要说明）
下午 物理试验
王龙：6＃环形装置实验工作初步小结
胡希伟 8＃装置的等离子体温度与能量约束时间
马中芳 环形等离子体的能量平衡计算
蔡诗东（物理所） 中性束注入下能量平衡计算
夏东荪（北京大学）杂质效应
张承福（北京大学）环形等离子体反常输运问题
23日 上午 分组讨论能量平衡问题
下午 霍裕平 8＃装置磁面形态的几个问题
姜同文 空心变压器的磁面形态
俞国扬 放电形成中磁面变化讨论
潘良儒（力学所）关于磁面形态计算问题
24日 上午 分组讨论磁面形态问题
下午 大会讨论
25日 休息
26日 上午 工程设计（电源、电气、总体结构方面）
郑增基 8＃装置的电源问题
王绍华 关于纵场的工程问题

(1)

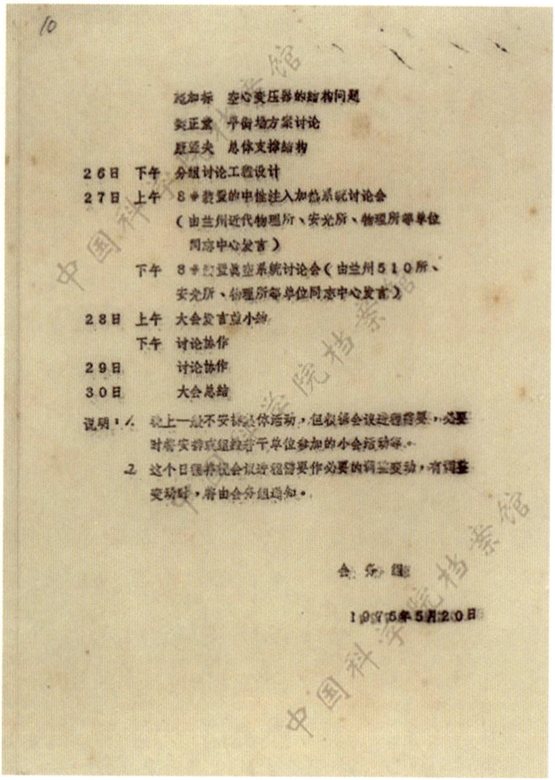

10

沈知柝 空心变压器的结构问题
吴正堂 平衡场方案讨论
赵亚夫 总体支撑结构
26日 下午 分组讨论工程设计
27日 上午 8＃装置的中性注入加热系统讨论会
（由兰州近代物理所、安光所、物理所等单位同志中心发言）
下午 8＃装置真空系统讨论会（由兰州510所、安光所、物理所等单位同志中心发言）
28日 上午 大会发言及小结
下午 讨论协作
29日 讨论协作
30日 大会总结
说明：1. 晚上一般不安排集体活动，但根据会议进程需要，必要时将安排小组或若干单位参加的小会活动等。
2. 这个日程将视会议进程需要作必要的调整变动，有调整变动时，将由会务组通知。

会务组

1975年5月20日

(2)

图6.5　八号工程讨论会日程安排

八号工程方案制定工作自1973年下半年开始，计划于1975年底或1976年上半年结束。在方案制定过程中，1974年7月，由中国科学院二局主持对八号装置方案组织了讨论会。1974年11月，中国科学院又组织安徽光机所、物理所及有关协作单位对方案在进一步工作基础上进行了审查。

1975年7月25日，安徽光机所同意邱励俭同志任受控站领导小组副组长。

6.5　八号装置第二方案工作报告

根据时任国务院总理联络员、中国科学院党的核心小组副组长刘西尧同志和其他院领导1975年7月对八号工程方案作出的"统一规划、互相协作、拉大距离"指示精神，八号工程方案组（安徽光机所、物理所、电工所、力学所、北京大学等单位，共20余人）在1975年8月集中进行了近一个月的工作，提出了八号工程第二方案（第一方案纵磁均强度20000 G，第二方案30000 G）的工作报告（图6.6）。

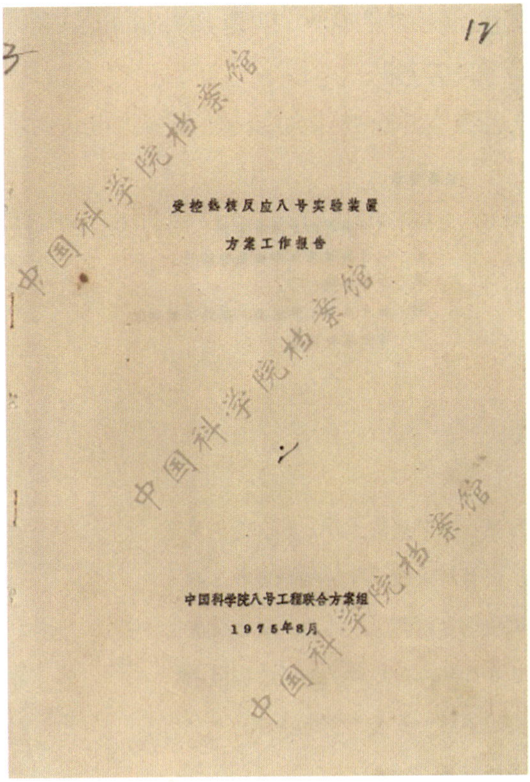

受控热核反应八号实验装置

方案工作报告

中国科学院八号工程联合方案组

1975年8月

(1)

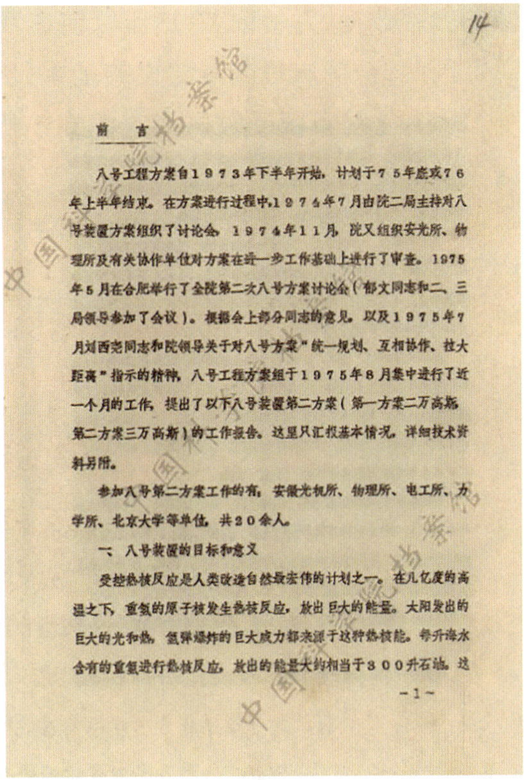

前　言

八号工程方案自1973年下半年开始，计划于75年底或76年上半年结束。在方案进行过程中，1974年7月由院二局主持对八号装置方案组织了讨论会。1974年11月，院又组织安光所、物理所及有关协作单位对方案在进一步工作基础上进行了审查。1975年5月在合肥举行了全院第二次八号方案讨论会（郁文同志和二、三局领导参加了会议）。根据会上部分同志的意见，以及1975年7月刘西尧同志和院领导关于对八号方案"统一规划、互相协作、拉大距离"指示的精神，八号工程方案组于1975年8月集中进行了近一个月的工作，提出了以下八号装置第二方案（第一方案二万高斯，第二方案三万高斯）的工作报告。这里只汇报基本情况，详细技术资料另附。

参加八号第二方案工作的有：安徽光机所、物理所、电工所、力学所、北京大学等单位，共20余人。

一、八号装置的目标和意义

受控热核反应是人类改造自然最宏伟的计划之一。在几亿度的高温之下，重氢的原子核发生热核反应，放出巨大的能量。太阳发出的巨大的光和热，氢弹爆炸的巨大威力都来源于这种热核能。每升海水含有的重氢进行热核反应，放出的能量大约相当于300升石油。这

－1－

(2)

图6.6　八号工程第二方案(部分内容)

第二方案报告指出，受控热核反应研究最近十年的关键点是实现受控热核"点火"，即热核反应产生的能量超过输入的能量。为此，要求把氘加热到 5×10^{7} ℃到 1×10^{8} ℃的高温，并把密度为 $1\times10^{14}\ cm^{-3}$ 的等离子体维持1 s以上的时间。

目前世界上能达到的最高水平：温度只有 1×10^{7} ℃（尚需提高5～10倍），约束时间只有0.02 s（尚需提高100倍）。要想一步跨越到"点火"，在科学上和工程上都是不现实的。因此，美国、苏联、西欧、日本等正在建设一代中间过渡的实验装置。其中苏联、美国的中间装置在1975—1976年开始投入实验，为"点火"取得必要的科学数据和工程经验。

我国第一个环形热核实验装置是物理所六号装置，已于1974年投入运行，它相当于国际上60年代后期的小型装置（苏联的TM-3）。要从这一步跨到"点火"，必须解决若干关键的物理和工程问题，因此，一定要有一个我国自己的中间过渡装置。而且，这个装置要抢时间，在1978年建成，1980年以前取得关键

性的实验数据，为争取1985年以前在我国实现热核“点火”创造条件。

因此，合肥八号装置建设的基本目标(图6.7)是：

(1) 它是我国受控研究过渡到热核“点火”实验的中间装置，解决“点火”之前关键的物理和工程问题。

(2) 八号装置的实验参数和课题内容要达到20世纪70年代后期受控热核研究的世界先进水平。

八号装置的基本参数和特点如下：

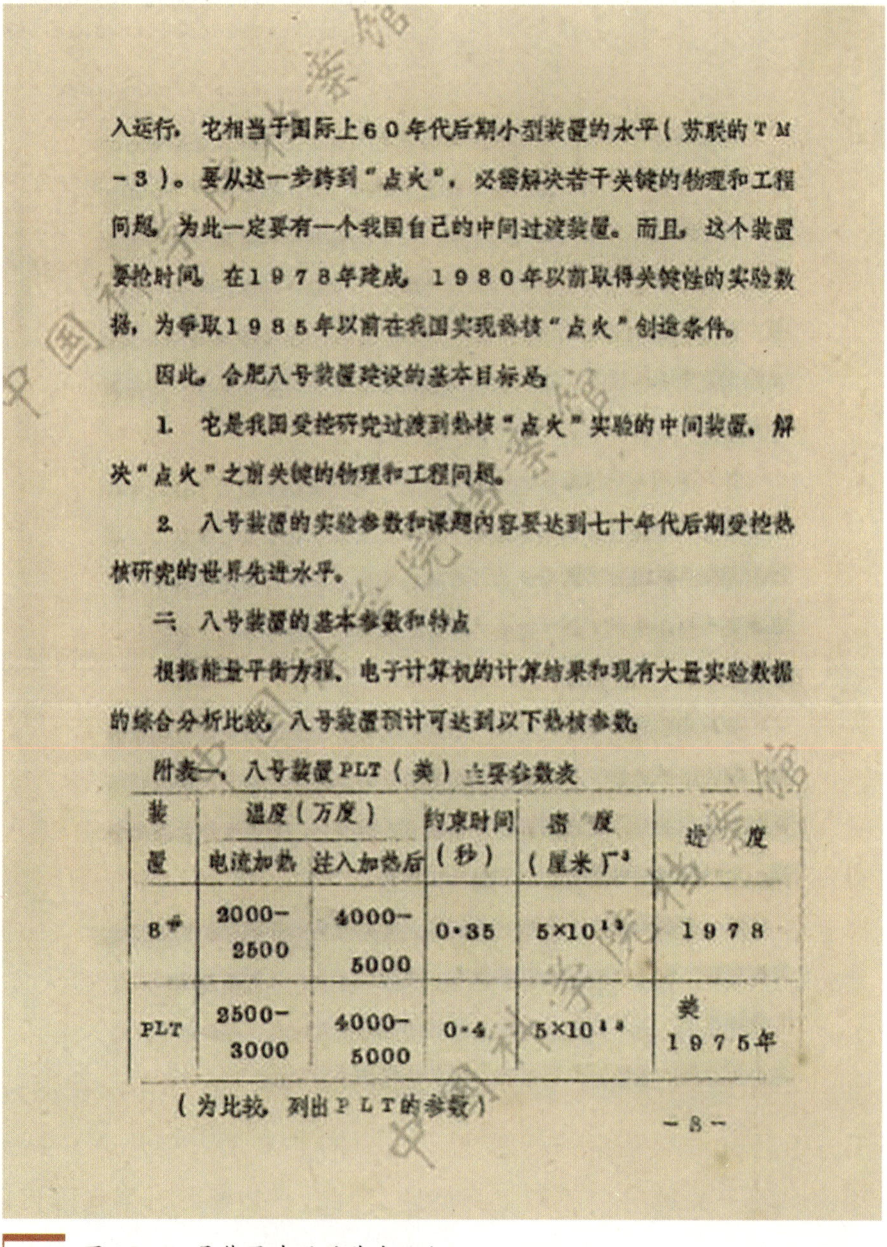

入运行。它相当于国际上60年代后期小型装置的水平（苏联的TM-3）。要从这一步跨到“点火”，必需解决若干关键的物理和工程问题。为此一定要有一个我国自己的中间过渡装置。而且，这个装置要抢时间。在1978年建成，1980年以前取得关键性的实验数据，为争取1985年以前在我国实现热核“点火”创造条件。

因此，合肥八号装置建设的基本目标是

1. 它是我国受控研究过渡到热核“点火”实验的中间装置，解决“点火”之前关键的物理和工程问题。

2. 八号装置的实验参数和课题内容要达到七十年代后期受控热核研究的世界先进水平。

二 八号装置的基本参数和特点

根据能量平衡方程、电子计算机的计算结果和现有大量实验数据的综合分析比较，八号装置预计可达到以下热核参数。

附表一、八号装置PLT（美）主要参数表

装置	温度（万度）		约束时间（秒）	密度（厘米$^{-3}$）	进度
	电流加热	注入加热后			
8#	2000-2500	4000-5000	0.35	5×10^{13}	1978
PLT	2500-3000	4000-5000	0.4	5×10^{13}	美 1975年

（为比较，列出PLT的参数）

－8－

中国科学院档案馆

图6.7　八号装置建设的基本目标

根据能量平衡方程、电子计算机的计算结果和现有大量实验数据的综合分析比较，八号装置预计可以达到以下参数（表6.4）。

表6.4　八号装置与美国PLT装置主要参数表

装　置	温度（℃）		约束时间（s）	密度（cm^{-3}）	进　度
	电流加热	注入加热后			
八号装置	$2\times10^7\sim2.5\times10^7$	$4\times10^7\sim5\times10^7$	0.35	5×10^{13}	1978年
PLT装置	$2.5\times10^7\sim3\times10^7$	$4\times10^7\sim5\times10^7$	0.4	5×10^{18}	1975年

从表6.4可以看出，八号装置的温度将达到$4\times10^7\sim5\times10^7$ ℃，已接近点火温度，而约束指标为$(1\sim2)\times10^{13}$ s/cm^3。

为了保证以上先进的物理参数，八号装置的设计应具备以下几个特点：

（1）使环形等离子体尽可能地“粗”（等离子体截面半径a较大）和“胖”（纵横比R/a较小），这样在相同的总贮能量条件下可以允许存在较大的等离子体环电流I_P，从而使装置的综合参数全面提高。在世界上的中间装置中，八号装置是最“粗”最“胖”的。

（2）采用大功率的高能中性粒子束（一种高能粒子）注入加热，使等离子体温度上升到热核温度（$4\times10^7\sim5\times10^7$ ℃），同时利用中性束进行“两分量环”的能量增益实验，在最佳条件下，可望冲击“两分量环”的“点火”条件（温度6×10^7 ℃，约束指标2×10^{13} s/cm^3）。

在八号工程的方案制定过程中，大家经过分析比较，认为把纵场强度从20000 G增加到30000 G比较合理。一方面，因为磁场提高到30000 G，电流增加到1.4×10^6 A之后，温度会显著地提高。这样首先可以开展所谓“香蕉区”的输运过程和新的能量损失机制的研究，这是达到“点火”的关键科学问题。30000 G方案的工作区域可以深深地进入“香蕉区”，充分保证了对“香蕉区”各种物理规律进行研究。其次可进行“两分量环”（TCT）的能量增益实验，这个实验如果成功，“点火”的条件标准可以降低到原来的1/10～1/8。

另一方面，磁场强度提高到30000 G后，八号装置部件的最大应力将提高到原来的2.25倍，达到15 kg/cm^2，必须采用硬拉铜的工艺。同时电源功率也提高到原来的2.25倍，这虽然带来了较大困难，工程规模也会增大许多，但在技术上是完全可以解决的，只是投资比原来增加了1000万元，主要用在电源部分。

八号装置的工程参数及工作基础如图6.8、表6.5及图6.9所示。

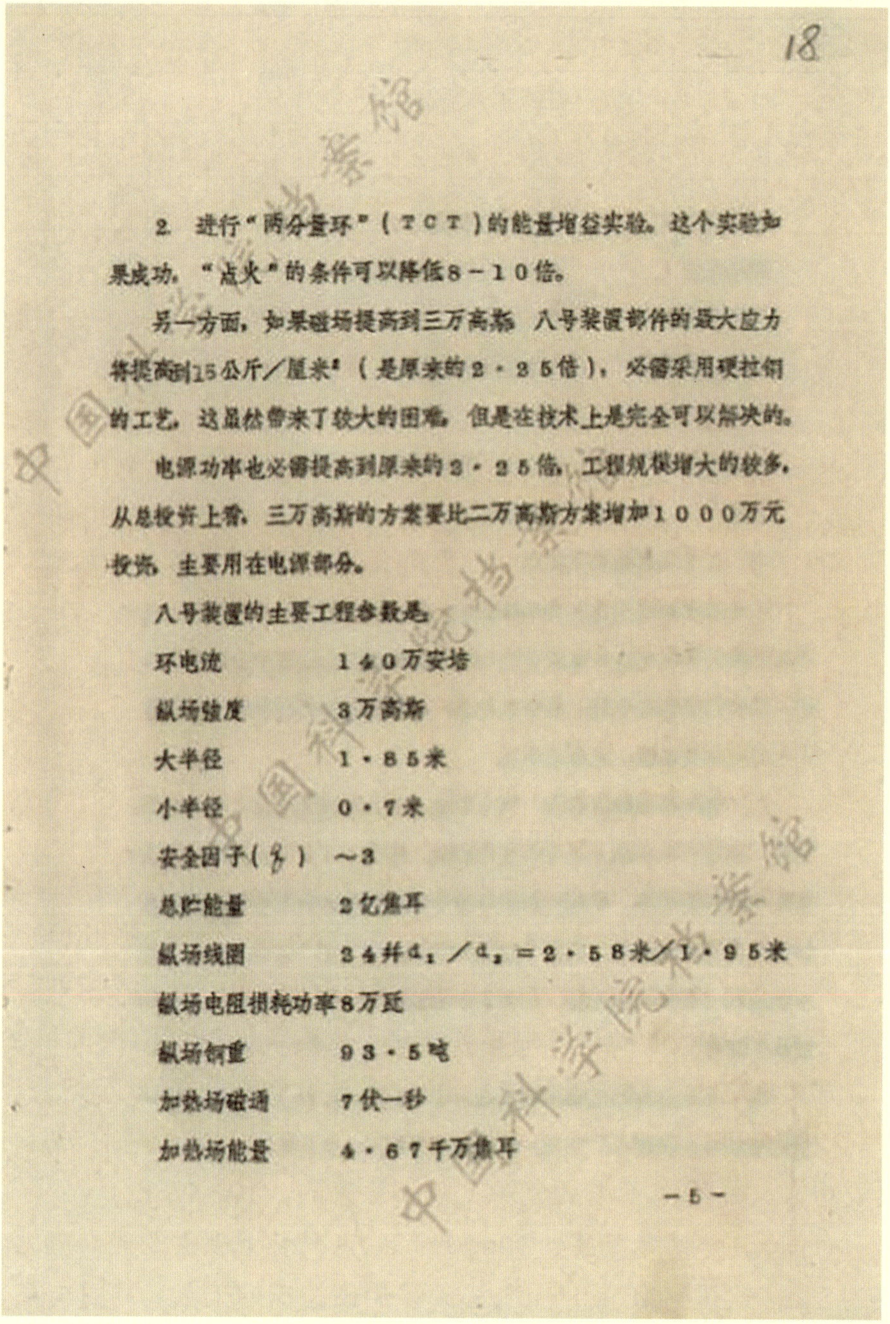

18

2. 进行"两分量环"(TCT)的能量增益实验。这个实验如果成功，"点火"的条件可以降低8－10倍。

另一方面，如果磁场提高到三万高斯，八号装置部件的最大应力将提高到15公斤/厘米²（是原来的2·25倍），必需采用硬拉铜的工艺，这虽然带来了较大的困难，但是在技术上是完全可以解决的。

电源功率也必需提高到原来的2·25倍，工程规模增大的较多，从总投资上看，三万高斯的方案要比二万高斯方案增加1000万元投资，主要用在电源部分。

八号装置的主要工程参数是：

环电流	140万安培
纵场強度	3万高斯
大半径	1·85米
小半径	0·7米
安全因子（q）	～3
总贮能量	2亿焦耳
纵场线圈	34并 d_1/d_2＝2·58米/1·95米
纵场电阻损耗功率	8万瓩
纵场铜重	93·5吨
加热场磁通	7伏一秒
加热场能量	4·67千万焦耳

－5－

中国科学院档案馆

图6.8　八号装置的工程参数

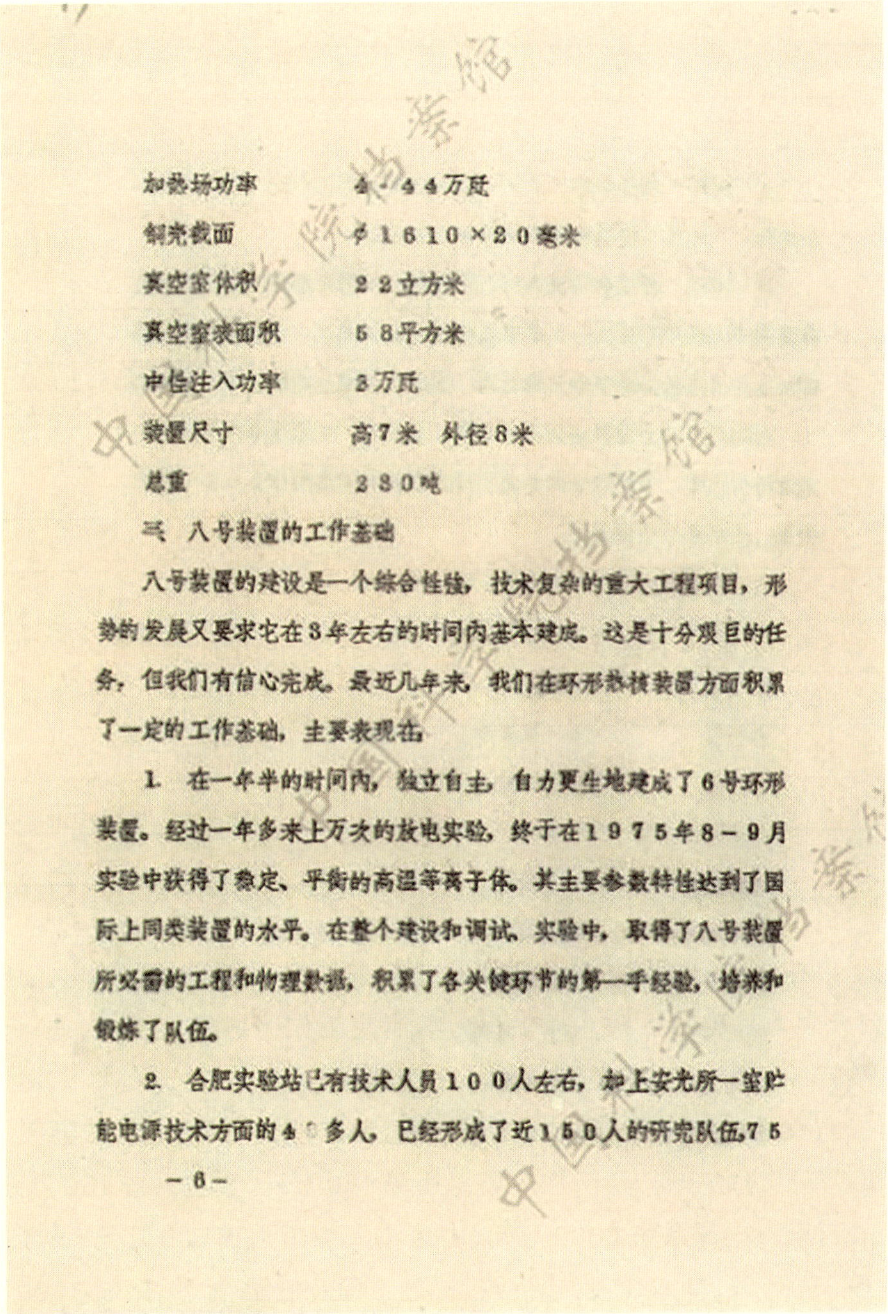

加热场功率　　4·44万瓩

铜壳截面　　φ1610×20毫米

真空室体积　　22立方米

真空室表面积　　58平方米

中性注入功率　　3万瓩

装置尺寸　　高7米　外径8米

总重　　280吨

三　八号装置的工作基础

八号装置的建设是一个综合性强，技术复杂的重大工程项目，形势的发展又要求它在3年左右的时间内基本建成。这是十分艰巨的任务，但我们有信心完成。最近几年来，我们在环形热核装置方面积累了一定的工作基础，主要表现在：

1. 在一年半的时间内，独立自主，自力更生地建成了6号环形装置。经过一年多来上万次的放电实验，终于在1975年8－9月实验中获得了稳定、平衡的高温等离子体。其主要参数特性达到了国际上同类装置的水平。在整个建设和调试、实验中，取得了八号装置所必需的工程和物理数据，积累了各关键环节的第一手经验，培养和锻炼了队伍。

2. 合肥实验站已有技术人员100人左右，加上安光所一室贮能电源技术方面的40多人，已经形成了近150人的研究队伍，75

－6－

图6.9　八号装置的工作基础

表6.5 八号装置主要工程参数

名 称	工 程 参 数
环电流	1.4×10^6 A
纵场强度	30000 G
大半径	1.85 m
小半径	0.7 m
安全因子(q)	约3
总贮能量	2×10^8 J
纵场线圈	24饼 $d_1/d_2=2.58$ m/1.95 m
纵场电阻损耗功率	80000 kW
纵场铜重	93.5 t
加热场磁通	7 V/s
加热场能量	4.67×10^7 J
加热场功率	44400 kW
铜壳截面	∅1610 mm×20 mm
真空室体积	22 m^3
真空室表面积	58 m^2
中性注入功率	20000 kW
装置尺寸	高7 m,外径8 m
总重	230 t

几年来在中国科学院内外形成了一个以安徽光机所、物理所、电工所、力学所、北京大学为基础的围绕八号工程方案制定工作的协作系统,为进一步发挥中国科学院综合性、多学科的科研特点创造了条件。

第二方案报告经过估算,给出了八号工程的投资概算为4000万元。其中主机700万元(纵场250万元,加热场平衡场150万元,真空系统150万元,支撑结构150万元),电源系统2000万元,中性注入加热系统500万元,诊断测量及数据处理350万元,基本建设(包括改、扩建工程及低温、水冷系统)450万元。

第二方案报告最后给出了八号工程的进度和工作部署设想:

1975年,完成总体和物理方案论证,确定项目。原有准备工作继续进行。

1976年,部件研制、工艺试验、部件非标准加工试制。5月前完成八号装置本体的工程技术设计,5月份进行工程方案论证。8月前完成电源系统的方案论证，确定最后的电源工程方案。

1977年，全面加工，推进八号工程有关基建和改、扩建工程。

1978年，继续推进加工和基建工作，并于7月前完成加工。四台直流冲击发电机组和电源工程在1978年初开始供电，进行部件试验。年底前完成总装，并完成放电实验。

1979年，进行全面综合性物理实验，逐步提高注入功率，达到先进指标。年底前完成全部电源工程，进行满负荷运行（30000 G，1.4×10^{6} A）。

1980年，达到最高参数和指标，同时确定我国"点火"装置的最后设计方案（已从1975年起组织少量力量调研"点火"实验的方案）。

1975年9月14—21日，安徽光机所党委副书记凌汉如带队，中国科学院二局有关人员，以及安徽光机所、物理所、电工所、北京大学等有关技术人员共12人组成调研组，专程到二机部585所对八号工程方案进行了讨论，听取相关人员对工程方案的意见。

585所对这次讨论进行了认真的准备，专门组织了50～60名相关人员同八号工程方案有关的技术人员进行了讨论。

整个讨论气氛十分热烈，调研组事后整理的会议纪要记录如下：

一、对八号工程的评价方面

1. 585所革委会副主任、业务负责人、原副所长李正武同志认为：八号要解决的科学问题看来是清楚的，是前沿问题，同451装置的距离也拉大了。在赶超方面，是个中间过渡装置。看来投资是否偏少，说个整数，要1亿元左右，至少要8000万元。

2. 585所业务处负责人林兴炎同志说：八号和451装置的距离看来是拉开了，刘部长（刘西尧）的指示也是这样，要拉开距离。经费问题，该装置已花了3000万元，4000万元是不是够？

3. 585所多数技术人员也提出了自己的看法：八号装置作为一个"点火"的过渡装置，听了很鼓舞，技术指标还是比较好的。但对很多技术问题感到不放心，技术工作要做细一点。八号工程的指标还是具有一定先进性的，它的基础是比较踏实的，也建立在一定实验的基础上。因此，八号工程是可以考虑的。但八号工程的目标还是要集中一点。

二、对八号工程具体技术方面

（一）物理方案方面

1. 物理目标多了一点，那么多目标，必然分散精力，是不是都能达到？不如目标比较集中一些好。（对这一点，中国科学院技术人员认为，还是物理目标、工

作范围宽一些好,几个目标可以分主次、分阶段地逐步达到)

2. 对等离子体在电流上升阶段的100 ms内的平衡稳定问题如何考虑?(这个问题当时作了解答,但因原来就考虑较少,尚待进一步做工作)

3. 杂散场问题如何考虑并予解决?(这个问题两家看法有分歧,585所认为它是关系装置成败的关键问题之一,中国科学院技术人员则认为没有那么严重。拟于10、11月份在六号装置上对杂散场问题进行试验后再说)

4. 中性注入问题:

(1) 中性注入的具体方案是怎样的?(当时虽作了解答,但不够清楚,尚待进一步做工作)

(2) 中性注入的湍流对等离子体的影响有哪些?(作了解答,但不够清楚,尚待进一步做工作)

(3) 八号装置的电流密度低,靠中性注入把温度升高一倍,把握如何? 恐怕不能说有多大把握。大装置不能靠中性注入升高温度,主要靠欧姆加热。加热问题同杂散场问题一样大,八号工程对这两个问题,要集中一个进行研究。(尚待我们进一步研究后定)

(二) 工程方案方面

1. 真空系统问题

(1) 真空室密封采用铟丝密封,铟熔点低(156 ℃),烘烤250 ℃时易蒸发,杂质的影响很大,采用铟丝密封的方案不是好方案。

(2) 八号工程真空机组技术落后、设备庞大,将来很可能摆不下,不是令人满意的方案。(这点两家看法有分歧)

(3) 真空室的检漏问题。(我们尚未做考虑)

2. 中心螺管承受电磁力上万吨,是否支撑得了?(这点尚待我们进一步核定)

3. 基建问题,八号工程只考虑了电源用的几千平方米,不考虑实验室是不够的,到时可能要拖后腿。451装置基建11200 m^2,还感到紧张。从基建和八号工程整个加工工作量考虑,八号工程投资还要翻一番,增加到8000万元,甚至一个亿左右。

4. ZFT-25-3/0.3机组对八号工程是不是合用? 要不要改进?

5. 八号工程方案不错,但从现有工艺条件、工程和物理基础考虑,1980年前建成有困难。建不起来时,科学院不要灰心,可以多建些小的装置。

三、个别人的不同意见

1. 585所的451装置对八号装置的物理和工程来说,有没有论证的基础?

（言外之意就是说，八号装置是否要等到451装置建成后再建）

2. 451装置的电源（飞轮机组）经过改装，八号装置也可以用（即电源两家共用），还要不要另搞一套电源？

经过一周的深入交流，585所业务负责人和技术人员对八号工程方案提了很多宝贵意见，主要归纳为以下三个方面：

（1）从物理指标上看，八号装置的技术指标是先进的，解决的物理问题是明确的，是前沿问题，同585所451装置的距离也拉开了。作为一个向“点火”过渡的中间装置，是比较鼓舞人心的。

（2）从工程上看，现在工作比较粗糙，问题不少；以我国现有工程和工艺基础看，能不能做得到？从时间看，1980年前干出来有困难。

（3）关于八号工程的投资问题，4000万元左右可能少了一点，很可能要翻一番（8000万元），甚至1亿元左右。

585所技术人员热情地介绍了他们工作中的经验教训，对八号工程方案所提意见也是积极诚恳的，总的倾向是支持八号工程建设的。

会议纪要最后作了以下总结：

上述意见，我们认为还是比较诚恳的，从这些意见总的倾向来看，我们同585所没有原则性的根本分歧。对上述意见，在下一次方案论证会之前的一段时间内，将由负责方案制定工作的技术人员一一予以研究，力争得出结果，或者有个明确的说明意见。585所的部分科技人员会后私下也对我们说：他们所提的问题，有些是属于印象性的怀疑，拿不出依据，也希望我们不要受这些问题局限，要做分析，并说问题也就只这一些了，全国的方案论证会要尽量早一些开。

但对第三部分，虽是个别人的意见，但涉及方针、政策问题，需要中国科学院认真考虑。我们的意见是：八号装置不能等451装置建成之后再建，否则，也就失去了八号装置建设的意义。关于电源共用问题，451装置周围可供基建的场地（山头需挖掉）远不够八号装置需要，况且从征地（山旁住有农民）开山，基建最快要4年，装置建成要到1981—1982年，时间上不允许也不合适，从开山到基建完成另需增加投资1000万～2000万元，这笔费用也够八号装置电源的使用了。因此，八号装置电源可以考虑以飞轮机组（四台）和电网直接供电相结合的办法予以解决。

6.6 八号工程总体方案论证会

1975年12月14—22日，中国科学院在合肥召开了“八号工程总体方案论证会”。参加会议的有:华东电管局、二机部585所、七机部510所、国防科委情报所、二机部情报所、北京大学、上海电机厂、安徽省计委、安徽省电力局、安徽省科技局、马鞍山钢铁设计院、合肥工业大学、物理所、电子所、电工所、力学所、中国科学院计算站、上海光机所、兰州近代物理所、中国科学技术大学、中国科学院图书馆、中国科学院图书进口公司和安徽光机所等23个单位,共102位代表。同时特邀彭桓武、李正武、金建中、谈镐生四位同志参加了会议。会议重点是对八号工程的总体和物理方案以及工程方面的重大技术原则问题进行论证,钱三强副院长到会指导。

会议得到了安徽省委、省革委会的热情关怀和支持,省委书记王光宇同志接见了会议有关代表,省革委会常委、省委科技领导小组副组长、省计委副主任孟家芹同志在会议开幕式上作了重要讲话。省科技局局长韦宾同志也参加了会议。

与会代表认真地对八号工程的总体和物理方案进行了论证。大家认为,八号工程总体方案,经过近两年的调查研究、理论分析,进行了大量的设计工作,有了一些经验,取得了显著的进展。八号工程所要探索研究的问题,是当前受控热核反应研究工作的前沿问题。

代表们认为,在八号工程上采用“粗、胖”的位形,中等纵场强度,大功率二次加热等设计特点,有利于改善综合参数,是符合环形电流器世界发展趋势的。根据八号工程的总体方案和设计指标,它工作在接近热核“点火”的区域,可以深入研究近“点火”区域的等离子体物理规律、二次加热和杂质问题,并为我国“点火”装置的设计和建设提供自己的经验和数据。因此,作为我国受控热核研究向“点火”过渡的中间装置,是比较合适的。

代表们同时指出,为使八号工程在建成后尽快地进行实验并取得数据,应抓紧物理实验和理论的准备工作,加强诊断测量和数据处理设备的研制,并加强微波加热和热核真空表面物理等方面的研究工作。

在工程方面,与会代表认为八号工程的总体方案考虑了我国工业的现实基础,尽量选用已有的工艺条件,总体方案和重大部件设计的原则基本可行。因此,现有空芯变压器在纵场之外的总体结构方案可以作为技术设计和工程设计的依据。但在当前方案中,对一些可能影响到物理指标的工程问题考虑得还不够,对装置结构最佳方案的选择、各部分的协调和总体装配方案还应深入研究。安徽光机所应尽快和有关单位一起,组织力量进行总体工程设计,抓紧各项试验工作,有重点有步骤地落实主要部件的技术措施,争取在1976年提出总体工程设计和主要部件的工程设计。

八号工程的电源系统是工程的重要部分。纵场和平衡场脉冲功率 1.25×10^5 kW，加热场脉冲功率45000 kW。代表们建议，八号工程电源建设可以分两步走：第一步，采用4台直流发电机组供电。上海电机厂1969年生产的ZFT-25-3/0.3电机，经过几年运行，性能良好，作为八号工程的初级电源，在参数上是合适的，技术上是成熟的，制造周期也短，方案是可行的。第二步，采用电网直接向装置供电 1.25×10^5 kW，4台ZFT-25-3/0.3发电机组作为加热场电源的方案。根据华东电网和安徽地区所规划的1980年左右的电力总容量，实现这样的冲击负荷，具备一定条件。同时，华东电管局、安徽省供电局对电网供电方案积极支持，因此电网供电是可行的。会后，中国科学院应商请水电部组织有关单位，研究脉冲负载对电网的影响，进行电力系统稳定性的计算和动态模拟实验，尽快提出电网供电的工程方案。

大家还认为，虽然在重大部件制造、加工方面存在很大困难，但这些困难经过努力是可以克服的。物理所已建成的六号装置，经过一年多来2万次以上的放电实验，性能良好；安徽光机所建成了大型脉冲贮能电源，并根据八号装置的要求开展了一些试验工作；兰州近代物理所、物理所、安徽光机所在强流离子源工作方面取得了新的进展。二机部585所在451装置上进行了大量的工艺实验。这些工作在工程和物理上都为八号工程的建设提供了经验，打下了初步基础。因此，八号工程的建设是可能的，可以力争在1980年前建成并投入运行。

会议指出，进一步开展社会主义大协作是八号工程顺利建设的重要保证。如期建成八号工程，在5年左右时间内实现这一重大的赶超步骤，必须从院到所进一步加强领导。会议建议由科学院、一机部、水电部及有关部门组成八号工程会战领导小组，负责领导八号工程的建设，并建议安徽光机所把这一任务当作重点，有计划地采取果断措施，组织好会战队伍，搞好设计和加工。少花钱，多办事，力争在4000万元投资范围内完成这一重大工程建设。

论证会期间，钱三强和中国科学院党的核心小组成员邓述慧同志就八号工程增调科技人员问题与安徽省委书记王光宇、郭宏杰等负责同志商谈，并得到了省委负责同志的支持和同意。

在全体代表的共同努力下，会议基本上取得了预期的结果，并完成了中国科学院八号工程协作任务分配（图6.10、图6.11、表6.6）。

57

附件：

中国科学院八号工程协作任务简表

1975年12月8号工程全国总体方案论证会协商意见（合肥）

项目	课题名称	技术要求	进度	主要协作单位	说明
电磁系统	①纵场应力分析，减少应力的措施和有关实验	按商定协议进行	1976	合肥工业大学力学所	
	②纵场冷却结构对应力的影响	同　上	1976－1977	合肥工业大学	
	③空芯变压器应力分析和测试	同　上	1976	合肥工业大学	
	④八号装置电磁系统方案工作	根据8号工程不同要求派人参加	1976－1977	北京电工所	参加技术总体组和总体工程方案设计。
	⑤低温超导环形強磁场的予研制		1976年内提出方案	北京电工所，物理所	
电源系统	①冲击负载电网供电，有关技术问题的研究、计算、试验	待进一步协商落实	1976年完成主电源方案论证	拟商请水电部、一机部、华东电管局、安徽省电力局、安徽省科技局组织协作	
	②新型开关换流元件的研制	大容量真空开关，直流断路器非线性电阻等	1976－1978	拟商请一机部有关单位研制	
	③大功率反馈控制直流电源的研制	总功率20兆瓦，响应时间＜2毫秒	1976－1978	电工所、物理所	
	④大容量冲击直流发电机组的设计、制造与多台联合运行等问题	按商定技术任务书进行	1976年完成技术设计	一机部、上海电机厂、合肥工业大学	
支撑结构	①结构力学全面核算	待拟定	1976－1977	力学所	根据工程设计要求，核算纵场，加热平衡场，支撑结构的应力状态，选取最优方案。
	②支撑结构的力学分析、工程设计和有关工艺问题	按商定协议进行		合肥工业大学	

图6.10　八号工程协作任务简表1

58

项目	课题名称	技术要求	进度	主要协作单位	说明
真空系统	①超高真空抽气机组		1976年底提供	七机部510所	兰州曙光机械厂生产
	②涡轮分子泵的研制	真空度＜10^{-8}乇，抽速200~1000升／秒	1977年底	北京科仪厂	1977年底前提供样机，1978年提供5台。
	③真空放电室的研制		1976－1977	七机部510所	510所负责设计瓷环密封方案，安光所负责波纹管方案，工艺问题和加工由安光所解决。
	④真空与焊接工艺			北京科仪厂	参加技术总体组，根据工程研制阶段要求，请老师傅短期出差合肥工作。
	⑤电真空工艺及器件	工艺及部件协作（电子倍增器 1976年50只，电子枪设计，陶瓷金属过渡密封接头）。	1976－1979	电子所	
	⑥大直径氧化铝陶瓷环研制	直径1500mm，高氧化铝、瓷环。	1976年底提供试验	拟商请上海硅酸盐所组织协作	
	⑦热核真空与表面物理	按商定方向调研后确定课题	长期课题	七机部510所、物理所	
二次加热	①大面积強流离子源研制	第一步研制20A大面积源供六号注入实验之用，在此基础上研制八号工程所需強度源，1977年达到指标。	1976－1978	兰州近代物理所 物理所	
	②六号装置中性束注入加热实验		1976－1977	物理所	物理所负责总体注入实验，安光所负责注入器部分设计，近物所负责离子源研制。
	③中性束注入器的真空系统		1976－1979	七机部510所	1976年进行调研，安排元部件研制项目。
	④微波二次加热的研究	1千兆赫附近低杂波加热。1兆瓦30－100千兆赫电子回旋波加热。	长期课题	电子所、物理所	1976年起在小装置上试验，并进行理论探索。

图6.11　八号工程协作任务简表2

表6.6　中国科学院八号工程协作任务简表

项目	课题名称	技术要求	进　度	主要协作单位	说　明
电磁系统	纵场应力分析，减少应力的措施和有关实验	按商定协议进行	1976年	合肥工业大学、力学所	
	纵场冷却结构对应力的影响	同上	1976—1977年	合肥工业大学	
	空芯变压器应力分析和测试	同上	1976年	合肥工业大学	
	八号装置电磁系统方案工作	根据八号工程不同要求派人参加	1976—1977年	电工所	参加技术总体组和总体工程方案设计
	低温超导环形强磁场的预研制		1976年内提出方案	电工所、物理所	
电源系统	冲击负载电网供电有关技术问题的研究、计算、试验	待进一步协商落实	1976年完成主电源方案论证	拟商请水电部、一机部、华东电管局、安徽省电力局、安徽省科技局组织协作	
	新型开关换流元件的研制	大容量真空开关、直流断路器非线性电阻等	1976—1978年	拟商请一机部有关单位研制	
	大功率反馈控制直流电源的研制	总功率20 MW，响应时间＜2 ms	1976—1978年	电工所、物理所	
	大容量冲击直流发电机组的设计、制造与多台联合运行等问题	按商定技术任务书进行	1976年完成技术设计	一机部、上海电机厂、合肥工业大学	
支撑结构	结构力学全面核算	待拟定	1976—1977年	力学所	根据工程设计要求，核算纵场、加热平衡场支撑结构的应力状态，选取最优方案
	支撑结构的力学分析、工程设计和有关工艺问题	按商定协议进行		合肥工业大学	
真空系统	超高真空抽气机组		1976年底提供	七机部510所	兰州曙光机械厂生产

续表

项目	课题名称	技术要求	进　度	主要协作单位	说　明
	涡轮分子泵的研制	真空度＜1×10^{-8} Torr，抽速 200～1000 L/s	1977年底	北京科仪厂	1977年底前提供样机，1978年提供5台
	真空放电室的研制		1976—1977年	七机部510所	510所负责设计瓷环密封方案，安徽光机所负责波纹管方案，工艺问题和加工由安徽光机所解决
	真空与焊接工艺			北京科仪厂	参加技术总体组，根据工程研制阶段要求，请老师傅短期出差合肥工作
	电真空工艺及器件	工艺及部件协作（电子倍增器1976年50只，电子枪设计，陶瓷金属过渡密封接头设计）	1976—1979年	电子所	
	大直径氧化铝陶瓷环研制	直径 1500 mm，高氧化铝，瓷环	1976年底提供试验	拟商请上海硅酸盐所组织协作	
	热核真空与表面物理	按商定方向调研后确定课题	长期课题	七机部510所、物理所	
二次加热	大面积强流离子源研制	第一步研制20 A大面积源供六号装置注入实验用，在此基础上研制八号工程所需强度源，1977年达到指标	1976—1978年	兰州近代物理所、物理所	
	六号装置中性束注入加热实验		1976—1977年	物理所	物理所负责总体注入实验，安徽光机所负责注入器件部分设计，兰州近代物理所负责离子源研制
	中性束注入器的真空系统		1976—1979年	七机部510所	1976年进行调研，安排元部件研制项目

续表

项目	课题名称	技术要求	进　度	主要协作单位	说　明
	微波二次加热的研究	1000 MHz附近低杂波加热，1 MW 30～100 kMHz电子回旋波加热	长期课题	电子所、物理所	1976年起在小装置上试验，并进行理论探索
诊断测量数据处理	诊断测量、数据处理的先行实验	按照环电流器要求，研制配套的各种诊断测试设备，在六号装置上进行综合实验。以DJS-130计算机为中心的数据处理系统1976年开始单道联调		物理所	物理所八室负责研制六号装置数据处理系统（1977年完成），并负责八号装置数据处理系统的技术方案和关键部件研制，并由锦州工厂生产，1979年提供使用
	中性粒子能谱仪	100～5000 eV	1976年底完成一台样机	中国科学技术大学	
	光学诊断设备的研制及工艺协作	大面积光栅及光学系统	1976年完成	长春光机所	
	微波诊断	4 mm单道干涉仪由安徽光机所研制，电子所提供4 mm反射速调管	1976年完成	电子所、物理所、585所	1976年下半年在物理所六号装置进行微波干涉实验，仪器由585所和安徽光机所协作解决。2 mm反射速调管由电子所承担，微波元件由中国科学院和国防科委专门组织协作解决
	红宝石激光散射设备	按商定协议进行	1976年完成六号装置用样机	物理所、585所	红宝石激光器（包括电控部分）、散射室、光学元件由安徽光机所加工，二季度完成。接收电子线路部分由物理所完成，光谱仪共同协作，请长春光机所解决光栅

续表

项目	课题名称	技术要求	进　度	主要协作单位	说　明
其他关键研制项目	六号装置物理实验	优先安排八号工程所要求的物理实验项目		物理所	1976年开展磁场位形、负反馈平衡稳定、真空表面物理研究，逐步开展二次加热的研究
	八号工程物理过程的理论分析	环形热核等离子体的能量输运过程		北京大学（物理系）	1976年着重开展有关杂质的能量过程的研究
	八号工程有关理论数学和计算数学的关键问题			北京大学（数学系）	开展非线性磁流体力学方程平衡解，稳定性和数值方法的研究，发展热核装置设计的优化方法
	八号工程有关数值计算方法，程序和软件问题	继续原有数值方法的研究和计算任务。逐步把八号工程主要计算程序改写为709机语言	长期课题	院计算站	
	磁流体力学有关理论问题	磁流体力学平衡与稳定问题的研究	长期课题	北京力学所	继续完成磁面正问题的计算任务（1976年上半年）
	热核聚变反应堆的理论研究和八号工程两分量环实验有关核物理及中子学问题	聚变堆研究按原计划进行。有关八号工程两分量环实验的中子学计算任务在双方调研后专门商定	长期课题	兰州近代物理所	
	八号工程有关理论研究	按原定计划进行	长期课题	中国科学技术大学	继续分析两分量环实验的理论模型

备注：(1) 安徽光机所承担八号工程主机、电源、基建以及其他部分的主要任务，在本表中不一一列出。
(2) 八号工程中若干部件的非标准加工、特殊工艺协作任务待工程设计完成后再商请一机部、二机部、四机部有关单位安排

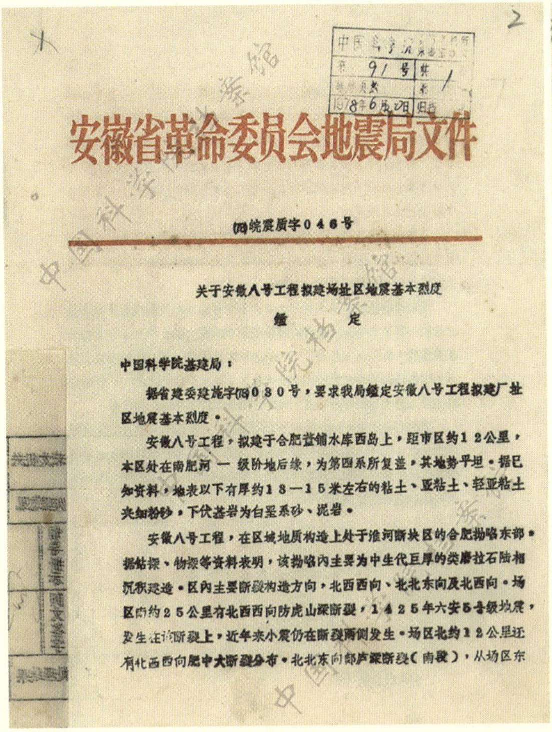

安徽省革命委员会地震局文件

(78)皖震质字046号

关于安徽八号工程拟建场址区地震基本烈度

鉴定

中国科学院基建局：

据省建委建施字(78)030号，要求我局鉴定安徽八号工程拟建厂址区地震基本烈度。

安徽八号工程，拟建于合肥董铺水库西岛上，距市区约12公里，本区处在南肥河一级阶地后缘，为第四系所复盖，其地势平坦。据已知资料，地表以下有厚约13—15米左右的粘土、亚粘土、轻亚粘土夹细粉砂，下伏基岩为白垩系砂、泥岩。

安徽八号工程，在区域地质构造上处于淮河断块区的合肥拗陷东部。据钻探、物探等资料表明，该拗陷内主要为中生代巨厚的类磨拉石陆相沉积建造。区内主要断裂构造方向，北西西向、北北东向及北西向。场区南约25公里有北西西向防虎山深断裂，1425年六安5½级地震，发生在该断裂上，近年来小震仍在断裂两侧发生。场区北约12公里还有北西西向肥中大断裂分布。北北东向郯庐深断裂(南段)，从场区东

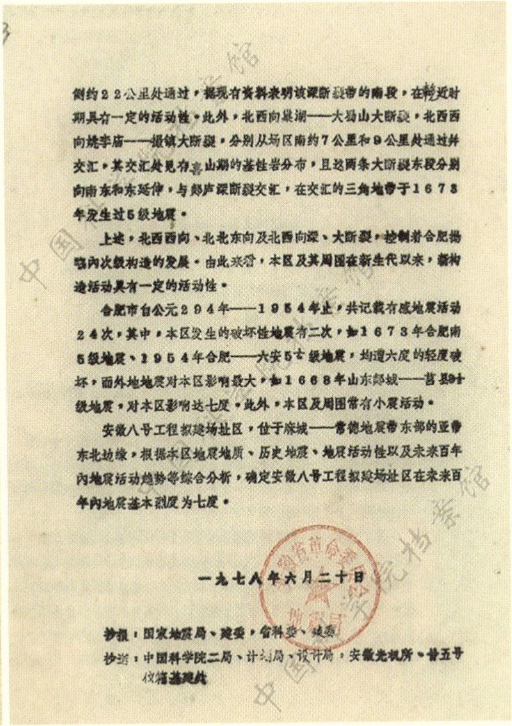

侧约22公里处通过，据现有资料表明该深断裂带的南段，在较近时期具有一定的活动性。此外，北西向巢湖——大别山大断裂，北西西向姚李庙——撮镇大断裂，分别从场区南约7公里和9公里处通过并交汇，其交汇处见有喜山期的基性岩分布，且这两条大断裂东段分别向南东和东延伸，与郯庐深断裂交汇，在交汇的三角地带于1673年发生过5级地震。

上述，北西西向、北北东向及北西向深、大断裂，控制着合肥拗陷内次级构造的发展。由此来看，本区及其周围在新生代以来，新构造活动具有一定的活动性。

合肥市自公元294年——1954年止，共记载有感地震活动24次，其中，本区发生的破坏性地震有二次，如1673年合肥南5级地震、1954年合肥——六安5¼级地震，均遭六度的轻度破坏，而外地地震对本区影响最大，如1668年山东郯城——莒县8½级地震，对本区影响达七度。此外，本区及周围常有小震活动。

安徽八号工程拟建场址区，位于麻城——常德地震带东部的亚带东北边缘，根据本区地震地质、历史地震、地震活动性以及未来百年内地震活动趋势等综合分析，确定安徽八号工程拟建场址区在未来百年内地震基本烈度为七度。

一九七八年六月二十日

抄报：国家地震局、建委，省科委、建委

抄送：中国科学院二局、计划局、设计局，安徽光机所、昔五号校指基建处

《关于安徽八号工程拟建场址区地震基本烈度鉴定》

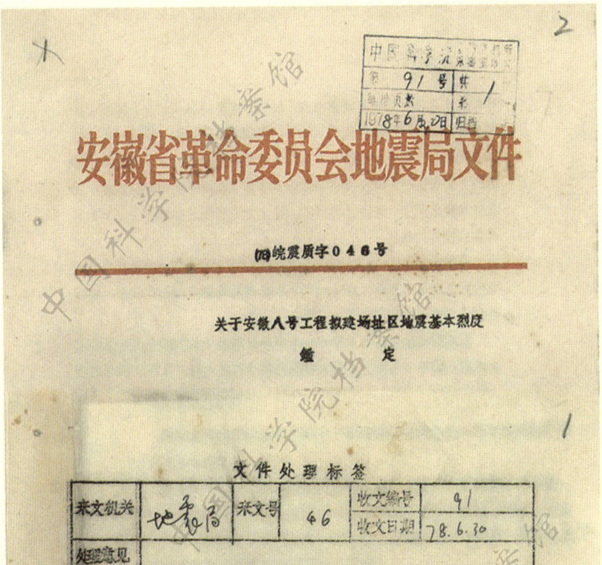

安徽省革命委员会地震局文件

(78)皖震质字046号

关于安徽八号工程拟建场址区地震基本烈度

鉴定

文件处理标签

来文机关	地震局	来文号	46	收文编号	91
				收文日期	78.6.30
处理意见					
领导批示					
阅文签字					
处理结果					

《关于安徽八号工程拟建场址区地震基本烈度鉴定》文件批转

7 八号工程建设

八号工程总体方案论证会结束后，八号工程即将进入工程设计、工艺试验、部件加工的全面施工阶段，为满足八号工程技术力量要求，加速工程建设，安徽光机所党委于1976年1月7日向中国科学院党的核心小组请示增调科技人员80人，拟从省内和外省市科技人员中商调。报中国科学院和安徽省审批后，由省人事局办理调动手续。

随后，安徽光机所增补沈玉其、季春贵、王明家、刘松柏同志为受控会战领导小组成员。成立工厂受控加工办公室，由兰玉庆同志兼主任，刘松柏同志为副主任。办公室的重大业务工作由受控会战领导小组的兰玉庆、季春贵、姚民军三同志分管。

调整充实受控总体组。受控总体组是在受控站党支部和所受控会战领导小组领导下的技术参谋班子，其日常业务工作由所科技组领导。总体组成员为陈春先、邱励俭、季幼章、乐秀夫、霍裕平、康亚夫、舒炎太、葛袁静、王绍华、万元熙、王玉贵，陈春先任组长，邱励俭、季幼章为副组长。

受控总体组的主要任务是：负责八号工程的总体技术设计和组织分部门技术设计，以及组织协调工作；负责审查有关技术资料、图纸，并对八号工程的研制计划、重点项目、重要措施和进度要求提出建议。负责组织有关技术人员开展对八号工程的技术讨论和经验交流。

7.1 向国家计委呈报八号工程计划任务书

1976年1月19日，中国科学院向国家计委呈报了《关于报批受控热核反应计划任务书的报告》。

该《报告》首先阐述了研究受控热核反应的意义：受控热核反应是人类改造自然界的宏伟计划之一。它的研究目的是利用高温下重氢的热核反应所放出巨大能量来为人类服务。受控热核研究的成功将使大海成为可供人类取之不竭的燃料库，并为生产核燃料、大规模改造自然环境、变废物为有用之物开辟新的前景，对人类社会的发展产生深远的影响。为了实现这一长远目标，多年来，许多国家进行了多途径的探索，最近几年在托卡马克型装置上取得了重要突破，有可能通过这种方法达到热核"点火"（热核反应产生的能量等于为加热重氢而输入的能量）的目标。根据目前发展情况，美、苏、西欧、日本计划在1980—1985年建成"点火"实验装置。围绕首先实现"点火"目标正在展开一场激烈的竞争。受控热核反应的"点火"是近30年在物理研究基础上实现巨大的热核能量应用的转折点，将是本世纪重大的科学技术成就之一。

该《报告》指出，我国受控热核反应研究工作是“大跃进”时开始的，总理非常关心这项工作，1972年周恩来总理指示受控工作两家搞（指中国科学院和二机部），两条腿走路，百家争鸣。1973年，中国科学院即将受控热核反应的研究列为院重点项目之一。1974年，中国科学院物理所、电工所等单位发扬独立自主、自力更生、艰苦奋斗的精神，建成了我国第一台托卡马克小型热核实验装置——六号装置。经过上万次放电实验，目前性能已达到国际同类装置水平。

为了在该项研究领域尽快赶超世界先进水平，中国科学院于1973年下半年开始组织队伍进行受控热核反应八号中间实验装置（简称八号工程）的方案设计工作，并于1974年7月提出了初步方案。经过院内三次方案讨论会的讨论、审查，于1975年8月完成了方案工作报告。并于1975年12月召开了全国性的八号工程总体方案论证会。会议认为，八号工程总体方案和重大部件的技术原则基本可行，它作为我国受控热核研究向“点火”过渡的一个中间装置，这一步是合适的。以我国现有工业基础和该项工作的进展状况，八号工程的建设是可能的。八号工程计划于1980年前全部建成并取得主要数据，这将使我国受控热核研究一跃进入世界先列。

关于八号工程的建设地址，中国科学院从1973年起就在安徽光机所筹建受控热核反应研究实验站，现已有技术人员170人。原有合肥八号电感储能电源和其他实验设备设施可以满足受控热核实验的部分要求，工厂加工条件、技术力量等也有一定基础。因此，八号工程建设地点定在中国科学院安徽光机所（合肥）。

八号工程的建设和其他实验设施建设初步估计需投资4000万元，其中基本建设投资约2500万元（包括土建，电源系统，八号主机的主要材料、配套设备、非标准加工），另外新型测试设备、新工艺、新技术的研制费用1500万元拟从科研事业费中支出。另需外汇300万美元，以申请进口必要的仪器，已于1975年9月以〔（75）科发三字653号〕文件呈报国家计委审批。现尚需建实验大厅和配套建筑9580 m^2、生活用房9000 m^2。1976—1980年五年内增加技术人员200人、工人100人，其中1977年前需增加技术人员120人、工人50人。

该《报告》所附《受控热核反应八号工程计划任务书》阐述了建设八号工程的目的和意义、主要物理技术指标（表7.1）、建设规模和投资、预期进度、电源基本要求、大型非标部件和试验性部件加工内容、人员配备、主要协作项目等。

表 7.1　八号工程主要物理技术指标

名　　称	基 本 参 数
装置大环直径	3.7 m
等离子体柱直径	1.4 m
纵场磁场强度	30000 G
等离子体电流	1.3×10^6 A
等离子体温度(电流加热)	$2\times10^7\sim2.5\times10^7$ ℃
等离子体温度(二次加热)	$4\times10^7\sim5\times10^7$ ℃
能量约束时间	0.3 s
总储能量	约 2×10^8 J
装置尺寸(本体)外径	8 m
装置尺寸(本体)高	7.5 m
装置总重(本体)	230 t

主要协作项目如下：

(1) 纵向磁场线圈(请一机部参加协作)。

(2) 加热场绕组(请一机部参加协作)。

(3) 真空室(请一机部、七机部、建材部、二机部参加协作)。

(4) 真空机组(请一机部、七机部参加协作)。

(5) 控制及数据处理系统(请四机部、一机部参加协作)。

(6) 支撑结构(请一机部、冶金部参加协作)。

(7) 中性注入及加热系统(请四机部、一机部参加协作)。

(8) 诊断测试设备(请一机部、二机部、四机部参加协作)。

(9) 冲击发电机组、开关、整流等电器(请一机部参加协作)。

(10) 国家电网开展大功率冲击负荷、供电的设计和试验(请水电部、一机部、冶金部参加协作)。

1976年7月,中国科学院又以〔(76)科发计字499号〕文件《关于重新报批受控热核反应八号工程设计任务书的报告》,向国家计委报送了《受控热核反应八号工程计划任务书》。

7.2　国家计委批复八号工程计划任务书

1976年11月10日,国家计委以〔(76)计计字312号〕文件《关于建设合肥受控热核反应八号装置计划任务书》对所上报的报告作出批复：同意中国科学院在合肥安徽光机所建设受控热核反应八号装置。批复指出，受控热核反应是探索新能源的一项重要科学实验，希望中国科学院在八号工程建设和试验工作中，要贯彻自力更生、艰苦奋斗的方针，在受控热核反应技术上，力争做到有所发现、有所发明、有所创造、有所前进。

国家计委批复强调，八号工程的建设，要尽量利用安徽光机所现有辅助设施和建筑物，除改建两幢原有实验楼计3800 m^2建筑面积外，新建建筑面积控制在15000 m^2之内。基建投资控制在2500万元之内，另外科研事业费为1500万元。所需增加的270名技术人员和工人，应尽量挖掘潜力，调剂解决，不足之处，请安徽省统筹安排，逐年配备。1977年八号工程主要应做好研究和设计工作，具体建设进度在年度计划中落实，争取于1981年左右建成。

国家计委批复建议，八号工程110 km 200 kV输电线路及变电系统的方案设计、施工和冲击负载试验，请水电部组织实施。其他非标准设备和材料的研制、生产，请商有关各部和安徽省协助安排落实。

至此，八号工程已完成前期准备阶段，逐步进入实施阶段。

7.3 选调科技人员，八号工程进入实施阶段

科技事业的发展离不开人才，人才是促进科技发展的根本动力。从成立之日到1976年2月16日，安徽光机所合肥受控热核反应研究实验站先后两次经安徽省和中国科学院批准，从全国各地商调了150名科技人员来站工作。在选调过程中，安徽光机所共发出600多份商调函，审查了500多份人事档案材料，先后派人去8个省市21个地市县共75家单位联系商调。这批科技人员计有机械专业18人，工程力学专业1人，物理、固体物理、金属物理专业38人，工程物理、核物理专业20人，理论物理专业8人，电气电机专业12人，无线电电子学专业18人，光学专业3人，化学专业5人，离子加速器专业1人，数学专业2人，精密仪器仪表专业3人，微波专业3人，空气动力学专业1人，磁学专业2人，半导体专业1人，雷达专业1人，电真空专业3人，自动控制专业3人，技术员3人，技术工人4人。

这150人年龄分布情况如下：29岁以下8人，30～36岁94人，37～40岁41人，40～46岁7人。平均年龄35岁，正处于年富力强、干事业的黄金时代。

这些人90%以上原来不是搞受控核聚变工作的，但他们在工作中表现积极、干劲足、肯钻研、事业心强。长期以来，节假日不休息，不怕脏，不怕苦，不怕

累。在工作中边干边学,在实践中提高自己的政治思想和业务技术水平,独立工作能力快速提高。到1975年底,经过全体同志的艰苦努力,进行了大量的设计、实验、分析、计算等工作,形成了具有我国特色的、指标先进性和工程现实性相结合的总体与物理方案,达到了国际先进水平。同时还完成了模拟装置的改进设计、加工、安装等多项重要工作。有7位新进同志担任了科研业务组副组长,22位同志被评为先进工作者,26人申请入党,有2人被列为党员发展对象。

1976年6月11日,安徽省革命委员会同意安徽光机所(八号装置工程)增调50名科技人员,要求专业对口、身体健康,由安徽光机所从省内外有关部门在职科技人员中商调。

1976年上半年,为了解决八号装置有关杂质问题,受控站霍裕平同志到北京大学物理系请求帮助,并就相关事宜进行了商讨。当年6月12日,安徽光机所与北京大学物理系签订《八号工程协作协议书》(图7.1),双方商定,1976年协作计划如下:

(1) 北京大学方面承担分析八号装置中有关杂质问题的研究(杂质可能的影响、杂质的运动规律、杂质的控制等)。

(2) 北京大学方面至少有两名教员参加该项工作,在工作过程中经常与安徽光机所有关同志共同讨论。

(3) 北京大学方面参加该项工作的经费由中国科学院负担。根据工作任务估计,今年约需经费4500元,由中国科学院安徽光机所预支,年终结算。

根据此协议,北京大学将在1976年底提供八号装置杂质理论分析结果,推进八号装置的技术设计工作。

到了9月份,安徽光机所根据八号工程的实际进展,初步拟定1977年八号工程主要任务如下:① 装置本体:进行主要部件纵场线圈、加热场螺管、真空室的实际尺寸工艺试验和加工;② 电源:进行四台直流冲击发电机的基建和工程配套,完成电网供电方案;③ 二次加热进行20 A注入器单路试验等。

为了保证上述主要任务的顺利完成,安徽光机所于9月5日向中国科学院计划局申请相关必需的物资经费和关键的材料、设备。

根据上述任务和要求,安徽光机所申请1977年受控站物资经费共计345万元(不包括基建经费),占前次已上报的1977年全所物资经费635万元的54%,具体项目是:

1976年三项非标准设备试制加工需明年付款的95万元(兰州曙光机械厂超高真空抽气机组60万元,西安高压研究所KN12熔断器20万元,磁带机15万元)。

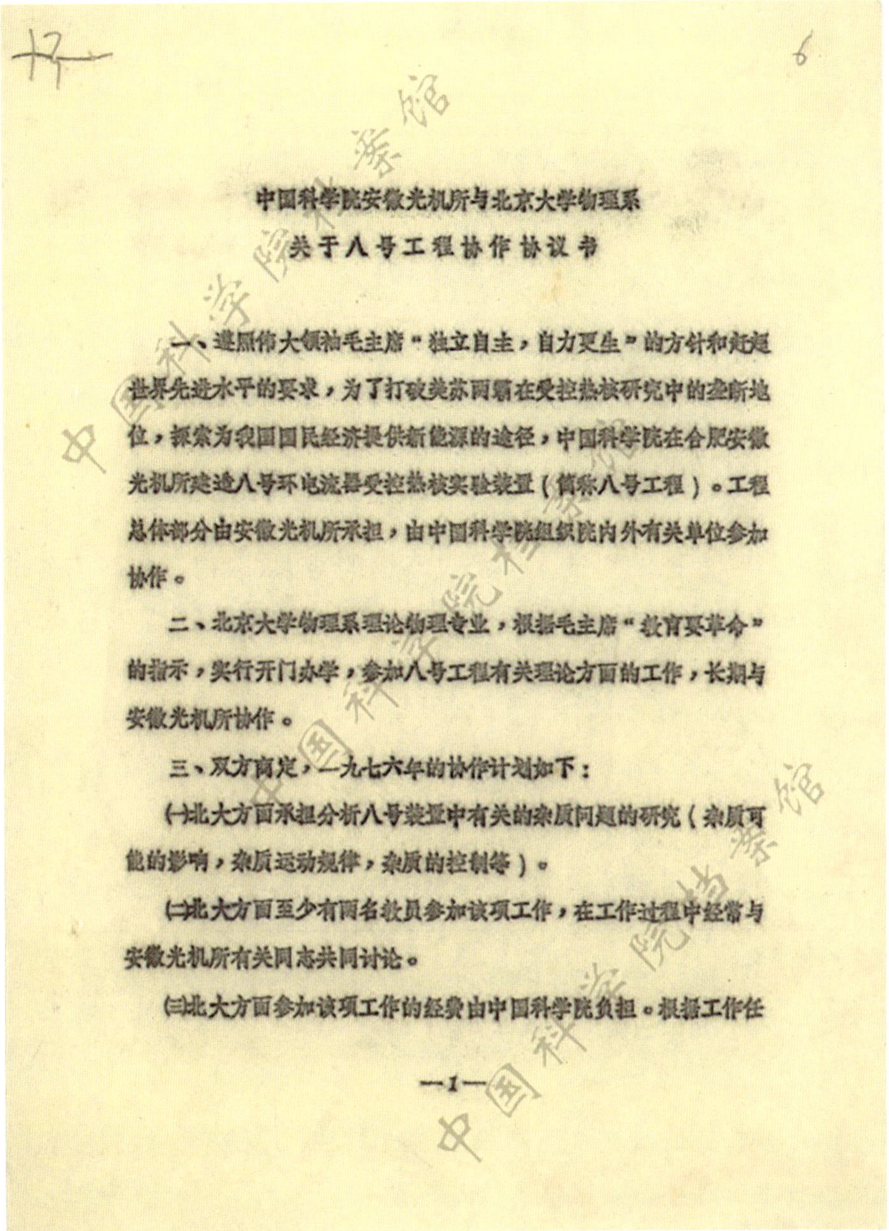

中国科学院安徽光机所与北京大学物理系

关于八号工程协作协议书

一、遵照伟大领袖毛主席"独立自主，自力更生"的方针和赶超世界先进水平的要求，为了打破美苏两霸在受控热核研究中的垄断地位，探索为我国国民经济提供新能源的途径，中国科学院在合肥安徽光机所建造八号环电流器受控热核实验装置（简称八号工程）。工程总体部分由安徽光机所承担，由中国科学院组织院内外有关单位参加协作。

二、北京大学物理系理论物理专业，根据毛主席"教育要革命"的指示，实行开门办学，参加八号工程有关理论方面的工作，长期与安徽光机所协作。

三、双方商定，一九七六年的协作计划如下：

(一)北大方面承担分析八号装置中有关的杂质问题的研究（杂质可能的影响，杂质运动规律，杂质的控制等）。

(二)北大方面至少有两名教员参加该项工作，在工作过程中经常与安徽光机所有关同志共同讨论。

(三)北大方面参加该项工作的经费由中国科学院负担。根据工作任

—1—

图7.1 《八号工程协作协议书》(部分内容)

1977年一机部军工产品、仪器仪表、机床设备、材料103.5万元。

1977年水电部电容器20.6万元。

1977年四机部仪器、设备、计算和外用设备，2 mm微波设备无线电元件、器件88.2万元。

1977年国外订货10万元。

1977年市场采购约30万元。

总计345万元。

为了解决“低温超导在受控热核反应中的应用”问题，1976年10月11日至19日，中国科学院二局主持召开了相关调研讨论会，物理所、电工所、中国科学技术大学、安徽光机所参加了会议。会议研究确定，1977—1978年，由物理所和电工所共同进行超导磁体设计、工艺、绕制工作及6D装置的设计、四分之一环的模拟实验、磁体保护和控制的研究。

关于大型超导线圈的研制任务，1977年至1978年由中国科学技术大学和安徽光机所进行材料及工艺调研工作。

7.4　1976年工作总结

整个1976年，受控站科技人员经过不懈的努力，取得了如下工作成绩，也收获了一些经验教训，对当年的业务工作作了精准的总结(图7.2)。

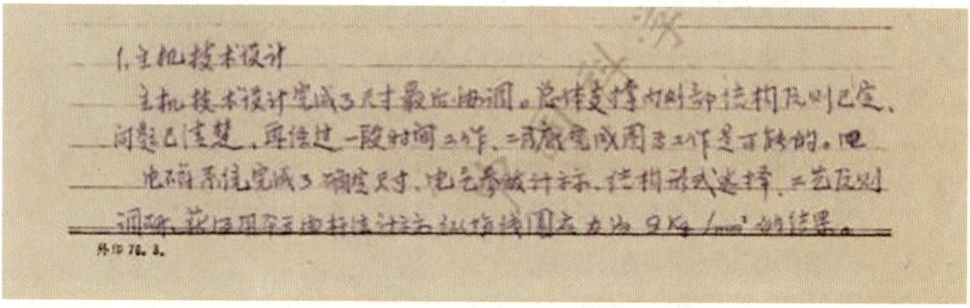
1.主机技术设计

主机技术设计完成了尺寸最后协调。总体支撑内外部结构原则已定、问题已清楚，再经过一段时间工作，二月底完成图纸工作是可能的。电磁系统完成了确定尺寸、电气参数计算、结构形式选择、工艺原则调研，获得用平面曲杆法计算纵场线圈应力为9 Kg/mm²的结果。

图7.2　1976年工作总结(部分内容)

一、工作成绩

1. 主机技术设计：

(1) 主机技术设计完成了尺寸最后协调。总体支撑内外部结构原则已定，问题已清楚。估计在1977年2月底完成图纸设计工作是可能的。

(2) 电磁系统完成了确定尺寸、电气参数计算、结构形式选择、工艺原则调研，获得用平面曲杆法计算纵场线圈应力为9 kg/mm^2的结果。

(3) 真空室完成已确定尺寸、受力计算、结构形式选择、真空室表面处理工艺调研，与七机部510所进行了协调。

2. 分系统方案工作：

(1) 二次加热中性注入系统离子源调出5 A束流，向党的生日献了礼。20 A的改进原图纸已下所工厂进行加工。真空与电气部分进行了大量调研，正着手方案工作。同时为召开院内系统注入器方案讨论会做了一些准备工作。

(2) 控制与数据处理系统落实了协作单位。收集了八号装置有关部分对该系统的技术要求,现在正与自动化所同志一起着手方案设计工作。负反馈在调研的基础上提出了负反馈电源模拟实验方案。完成了计算机机房改建工作。

(3) 抽充气系统已落实人员着手方案设计工作。

(4) 诊断系统完成配置方案。

3. 工艺实验:

(1) 完成1:4纵场单饼和螺管小工艺实验方案,给出了160张图纸,已下所工厂进行加工。所领导小组指示,二车间已做动员,准备春节前完成该项2400工时的加工任务。

(2) 完成两种成形片的ϕ300 mm小波纹管工艺实验,检漏达3×10^{-8}真空度,向党的生日献了礼。配合所工厂给出了1:1波纹管试验图纸。完成了大体积检漏图纸,已下所工厂加工。

(3) 完成1万次2号螺管疲劳实验和2号螺管的应力测试实验。

4. 模拟装置经过主回路改装,装置本体加热场接头改接,现纵场达5800 G、温度$1\times10^5\sim2\times10^5$ ℃,已调出2 ms等离子体。

5. 物理工作:

(1) 诊断仪器完成4 mm微波干涉仪桌面试验,准备在模拟装置上实验,提前完成了年度计划。完成X射线吸收比较法加工图纸,已下所工厂加工。完成了光栅光谱仪设计图纸。筹建了光谱实验室。激光散射仪研制工作有较大进展。

(2) 完成二次加热微波技术初步方案和初步计算。

(3) 理论工作完成三次磁场设计计算、中性注入物理设计和八号装置能量平衡总结。

(4) 完成18万字译文工作,写出11份调研报告、1份实验总结报告。

6. 全站设备、仪器和工具进行了清点登记,加强了器材管理工作。为了及时开展实验工作,不少组主动派人出去采购器材,克服了保障工作中的困难。

二、经验教训

(1) 搞八号工程这样大的研制性很强的工程,涉及面广。在组织领导、技术设计、加工制造、土建施工、物理实验等方面,一定要解决全局与局部关系。要讲统一性、整体性。要统一思想、统一认识、统一指挥、统一组织、统一协调、统一进展、统一外协。不然就不能组织起一支有战斗力的队伍,就不能保证工程既是高速度、又是高质量,又是扎扎实实、脚踏实地;就不能按预定时间建成装置。

(2) 要努力掌握工程规律。力争对技术关键、技术难点认识得早、认识得深,解决得有力。经过实践,对工程规律我们是逐步认识的。即物理设计完成之后,接着应转入工程设计,然后转入加工制造,最后组装调试、进行实验。每个阶段性质是不同的,因此任务和特点也就不同。各个阶段允许一定的重合或一定程度的平行作业,但不能混淆跨越。不然条件不具备,工作起来就困难,就不扎实,任务也不能完成。结果拖延了时间,可能会造成较大的返工。今年我们在这方面的教训是深刻的。现在我们都认识到纵场线圈的应力问题是主机技术设计中的关键技术问题之一,也是技术难点之一。就其认识的深度、解决的办法来讲,今年还需进行更加细微深入的实验工作和判断工作。

(3) 正确认识我们这支技术队伍,加强工艺实验和实践性环节,加速技术设计步伐。受控站组建不久,全站同志来自五湖四海,各种不同工作岗位。现在一起搞八号工程,经过努力能取得以上成绩是可喜的。我们这支队伍是完成八号工程的主要力量之一,同时又比较年轻,缺乏科学实验方面的实践,对搞"托卡马克"的经验就更加缺乏。因此不论是从实践来看,还是从我们本身不足之处来讲,都必须加强工艺实验和实践性环节。今年我们要下决心做好必要的工艺实验,使我们的技术设计牢靠,经得起审核、检验。

经过几年艰巨的努力,八号工程取得了阶段性的良好进展。陈春先心情大好,1977年正月初四,为庆祝父亲陈之长80寿辰特赋诗《四十三岁抒怀》(图7.3):

几度风霜岁月稠,长征异域不回头。(陈之长注:留苏学习)
无私无畏求真理,认识规律得自由。
万仞峰前攀险径,一星火种暖千秋。(陈之长注:指钻研热核控制)
黄钟四亿无声息,化作惊雷动五洲。(陈之长注:指钻研热核控制)

这首小诗,充分体现了陈春先等数百名科技人员不畏艰难险阻、求真报国的伟大情怀。

1977年3月21日,安徽省委组织部决定:王子健同志任安徽光机所党委常委、受控站党委书记,姚民军同志任安徽光机所受控站党委副书记、副主任;魏本乐同志任安徽光机所受控站党委副书记、副主任;陈春先、崔章吉、朱绪法、邱励俭同志任安徽光机所受控站副主任。

1977年3月24日,安徽光机所党委常委会决定:成立受控八号工程会战领导小组。领导小组成员由李益三、凌汉如、高尚、沈玉琪、姚民军、王瑞生、卢国琛七同志组成,并由李益三同志任组长,凌汉如、高尚同志任副组长。

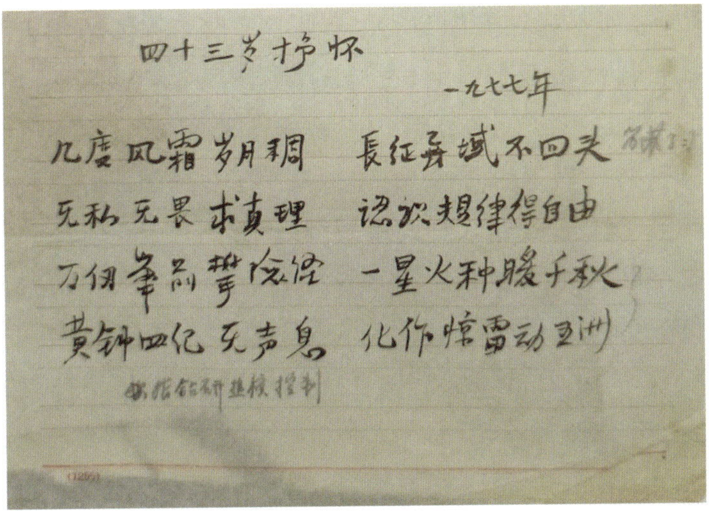

四十三岁抒怀

一九七七年

几度风霜岁月稠　長征异域不回头

无私无畏求真理　认识规律得自由

万仞群峰攀险径　一星火种暖千秋

黄钟四亿无声息　化作惊雷动五洲

图 7.3　陈春先《四十三岁抒怀》

1977 年 4 月 7 日，安徽光机所政治部决定成立受控站党委，王子健、姚民军、魏本乐、崔章吉、朱绪法、席时权、刘厚祥等七位同志组成。王子健任书记，姚民军、魏本乐任副书记。

1977 年 4 月 18 日，安徽光机所召开党委常委会，讨论了受控站下属机构设置及干部配备等问题。决定事项如下：

（1）受控站下设办公室、总体研究室和一、二、三分站。

（2）许正荣同志任站办公室副主任兼站机关党支部书记；邱励俭同志任总体研究室主任，万元熙、霍裕平同志任副主任；康亚夫同志任一分站主任、党支部副书记，赵共和同志任副主任；季幼章同志任二分站主任，刘厚祥同志任党支部副书记，徐其铭同志任副主任；席时权同志任三分站主任兼党支部书记，王绍虎、胡懋廉同志任副主任。

（3）各分站和总体室副主任、副书记一般均不脱产。

（4）各分站暂缺党支部书记，由受控站党委同志分工临时兼任。

7.5　钱三强副院长来所指导任务落实

1977 年 4 月上旬，为了落实八号受控热核反应装置研制和工程建造任务，时任中国科学院副院长钱三强同志率科学院二局赵震平、张厚英，人事局何绥章，计划局张今友等同志一起来到合肥，同安徽省委领导同志商谈八号工程的组织领导工作，并同省科技局、安徽光机所等相关部门落实工程的具体实施方案。

安徽省委对这项工程在安徽建造,表现出了很大的热情和支持。省委书记兼省计委主任、省科技领导小组组长王光宇同志,不惜推迟公务出差时间,专门听取了钱三强一行的汇报。省委第一书记宋佩璋和省委秘书长潘启琪同志会见了钱三强一行,对八号工程及今后中国科学院拟在合肥再建几个单位的建议表示积极支持,给了钱三强一行很大鼓舞。

钱三强一行到安徽后,立即会同省科技局负责同志、安徽光机所党委、受控站有关同志研究草拟了《受控热核反应八号工程汇报提纲》。4月13日,王光宇同志主持召开了有省计委、建委、机械局、冶金局、电力局、科技局、人事局、劳动局、物资局、合肥市委等有关负责同志参加的会议,听取了钱三强一行的汇报。汇报内容包括工程的目的、意义和规模,以及关于工程具体实施的组织领导、协作会战、物资渠道、人员编制及调配等问题。王光宇同志在会上说:"今天讨论的八号工程,是同'四人帮'斗争的胜利;粉碎'四人帮',我们的八号工程很快批准了;打倒'四人帮',全国得解放,八号工程也解放了。毛主席教导我们:中国应当对于人类有较大的贡献。我们这项工程任务是为子孙万代造福,承担这一任务非常重要和光荣。要完成这一工程我们必须做很大的努力,虽然任务艰巨,但是困难是可以克服的。打倒'四人帮',群众的社会主义积极性起来了,力量是无法估量的。把这样一项科研工程建造任务放在安徽,我们认为很光荣。我们不仅要承担八号工程的任务,并且要为承担更多的科研任务做好准备。"会上,还就以下几个问题做出了决定:

(1)组织领导问题。省委常委会曾经议过,即省委出一名负责同志任组长,科学院出一名同志任副组长,省有关局负责同志参加。现常委会将再开一次会议决定,当前工作不受影响,可照常进行。

(2)省内各部门承担任务问题。上次专门开过会,各部门回去,对已承担的任务做一次检查,对需要承担的项目认真研究。所有部门都要为八号工程造舆论、搞宣传,使领导层都知道为什么要搞八号工程。如何完成八号工程,要讨论研究,具体落实。机械加工问题,省里要大力承担,对省机械工业也有带动作用。

(3)调干问题,有关部门要研究一下。

(4)物资渠道问题。将具体要求送到省计委,还要做一些具体落实工作。

会议最后认为:这项任务具有"工程性""研究探索性"和"综合性"的特点,对安徽省各方面工作可以起带动作用。省里要做到有条件要上,没有条件创造条件也要上,创造条件就是促进八号工程的建设。安徽省工业基础已初具规模,有煤、有电。另外,省里有17个研究所,还有中国科学技术大学、安徽师范大学、安徽大学、合肥工业大学,也可带动起来。

会后,钱三强一行来到安徽光机所,花了几天的时间,首先开了一次八号工程动员会,然后会同所里及省有关部门做了一些具体落实工作。

第一是领导小组问题,安徽省科技局遵照王光宇同志指示,正在计委、建委、机械局等十个部门具体落实名单,落实后可报送省委讨论批准。领导小组副组长人选,待中国科学院确定人选后即送省委。

第二是基建设计及施工问题。八号工程初步扩大设计方案由中国科学院设计室承担,6月底完成。基建设计亦由院设计室承担。施工由省建委积极安排确保("三材"之外的物资由地方负责)。

第三是人员编制及调配问题。经同省计委、人事局、劳动局,合肥市公安局、人事局以及市委组织部研究,安徽省和合肥市同意再帮助八号工程解决100名技术工人和170名科技人员指标。100名工人指标,由安徽省负责解决。其中调50名复员军人,另50人从省内在职工人中抽调,以加强安徽光机所技术工人力量。对这100名工人具体技术要求,由安徽光机所提出。关于170名科技人员,也由安徽省负责调配。因省里技术力量单薄,亦请中国科学院协助调配一部分。鉴于过去政审过严,影响有经验的科技人员调入,现商定只要本人历史清楚,可适当放宽政审要求。关于调干中夫妇两地调入问题,可单报合肥市公安局解决。还有调入科技人员的农村家属户口问题,困难较多,待以后具体商议。据此,安徽光机所应立即成立调干小组,由所政治部牵头,受控站派人参加,把这项工作做好。

第四是协作会战问题。经反复研究,本着自力更生的原则,即所里能干的不出所,省里能安排的不出省。主体加工初步安排及主体内部结构,包括内直径1.6 m的真空室,以所为主,省内协作解决。

直径7 m、无磁不锈钢材质的主机底座,高4 m、直径1.2 m的中心螺管线圈,直径3 m的纵场线圈,由于省内无加工条件,拟请一机部、冶金部安排解决。

直径8 m的外部线圈,由所、省相关部门协作共同加工,其他小配套以省为主解决。一些诊断设备及实验,如中性能谱仪、结构应力实验等,由中国科学技术大学、合肥工业大学负责安排。

最后是需要安徽省领导并组织协作会战的任务,共有5点:

(1) 负责解决18800 m^2建筑面积建设的改建、新建的施工和地方材料的供应。明年初开始施工机械加工厂房、发电机组厂房,其他项目1978年、1979年施工完毕。

(2) 请省电力局和电力设计施工单位参加水电部承办的110 km 220 kV输

电线路及变电系统的方案设计、施工和冲击负载试验。承担四台机组(每台20000 kW的冲击直流发电机)的安装调试。

(3) 科技人员170名、工人100名,共计270名编制中,要求1977年调进科技人员100名、工人100名。调进的科技人员希望是有实践经验的工程技术人员,其中多数专业应是搞机械、电器的,其他的酌情搭配。调进的工人半数要有实践经验,其应是搞机械、电器加工的专业工人。这些人员除中国科学院调配部分外,其余的请安徽省负责调配。

(4) 安排解决工程中部分非标准设备和材料的研制生产。组织合肥工业大学及重机厂、电机厂、变压器厂等单位参加八号工程协作。如省内加工条件不具备,由中国科学院负责请一机部、四机部、冶金部等安排。

(5) 根据1970年周恩来总理生前的批示,中国科学院保留04单位物资口,结合国家计委、国防科委、国防工办、中国科学院〔(75)科发三字671号〕文件通知精神,04单位所需地方管理物资,由04单位在各地所属部向所在省、市申请解决。目前04单位在各省、市的部均已与省、市建立供应户头。唯独04单位424部(指安徽光机所)尚未与省建立供应户头,影响了安徽光机所科研、生产工作,尤其是影响八号工程建设,为此,请安徽省委迅速解决。

在完成了合肥之行后,钱三强一行向科学院汇报了八号装置建设存在的问题,并提出了相关建议:

(1) 有关八号工程的研制和建造的具体领导问题。首先是安徽省委重视,派了工宣队整顿了所,所一级领导已得到加强。但由于工程庞大,技术综合复杂,工程领导力量显得太弱。因此,必须尽快配备一至两名有工程经验的干部,加强对工程的领导。对此,安徽省委已同意考虑。

(2) 安徽光机所附属工厂是一个有500名工人的大厂,从设备情况和工人的数量上看,是中国科学院内仅次于长春光机所的大厂,潜力很大。但目前有经验的工人极少,4级以上的工人只有4人,思想工作很差,管理也很混乱。许多机床封在那里达十年之久,一些在省里数一数二的机床,因工人调出,无人开动,这是一种极大的浪费。目前省里、所里已注意到这一问题,拟从安徽省通用厂调一书记加强领导。为加速这个厂情况转好,希望中国科学院三局工厂处能抓一下这项工作。

(3) 协作会战问题。八号工程的协作加工,大部分是非标准加工,不少是由中国科学院负责,会同一机部、四机部、冶金部及院内有关研究所安排落实的。因此,建议责成二局负责院内各研究所任务的落实,三局负责一机部、四机部、冶金部等单位的任务落实。目前主机图纸已设计完毕,急需同有关部门联系安排。

(4) 关于基建及事业费的安排。请中国科学院基建办及计划局考虑,在年度计划中予以保证。

(5) 请中国科学院领导尽快研究确定八号工程领导小组中中国科学院担任副组长的人选,并报安徽省委。

钱三强一行的合肥之旅,通过与安徽省的沟通和协商,解决了八号工程建设中存在的一些关键问题,极大地促进了八号工程的建设步伐,为八号工程的顺利推进打下了坚实的基础。

1977年5月4日,安徽光机所向省委报告,建议成立受控八号工程领导小组和会战指挥部。领导小组建议由王光宇、中国科学院领导(待定)、郑锐、陈绍真、孟家芹、陈元良、李益三同志组成,王光宇同志任组长。在领导小组下建立八号工程指挥部,其成员建议由孟家芹、陈绍真、王渔、李益三、王启腾、刁岫生、封必流、宋文礼、刘汉炳、王广祥、凌汉如等11位同志组成。孟家芹同志为指挥,陈绍真、王渔、李益三同志为副指挥。会战办公室设在安徽光机所,凌汉如同志兼办公室主任。安徽省委批复同意成立领导小组和指挥部。

1977年5月25日,安徽光机所政治部同意受控站四个党支部选举产生的支部委员会名单:

一分站党支部委员会由康亚夫、赵共和、张广秋、姜同文同志组成,康亚夫任支部副书记。

二分站党支部委员会由刘厚祥、吴仁英、黄友祥、徐其铭同志组成,刘厚祥任支部副书记。

三分站党支部委员会由席时权、王绍虎、邵方印、林民田、胡懋廉同志组成,席时权任支部书记,王绍虎任副书记。

站机关党支部委员会由许正荣、李秀清、万元熙同志组成,许正荣任支部书记。

7.6 中国科学院院务会议讨论需要解决的问题

1977年5月30日,中国科学院召开院务会,会议由院党组书记、副院长李昌主持,讨论了有关八号受控任务需要解决的问题(图7.4)。

第一是加强工程领导力量。会议认为,由于安徽省委的重视,所一级领导力量已初步得到加强,但工程领导力量仍薄弱。请安徽省委尽快配备一到两名有工程领导经验的干部,加强对工程的领导。

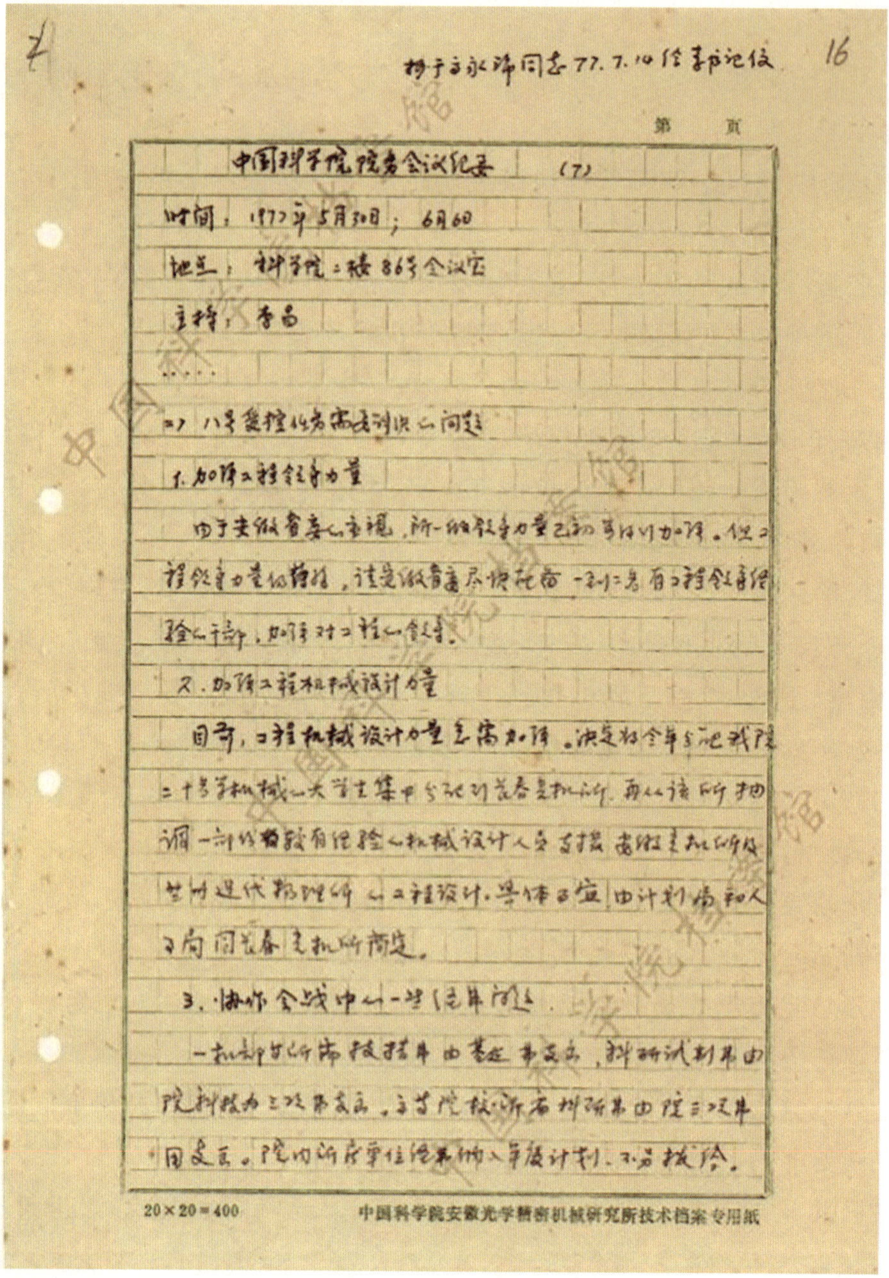
16

第 页

中国科学院院务会议纪要 (7)

时间：1977年5月30日；6月6日

地点：科学院二楼86号会议室

主持：李昌

……

二）八号急任务需要解决的问题

1. 加强工程技术力量

由于安徽省委的重视，所一级领导力量已初步得到加强。但工程技术力量仍较薄弱，请安徽省委尽快配备一至二名有工程技术经验的干部，加强对工程的领导。

2. 加强工程机械设计力量

目前，工程机械设计力量急需加强。决定将今年分配我院二十名学机械的大学生集中分配到长春光机所，再从该所抽调一部分较有经验的机械设计人员支援安徽光机所及兰州近代物理所的工程设计。具体事宜由计划局和人事局同长春光机所商定。

3. 协作会战中的一些经费问题

一机部等所需技术措施费由基建局负责，科研试制费由院科技办三处负责。……院内所需经费纳入年度计划，不另拨给。

20×20=400　　中国科学院安徽光学精密机械研究所技术档案专用纸

图7.4　中国科学院院务会会议纪要(部分内容)

第二是加强工程机械设计力量。目前，工程机械设计力量急需加强。将今年分配到中国科学院的20名学机械的大学生集中分配到长春光机所，再从该所抽调一部分较有经验的机械设计人员支援安徽光机所及兰州近代物理所的工程设计。具体事宜，由计划局和人事局同长春光机所商定。

第三是协作会战中的一些经费问题。一机部等所需技术组织措施费由基建费支出,科研试制费由院科技办三项费支出,高等院校所需科研费由院三项费用支出。院内所属单位经费纳入年度计划,不另拨给。

第四是发电机房的基建问题,决定在1978年的基建计划中予以解决。

第五是决定由钱三强同志参加工程领导小组,并担任副组长,即告安徽省委。

关于八号装置真空室,受控站决定放弃七机部510所设计的导壁金属硬段加陶瓷环的真空室方案,采用自行设计的全金属结构的波纹管方案。受控站科研人员认为陶瓷环方案和全金属波纹管方案原则上都是可行的,但是在JET、TCT、F-T、JT-60、T-10等大装置上越来越多地采用全金属波纹管方案。八号装置是一中间实验装置,研究目的是通过它为进一步建造点火装置做物理和工程上的准备。真空室是八号装置主机的核心部件,它的设计不可能孤立进行,是与主机其他部件的设计密切相关的,和主机其他部件一样应由受控站设计。因此,从发展观点来看,从技术工作的角度来看,真空室由受控站自行设计是更为方便、更为合适的。

1977年6月6日,安徽光学精密机械研究所革委会正式启用"中国共产党安徽光机所受控站委员会""中国科学院安徽光机所受控热核研究实验站""中国科学院安徽光机所受控热核研究实验站办公室"印章。

经二机部五局和中国科学院二局同意,1977年6月23日至29日在合肥召开了"托卡马克型点火装置调研报告会"。召开报告会的主要目的是:

(1)研究点火装置的物理设计和工程建造等方面的问题。

(2)结合我国的具体情况,讨论某些与我们研制同类装置有关的技术方案和发展方向问题,为制定正确的技术路线和长远规划提供参考。

(3)探讨和考虑如何把一些新的物理思想、设计考虑和计算方法等用于我们正在建造或即将建造的装置中去的可能性。

会议共有8项议题:

(1)关于大型托卡马克的定标律。

(2)大装置实现高密度放电的可能性。

(3)非圆截面的优缺点,提高β值的其他方法。

(4)TCT方案的发展前途和应用前景的评价。

(5)用外部线圈和反馈系统代替导体壁的主要技术问题是什么?我们是否应在小装置上开展工作?

(6)强磁场装置的优缺点。

(7)在我国的具体情况下,我们下一步要不要建点火装置,跳过点火装置直接建聚变堆的可能性如何？

（8）聚变/裂变堆概念的发展前途如何？我们应否重视这种方向？

中国科学院二局、二机部五局、电工所、力学所、上海光机所各1人，物理所和中国科学技术大学各2人，二机部情报所3人，安徽光机所和585所各4人，共计20人参加了此次会议。

1977年7月18日，中国科学院通知安徽省科技局，同意八号工程扩大初步设计方案建筑面积中对工作用房、生活用房面积指标进行调整，但扩大初步设计方案中新建总面积不得超过国家计委〔（76）计计字312号〕文件批准的15000 m^2。可按下述控制数进行设计，即装置大厅3600 m^2、电源大厅5384 m^2、加工大厅2200 m^2、宿舍3816 m^2。

7.7 向安徽省委递交八号工程工作汇报提纲

1977年7月31日，安徽光机所向安徽省委递交了《受控热核反应八号工程工作汇报提纲》（图7.5）（以下简称《工作汇报提纲》），就1981年完成八号工程建设任务的打算和存在的问题向安徽省委作了汇报，并请省委审议。

《工作汇报提纲》阐述了世界各国（含西欧共同体）受控热核研究现状，指出美国、苏联、西欧共同体、日本计划在1980—1985年建成"点火"装置，正在围绕首先实现"点火"展开一场激烈的竞争。美国在"托卡马克"研究方面，1970—1972年投资2000万美元左右；1973—1975年增至6000万～7000万美元；1976年美国国会批准了新建"点火"装置，经费激增到每年1.1亿美元。在这8年中先后建成了5个小型装置（相当于二机部建造的451装置）、一个中间装置，正在抢建"点火"装置。目前取得的结果是：离子温度约2.6×10^7 ℃（距"点火"标准差50%）；能量约束时间0.1 s（距"点火"标准差90%）。苏联在这方面投资更多，从1961年起，它一共建立了16个小型装置及一个中间实验装置T-10。T-10已于1965年3月投入运行，离子温度达到1×10^7 ℃，能量约束时间0.1 s，正在赶建"点火"反应堆T-20。西欧共同体各国决定联合投资赶建欧洲"点火"装置，计划在1980年建成。日本也从1976年起筹建"点火"装置，把投资增加了9倍。我国是第三世界从事受控热核研究的主要国家，在"点火"上赶超世界先进水平，对于反霸斗争具有重大的政治意义。

《工作汇报提纲》分析了八号工程的规模和投资。八号工程总投资4000万元，其中基本建设投资2500万元，科研事业费1500万元。根据已批准的扩初设计，新建总面积控制在15000 m^2以内。

八号工程由主机、电源系统、注入加热系统、控制与数据处理系统、物理诊断五部分组成。各部分建造难度较大，涉及工程技术范围广，如大体积强磁场、无油超高真空、高电压大电流脉冲电源、重型机械加工、无磁钢冶炼、数字控制处理，以及各种激光、微波、X射线等先进的物理诊断与测量手段。八号工程所需主要材料包括685 t无磁钢、200 t铜材、其他材料85 t。整个工程研制性强，要求1981年建成。

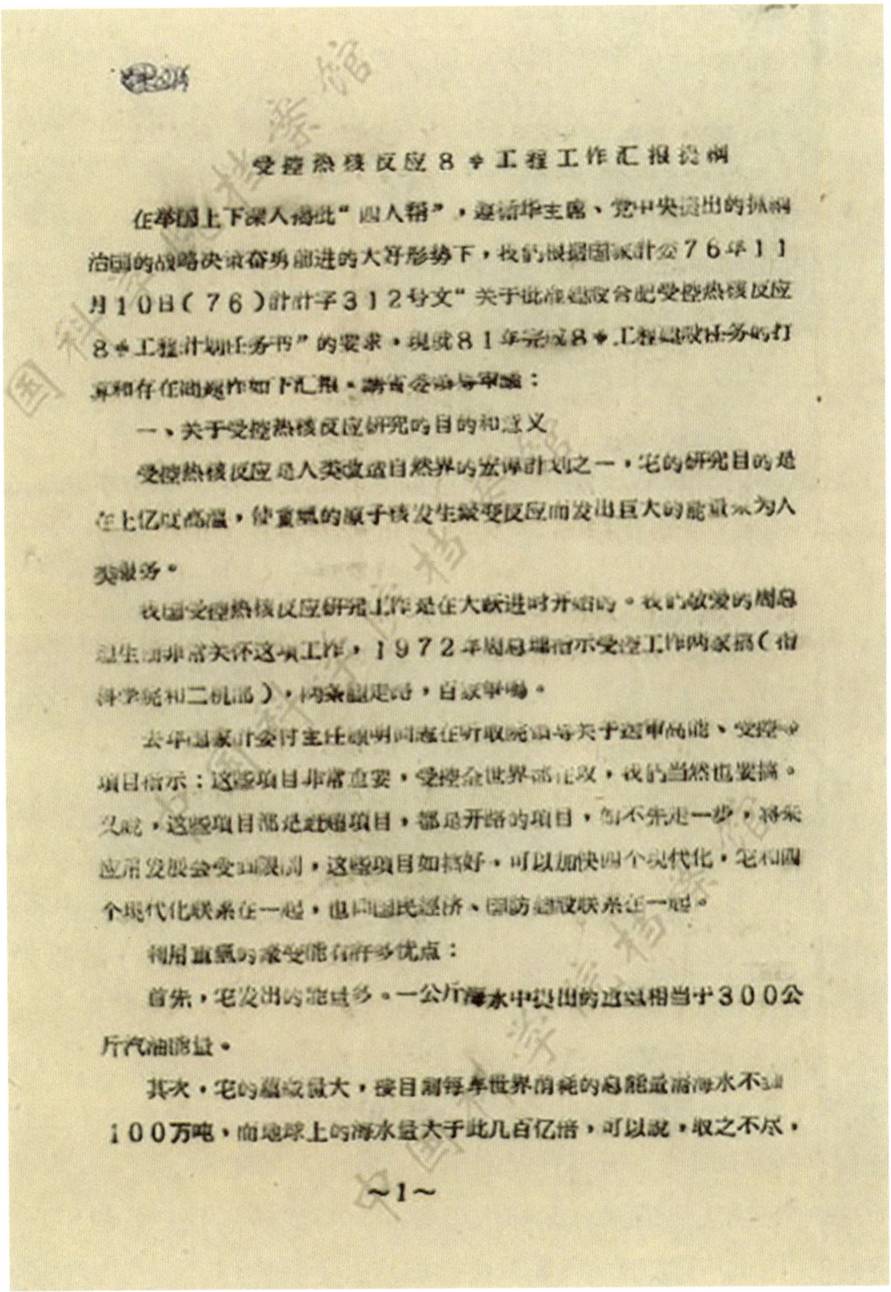

受控热核反应8#工程工作汇报提纲

在举国上下深入揭批"四人帮"，遵循华主席、党中央提出的抓纲治国的战略决策奋勇前进的大好形势下，我们根据国家计委76年11月10日（76）计计字312号文"关于批准建设合肥受控热核反应8#工程计划任务书"的要求，现就81年完成8#工程建设任务的打算和存在问题作如下汇报，请首长领导审阅：

一、关于受控热核反应研究的目的和意义

受控热核反应是人类改造自然界的宏伟计划之一，它的研究目的是在上亿度高温，使重氢的原子核发生聚变反应而发出巨大的能量来为人类服务。

我国受控热核反应研究工作是在大跃进时开始的。我们敬爱的周总理生前非常关怀这项工作，1972年周总理指示受控工作两家搞（指科学院和二机部），两条腿走路，百家争鸣。

去年国家计委付主任顾明同志在听取院领导关于超导储能、受控等项目指示：这些项目非常重要，受控全世界都在攻，我们当然也要搞。又说，这些项目都是战略项目，都是开路的项目，如不先走一步，将来应用发展会受到限制，这些项目如搞好，可以加快四个现代化，它和四个现代化联系在一起，也同国民经济、国防建设联系在一起。

利用重氢的聚变能有许多优点：

首先，它发出的能量多。一公斤海水中提出的重氢相当于300公斤汽油能量。

其次，它的蕴藏量大，按目前每年世界消耗的总能量需海水不到100万吨，而地球上的海水量大于此几百亿倍，可以说，取之不尽，

~1~

图7.5 《受控热核反应八号工程工作汇报提纲》(部分内容)

《工作汇报提纲》初步拟定了八号工程总进度：

1974—1975年，完成总体方案设计。

根据国家计委批准的八号工程计划任务书的安排：

1976—1977年，主体技术设计和有关工艺试验、各附属系统技术设计、基建扩初设计及施工设计。

1978—1979年，主机加工制造、基建施工、设备配套。

1980年，总装调试并低能量运行。

1981年，达到设计指标，取得关键物理数据。

根据近两三年八号工程进展情况来看，距离国家要求1981年建成八号装置的目标差距还很大。为此，《工作汇报提纲》最后请求安徽省委切实加强领导，采取有力措施，解决相关问题。具体建议如下：

第一，由安徽省革委会主要领导同志挂帅，省计委、省建委、省科技局、省人事局、省劳动局、省电力局、省机械局、省冶金局、省物资局、合肥市等单位负责同志参加，组成八号工程会战指挥部，领导并负责组织八号工程协作会战。

第二，需要省里领导并组织协作会战的任务是：

(1) 负责解决18800 m^2建筑面积的改建、新建的施工和地方材料的供应。1978年初开始施工机械加工厂房、发电机组厂房。其他项目1978年、1979年施工完毕。

(2) 请安徽省电力局和电力设计施工单位参加水电部承办的110 km 220 kV输电线路及变电系统的方案设计、施工和冲击负载试验，承担四台机组(每台20000 kW的冲击直流发电机)的安全调试。

(3) 大型部件中的部分零件的机械加工与协作。

(4) 八号工程尚缺技术人员170名、工人100名。要求1977年调入技术人员和工人各100名。调进的技术人员要有10年左右实践经验，其中多数应是搞机械和电气的专业工程技术人员，其他酌情搭配。调进的工人半数要有实践经验，其专业应是搞机械、电气加工的。这些人员建议从省内外、院内外选调解决。

另外，建议安徽省委要求中国科学院指派物理所陈春先、电工所严陆光等少数技术骨干参加八号工程研制工作，并要求陈春先同志负责技术工作，严陆光同志在近1～2年内能有大部分时间用于八号工程的工作。

(5) 安排解决工程中部分非标准设备和材料的研制生产。组织合肥工业大学、重机厂、电机厂、变压器厂等单位参加八号工程协作。

(6) 根据周恩来总理1970年的批示，中国科学院保留04单位物资口，结合国家计委、国防科委、国防工办、中国科学院〔(75)科发三字671号〕文件通知精神，04单位所需地方管理物资，由04单位在各地所属部向所在省、市申请解决。目前，唯独04单位424部(安徽光机所)尚未与安徽省建立供应户头，影响等离子体所科研、生产工作，尤其影响八号工程建设。为此，请安徽省委迅速解决。

(7) 请求派驻解放军警卫和设立公安派出所，以保证八号工程主机、220 kV的大型变电所、80000 kW直流发电机组和其他重要军工科研项目设施的安全。

1977年8月23日，国家计委以〔(77)计计字(287)〕号文件，要求中国科学院和一机部安排八号工程主要部件和配套专用设备研制、加工任务。8月25日至26日，受控站在合肥召开八号工程土建扩大初步设计方案审定会，并将扩初方案上报中国科学院。9月5日至12日，中国科学院在北京友谊宾馆召开"等离子体物理与受控热核反应学科规划预备会"，预备会内容为讨论制定《等离子体物理和受控热核反应规划(草稿)》。参加单位及人员有：安徽光机所陈春先、霍裕平、万元熙、陈苗逊、姚民军；物理所李吉士、蔡诗东、聂玉昕、洪明苑；中国科学技术大学荣福瑞、项志遴；585所李正武、马腾才；电工所杨昌琪、严陆光；力学所唐福林；上海光机所徐至展等。

预备会报告如表7.2所示。

表7.2　预备会报告

报　告　题　目	报告单位
等离子体物理理论	安徽光机所
"托卡马克"型受控热核反应	物理所
"磁压缩"型受控热核反应	物理所
激光核聚变	上海光机所
等离子体诊断与加热	安徽光机所
聚变研究中的超导和低温磁体技术	电工所
磁流体力学及其应用	力学所
低温等离子体物理	电工所
天体演化研究概况	北京天文台

1977年8月，国家计委以《请一机部落实重离子加速器和八号受控热核反应实验装置计划的通知》〔(77)计计字287号〕，请一机部有关部门按中国科学院提出的技术要求试制，逐项做好安排，共同努力，把这两项科研工程尽快搞上去。

7.8 人才蔚起

在中国科学院和安徽省委的共同领导和关心下，受控站经过数年努力，到1977年9月13日，已经拥有各类科技人员153人，详见图7.6及表7.3。

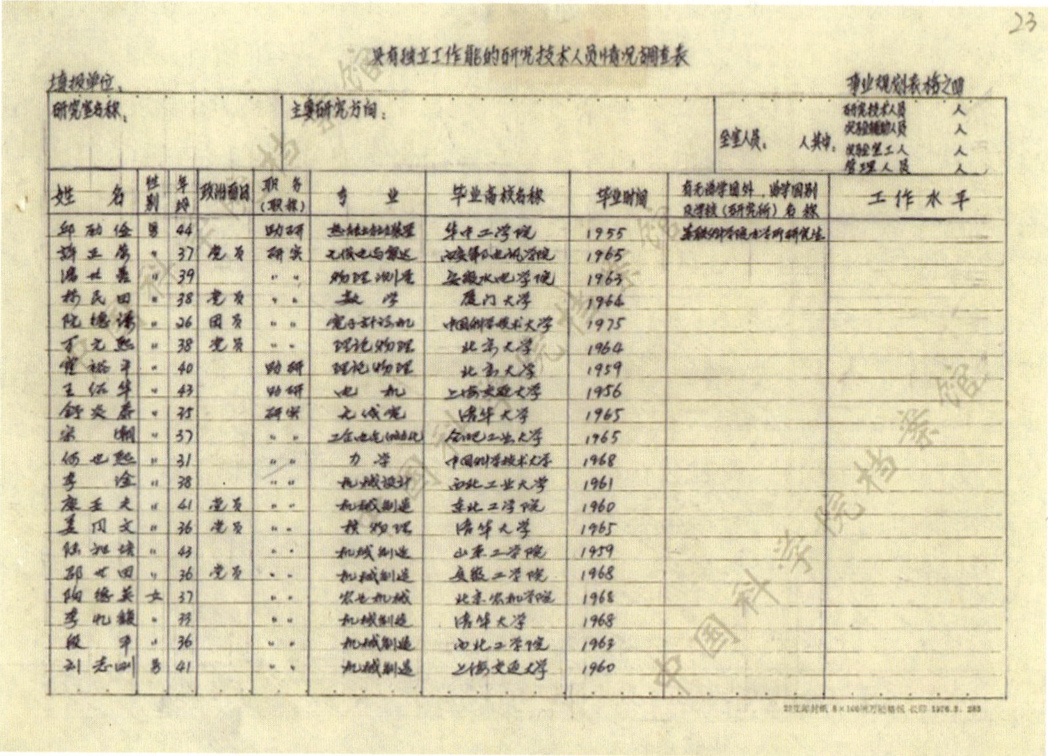
具有独立工作能力的研究技术人员情况调查表

填报单位：

事业规划表格之四

研究室名称：

主要研究方向：

姓名	性别	年龄	政治面目	职务（职称）	专业	毕业高校名称	毕业时间	有无留学国外、留学国别及学校（研究所）名称	工作水平

图7.6　各类技术人员情况调查表

表7.3　具有独立工作能力的研究技术人员情况调查表

姓名	性别	年龄	政治面貌	职务（职称）	专　业	毕　业　高　校	毕业时间（年）
邱励俭①	男	44	党员	助研	热能动力装置	华中工学院	1955
许正荣	男	37	党员	研实员	无线电与雷达	西安军事电讯学院	1965
潘世善	男	39		研实员	物理测量	安徽水电学院	1963
林民田	男	38	党员	研实员	数学	厦门大学	1964
阮德谦	男	26	团员	研实员	电子计算机	中国科学技术大学	1975
万元熙	男	38	党员	研实员	理论物理	北京大学	1964
霍裕平	男	40		助研	理论物理	北京大学	1959

① 留学苏联，为苏联科学院力学所研究生。

续表

姓名	性别	年龄	政治面貌	职务（职称）	专　业	毕 业 高 校	毕业时间（年）
王绍华	男	43		助研	电机	上海交通大学	1956
舒炎泰	男	35		研实员	无线电	清华大学	1965
宋　潮	男	37		研实员	工企电气自动化	合肥工业大学	1965
何也熙	男	31		研实员	力学	中国科学技术大学	1968
李　淦	男	38		研实员	机械设计	西北工业大学	1961
康亚夫	男	41	党员	研实员	机械制造	东北工学院	1960
姜同文	男	36	党员	研实员	核物理	清华大学	1965
陆祖培	男	43		研实员	机械制造	山东工学院	1959
邵世田	男	36	党员	研实员	机械制造	安徽工学院	1968
陶德英	女	37		研实员	农业机械	北京农机学院	1968
李忆馥	女	33		研实员	机械制造	清华大学	1968
段　平	女	36		研实员	机械制造	西北工学院	1963
刘志刚	男	41		研实员	机械制造	上海交通大学	1960
施嘉标	男	39		研实员	电机电器	西安交通大学	1963
周丁发	男	40		研实员	物理	北京大学	1968
石珍珠	女	40		研实员	反应堆物理	西安交通大学	1961
樊正堂	男	36		研实员	物理	山西大学	1965
姚伟国	男	35		研实员	核物理	清华大学	1967
许武年	男	35		研实员	机械设计	安徽工学院	1966
李鹏举	男	37		研实员	理论物理	浙江大学	1965
吴　涛	女	39	党员	研实员	农业电气化	北京农机学院	1964
王肖蝶	男	31		研实员	电机	上海工学院	1970
黄幼淑	女	41		研实员	机械制造	东北工学院	1960
高庆达	男	40	党员	研实员	物理	华东师范大学	1958
丁伯龙	男	36		研实员	物理	北京大学	1967
黄正玲	女	39	党员	技术员	机械制造	成都机器制造学校	1957
方厚鑫	男	35	党员	研实员	机械制造	安徽工学院	1968
毛心桥	男	40		研实员	物理	武汉大学	1961
郭德全	男	42		研实员	物理	南开大学	1958
肖毓晋	男	38		研实员	物理	安徽大学	1963
栾贵时	男	35	党员	研实员	轻同位素分析	清华大学	1965

续表

姓名	性别	年龄	政治面貌	职务（职称）	专业	毕业高校	毕业时间（年）
郝立德	男	42	党员	研实员	物理	北京大学	1959
孙学义	男	40		研实员	物理	天津大学	1965
李　肖	女	34		研实员	物理	北京大学	1968
盛文怀	男	38	党员	研实员	同位素	清华大学	1966
朱景生	男	35		研实员	固体物理	武汉大学	1965
查秀英	女	35		研实员	物理	上海师范大学	1968
李林忠	男	36	党员	研实员	核物理	清华大学	1965
詹如娟	女	38		研实员	物理	吉林大学	1962
张长琦	男	40		研实员	理论物理	山东大学	1961
曹余惠	男	39		研实员	物理化学	北京大学	1964
余启云	男	41		研实员	无线电技术	合肥工业大学	1964
王玉贵	男	39	党员	研实员	低温物理	中国科学技术大学	1964
张广秋	男	37	党员	研实员	核物理	北京大学	1968
李成富	男	39		研实员	物理	武汉大学	1964
曹永军	男	34		研实员	无线电技术	中国科学技术大学	1968
芮风华	女	39		研实员	电真空	南京工学院	1964
蒋迪奎	男	32		研实员	电真空	南京工学院	1968
叶跃林	男	41		研实员	电真空	安徽工学院	1964
唐英举	男	40		研实员	物理	吉林大学	1961
季幼章	男	42		助研	电机制造	上海交通大学	1956
许家治	男	41		研实员	电机制造	重庆大学	1961
李谟祥	男	33		研实员	飞机设计制造	哈尔滨工业大学	1968
陈忠荣	男	40		研实员	高速空气动力学	中国科学技术大学	1964
黄乔林	男	41		研实员	火箭发动机	北京工业学院	1967
黄启珍	女	37		研实员	工企电气自动化	合肥工业大学	1965
刘辛田	男	34		研实员	无线电线路	南开大学	1967
蔡永祥	男	34		研实员	物理	北京大学	1968
郭增基	男	38		研实员	电源发电	西安交通大学	1960
邓伯芳	男	38		研实员	电机电器	南京航空学院	1965
李逸松	男	48		工程师	电机	湖南大学	1953
匡静安	男	25	团员	研实员	工企电气自动化	合肥工业大学	1975

续表

姓名	性别	年龄	政治面貌	职务（职称）	专业	毕业高校	毕业时间（年）
王　川	男	25	团员	研实员	工企电气自动化	合肥工业大学	1975
王宗俭[①]	男	43		助研	高电压工程	哈尔滨工业大学	1957
乐秀夫	男	45		研实员	电气自动化	清华大学	1959
黄诗言	男	36		研实员	电机电器	合肥工业大学	1967
王金鹏	男	40	党员	研实员	机械制造	山东工学院	1958
沈友和	女	41		技术员	机电保护系统自动化	北京电力学校	1950
盛子斐	男	34		研实员	无线电技术	清华大学	1968
张国光	男	40	党员	研实员	反应堆物理	西安交通大学	1961
李锦昌	男	38		研实员	无线电物理	太原工学院	1962
刘登成	男	35		研实员	工企电气自动化	合肥工业大学	1967
严佩岚	女	38		研实员	核物理	南京大学	1966
马幼芬	女	36		技术员	电讯	北京邮电学院中技部	1963
江海燕	女	36		研实员	计算机	南京航空学院	1964
彭家富	男	40		研实员	无线电多路通讯	成都电讯工程学院	1962
王绍虎	男	35	党员	研实员	理论物理	北京大学	1968
胡懋廉	男	40	党员	研实员	雷达	北京工学院	1960
葛袁静	女	33	党员	研实员	核物理	北京大学	1968
郭文康	男	33		研实员	核物理	复旦大学	1967
祁应椿	女	41		研实员	发配电	西安交通大学	1962
顾　云	男	39		研实员	理论物理	北京大学	1968
傅积凯	男	33		研实员	物理	北京大学	1968
陈允惠	女	36		研实员	数学力学	清华大学	1965
陈其旭	男	34		研实员	物理	北京大学	1968
张维德	男	38		研实员	化　学	厦门大学	1962
王明权	女	38		研实员	物理磁学	西南师范学院	1961
谢纪康	男	32		研实员	物理	北京大学	1968
施雪华	女	32		研实员	物理	北京大学	1968

① 留学苏联，莫斯科动力学院高压工程专业毕业。

续表

姓名	性别	年龄	政治面貌	职务（职称）	专　业	毕 业 高 校	毕业时间（年）
王贵诚	男	39		研实员	电子线路	清华大学	1963
王孔嘉	男	32		研实员	工程物理	清华大学	1968
郭其良	男	44		研实员	物理	北京大学	1964
方自深	男	39		研实员	物理	北京大学	1963
石绍澄	男	44		研实员	航空	航空高职学校肄业	1953
吴志森	男	35		研实员	磁学	成都电讯工程学院	1968
崔秀乾	男	44		研实员	物理	北京大学	1963
毛剑珊	女	34		研实员	理论物理	北京大学	1968
陈佳驭	男	37		研实员	理论物理	北京大学	1965
康守信	男	35		研实员	微波技术	皖南大学	1966
陈世贤	男	43		研实员	电子学	山东工学院	1958
方瑜德	男	34		研实员	物理	兰州大学	1967
吴知非	男	48		九级高教	物理	复旦大学	1953
李大丰	男	33		研实员	物理	北京大学	1968
魏乐汉	男	36		研实员	理论物理	北京大学	1968
童兴德	男	36		研实员	精密仪器制造	清华大学	1968
薛文豹	男	41	党员	技术员	无线电	南京无线电工业学校	1956
张祖伦	男	41	党员	研实员	军用光学仪器	北京工业学院	1964
王兆申	男	35		技术员	微波电子线路	上海复兴中学(高中)	1960
李铸和	男	39		研实员	半导体	东北人民大学	1961
陈苗荪	男	37		研实员	核物理	复旦大学	1964
鄂茂怀	男	39	党员	研实员	原子核物理	武汉大学	1963
吴季松	男	33		研实员	数学力学	清华大学	1968
茅志祥	男	38		研实员	核物理	南京大学	1966
郭乐先	女	37		研实员	电机制造	西安交通大学	1963
张菊梅	女	39		技术员	放射性同位素	北京农业大学	1964
须　平	女	35		研实员	核物理	复旦大学	1967
宁兆元	男	33		研实员	物理	北京大学	1968
任兆杏	男	36		研实员	物理	南京大学	1965

续表

姓名	性别	年龄	政治面貌	职务（职称）	专　业	毕 业 高 校	毕业时间（年）
黄寿柏	男	40		研实员	核物理	复旦大学	1962
宋银根	男	40		研实员	电真空	南京工学院	1964
苏　昉	男	35		研实员	物理	北京大学	1968
黄崇安	男	40		研实员	核物理	北京大学	1963
冯文明	男	37		研实员	核物理	南京大学	1964
林引珠	女	47		十级高教	物理	上海交通大学	1953
许学富	男	37		研实员	电真空	合肥工业大学	1964
余增亮	男	34	党员	研实员	电真空器件	合肥工业大学	1967
王永成	男	37		研实员	光学计量仪器设计	合肥工业大学	1963
邓　杰	男	39		研实员	核物理	南开大学	1961
刘育坤	男	36		研实员	电真空器件	华南工学院	1966
李金柱	男	40		研实员	反应堆物理	西安交通大学	1962
周光兴	男	38	党员	研实员	计算机	北京师范大学	1964
林文漪	女	33		研实员	数学力学	清华大学	1968
刘根成	男	36		研实员	自动控制	上海交通大学	1967
陈一匡	男	38		研实员	工程物理	清华大学	1963
周永成	男	38	党员	研实员	无线电	上海师范大学	1963
刘集文	男	38		研实员	半导体	清华大学	1964
张傲兴	男	36		研实员	计算机	南京航空学院	1964
陈　激	男	41	党员	研实员	物理	吉林大学	1960
俞国扬	男	35		研实员	理论物理	北京大学	1965
汪茂泉	男	40		研实员	理论物理	北京大学	1964
胡希伟	男	36		研实员	理论物理	北京大学	1964
陈正雄	男	38		研实员	物理与雷达	西安军事电讯学院	1961
马中芳	女	31		研实员	物理	北京大学	1968
张　澄	女	33		研实员	物理	北京大学	1968
陈俊本	男	39		研实员	数学	复旦大学	1962
刘亚芝	男	34		研实员	电机与电器	合肥工业大学	1970

从这份名单可以看出，绝大部分同志毕业于当时的全国重点大学，北京大学和清华大学共有47人，占比31%。按照今天的大学分级标准，985类大学竟有120人，占比达78%。这是一份奢侈的、令人羡慕嫉妒的人才名单。这充分说明，集中优秀的人才是研制大国重器的首要且不可或缺的条件。

7.9　中国科学院批复八号工程扩初设计

经国家计委、财政部、水电部等有关单位会审，1977年11月1日，中国科学院对安徽光机所委托中国科学院北京建筑设计院编制的《受控热核反应八号工程扩大初步设计方案》作出批复，基本同意报来的扩初设计方案，但投资需进行调整。调整后总投资为3100万元（不包括110 km 220 kV专用输电线路和变配电室的投资），其中土建设备和工艺设备投资为2363万元，包括室外工程、设备运输和安装调试、原建筑物改建费；土建投资为737万元。总建筑面积为15800 m^2，其中：主机大厅3655 m^2，电源大厅5657 m^2，机加车间2282 m^2，水厂300 m^2，宿舍3906 m^2。另有改建工程3800 m^2。

根据国家计委〔(76)计计字312号〕文件精神，110 km 220 kV专用输电线路由水电部组织实施。该线路的扩初设计需待动态模拟实验和系统稳定性计算后才能进行，故该线路和变配电室的投资按910万元估算，该输电线路所需的投资建议由国家计委按八号工程配套项目下达给水电部。线路和变配电室的扩初设计方案以水电部为主组织审批。

八号工程的扩初设计对水厂的接建和变配电室建设需考虑将来该岛扩建时的接建，机加车间在工厂区扩建，不同意拆建原来建筑物，但工艺流程应合理。

八号工程的人员发展指标按国家计委批准数执行。整个扩初设计工作由李凤楼同志负责。

1977年12月26日，安徽省电力局按国家计委和水电部有关八号工程建设的指示精神，决定启动淮南电厂至合肥八号装置的110 km 220 kV输电线路及八号装置变电工程的设计、施工任务。安徽省电力局将相关任务明确如下：

淮南至八号装置的220 kV输电线路及变电所，由设计院负责设计，线路可按我局以〔(77)皖电计字216号〕文件报水电部的《淮南—合肥第三、四回路220 kV输电线路计划任务书》进行设计，变电所待冲击负载试验结束后再行设计，可先配合安徽光机所进行“搜资”和选所。220 kV线路和变电所的施工，由送变电工程处负责。

1977年,受控站在科研、组织和管理方面取得了如下成绩:

(1)选派了四位同志参加了全国自然科学规划会,为制定我国等离子体物理学科规划做了大量的工作。四位同志非常光荣地受到华国锋主席等中央领导的接见。

(2)工程扩初设计方案,经过半年多的工作,最后定稿,并上报中国科学院,经国家计委正式批准。八号工程被列为中国科学院三项重点工程之一。

(3)八号主机技术设计,经过两年多方案论证、参数计算、协调、调研,已完成图示白图工作,这是一个很重要、很有意义的成绩。

(4)电源系统、抽充气系统、数据处理与控制系统、诊断系统的方案设计工作,以及各分系统的实验工作完成原定年度任务,取得较好成绩。

(5)1号纵场单饼实验、20 A离子源实验、电网动模实验、开饼过量实验、模拟装置分系统部件调试工作等取得较大进展,有的获得较好数据。3号螺管、2号纵场单饼完成设计、制造工作。

(6)理论研究工作配合八号工程设计进行了磁场通算,开展了能量平衡、波加热等课题研究工作。《托卡马克》一书的编写工作亦取得较大进展。

1977年,受控站进行了实验室建设工作。至1977年底,电器、注入、模拟、诊断、电源等系统已能初步开展工作。

开展了全站组织机构建设。共组建了两个室、三个科、三个分站、四个支部,所配备的干部大都能胜任本职工作。

站党委强调发挥党支部的战斗堡垒作用。对工程建设相关工作和出现的思想问题都能及时地解决,坚持"三会一课"制度。

涌现出3个先进组和41个先进个人。

先进组:设计组、回路组、注入组。

一分站先进个人:周丁发、姜同文、毛新桥、刘志刚、高庆达、段平、詹如娟、张长琦、李林忠、李成富、张广秋。

二分站先进个人:许家治、刘庆宪、陈忠荣、张华德、王川、李逸松、杨道文、王金鹏、黄诗言、季幼章。

三分站先进个人:王兆申、魏乐汉、胡懋廉、俞国扬、王绍虎、余增亮、冯文明、陈苗荪、任兆杏、付积凯、王伟国、谢纪康、郭文康、张傲兴、陈一匡、郭其良。

机关先进个人:霍裕平、万元熙、李秀清、潘世善。

到了1978年,受控站在《年度工作计划》里首先提出《计划纲要》(图7.7):先行完成各种施工设计,开始基建,进行各系统的设备配套,开始非标产品落实及研制,开展各种物理研究及实验。

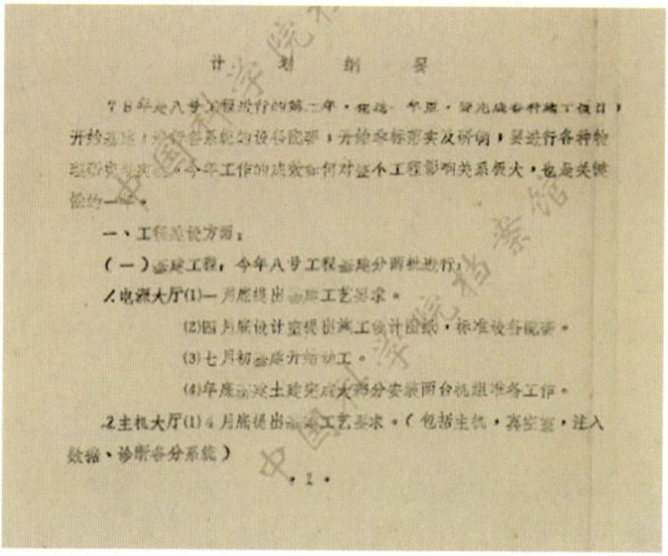
计 划 纲 要

78年是八号工程进行的第二年，[illegible]，要完成各种施工[illegible]，开始基建，[illegible]各系统的设备配套，开始非标需要实及研制，要进行各种物理研究与实验。今年工作的进展如何对整个工程影响关系很大，也是关键的一年。

一、工程建设方面：

（一）基建工程，今年八号工程基建分两批进行：

1.电源大厅(1)一月底提出基建工艺要求。

(2)四月底设计室提出施工设计图纸，标准设备配套。

(3)七月初基建开始动工。

(4)年底基建土建完成大部分安装两台机组准备工作。

2.主机大厅(1)4月底提出基建工艺要求。（包括主机、真空室、注入数据、诊断各分系统）

·1·

图7.7　受控站1978年计划纲要(部分内容)

工作计划为此进行了详细分工：

一、工程建设方面

（一）基建工程

1. 电源大厅：

(1) 1月底提出基建工艺要求。

(2) 4月底设计室提出施工设计图纸，标准设备配套。

(3) 7月初基建开始动工。

(4) 年底基建土建完成大部分，安装两台机组并做好准备工作。

2. 主机大厅：

(1) 4月底提出基建工艺要求（包括主机、真空室、注入数据、诊断各分系统）。

(2) 9月底设计室提出施工设计图纸，标准设备配套。

(3) 11月底提出1979年基建三材计划，并申请报批。

(4) 非标设备（一机部）1～2月逐步落实。

（二）技术设计

1. 主机，由一分站与总体室承担。

技术设计：春节前。

描图及技术要求：二月底。

配合试制工厂搞施工设计：二季度。

技术设计审查:4月中旬。

重要部件工艺试验及1:1部件试制准备和试制(纵场单饼、螺管部分、真空室部分):年底及明年一季度完成。等离子体所承担纵场单饼、三号螺管、四号螺管、纵场三饼、跑道法兰。争取在1979年全面投产前对图纸再次修改。

2. 真空系统:由一分站承担。

制定最后方案:春节前。

抽充气系统图及工艺布置图:一季度。

泵阀及快规调整试验、预电离实验:二、三、四季度。

标准设备配套:十一前。

3. 电源系统:

电网动模:2~3月审定,4~5月扩初。

整流:第一季度征求意见定案,4月配套。

整流静止补偿综合实验。

回路:继续完善回路,在开关试验的基础上做10^6 J的中间系模拟实验。

电机过渡过程模拟实验。

4. 控制及数据处理系统:由总体室抓总,二、三分站完成。

原始数据汇总及汇报(与自动化所):1月。

共同制定方案并审定:4月以前。

小型CAMAC系统的研制与配套:二季度。

负反馈系统方案及实验并取得结果:三季度。

DJS-130配齐外设:四季度。

四机部配套:7月以前。

基建工艺:4月以前。

5. 注入系统:由注入组承担。

20 A源改进实验:二季度。

真空冷凝泵实验(与物理所协作):四季度。

注入器单路方案:三季度。

注入单路实验准备(为小装置注入):年底。

配套及基建工艺:4月底。

6. 诊断系统:

基建工艺:4月底。

设备配套:4月底。

二、物理研究工作

由总体组、三分站承担。

1. 理论研究(分析结果及结论):

微波加热、能量平衡:年底。

2. 小装置的实验工作:

模拟装置联调至设计水平:上半年。

各种诊断设备上装置做实验:下半年。

接收新装置或设计新装置:待定。

3. 诊断:

4 mm微波上装置做实验。

光谱、激光散射仪、中性能谱仪、对称探针、X射线吸收比较法上装置做实验。

HCN激光涉仪:配套完做台面实验。

软X射线谱(与科大协作):定出试制方案及设计,并开始部分研制。

4. 微波加热实验(利用640-5及302管)。

5.《托卡马克》编写定稿。

6. 开展物理、工程方面的情报工作。

1978年《年度工作计划》确定了全年的工作重点:首先是工程,其次是物理实验研究。工程中突出主机与电源系统的建设,其次是真空与控制数据处理系统。物理实验研究中突出运用小装置,用小装置的实验工作来带动诊断、加热系统的建设。

不失时机地按照基建程序抓好工程工作要求:

(1) 非标产品:1月抓非标、抓图纸、抓参数型号的审查,并抓技术交底。

(2) 标准产品:4月电源系统成套,7月主机系统成套。

(3) 基建工艺:1月底电源大厅,4月底主机系统。

1978年《年度工作计划》最后列出了当年八号工程方案与设计一览表:

(1) 主机技术设计。

(2) 电源的电网方案(动模与整流)。

(3) 真空方案(即七机部510所的补充改进方案)。

(4) 控制与数据处理方案。

(5) 单路注入方案。

(6) 基建工艺设计。

等离子体所承担的关键工艺实验:

(1) 纵场单饼。

(2) 三号螺管。

(3) 纵场三饼。

(4) 四号螺管。

(5) 跑道法兰密封实验。

(6) 10PJ的回路实验。

(7) 开关实验。

(8) 电网整流及静止补偿试验。

(9) 电抗模拟实验。

(10) 负反馈系统模拟实验。

(11) CAMAC系统实验。

(12) 数据处理小实验(DJS-130带模拟磁带)。

(13) 注入冷凝泵实验。

(14) 快阀实验。

(15) 兰州机组调试试验。

(16) 20 A源改进实验:物理实验、诊断实验、模拟装置综合实验。

7.10 党中央批准新建等离子体物理研究所

1978年2月15日,安徽光机所启用了"中国科学院安徽八号工程会战指挥部"印章;3月25日,安徽省革命委员会科技局批准启用"中国科学院八号工程"印章。

1978年4月10日,一机部军工办公室向一机部有关工厂发出《关于八号工程进行技术交底的函》。此后,受控站相关人员由李凤楼同志带队分别到上海、四川、北京等地向有关厂家进行技术交底,为以后的"787"八号工程军工非标产品订货会作准备。

1978年4月19日,经党中央、华国锋主席批准,中国科学院决定在合肥建立综合性科研教育基地和成立中国科学院合肥分院,并在此基础上拟新建等离子体物理(受控热核反应)研究所、固体物理研究所等科研机构。5月11日,中国科学院决定:李吉士、陈春先同志任中国科学院合肥分院等离子体物理研究所负责人,以受控站为基础、八号工程为支撑,开始筹建等离子体物理研究所。

在建设八号工程抽、充气系统过程中,安徽光机所向中国科学院二局请示,拟委托七机部510所研制一种抗干扰快速真空计,特请中国科学院二局出面与七机部进行协调,以正式任务的形式委托给510所。相关技术指标如下:

（1）测量范围：$1\times10^{-7}\sim1\times10^{-2}$ Torr。

（2）反应时间：≤5000 μs。

（3）规头体积：≤$(4\times4\times4)$ cm^3。

（4）规头能在热核等离子体附近正常工作，并能在强磁场中工作。

（5）规头与测量仪器距离50 m时，整机应能正常指示。

为了弄清楚八号工程所在区域的地质状况，确保未来装置的安全，1978年6月20日，安徽省地震局对八号工程拟建场址区地震烈度情况发布了鉴定报告（图7.8），主要内容如下：八号工程在区域地质构造上处于淮河断块区的合肥凹陷东部，该凹陷内主要为中生代巨厚的类磨拉石陆相沉积建造。区内主要断裂构造方向：北西西向、北北东向及北西向。场区南约25 km有北西西向防虎山深断裂，近年来小震仍在断裂两侧发生。场区北约12 km还有北西西向肥中大断裂分布。北北东向郯庐深断裂（南段），从场区东侧约22 km处通过，据现有资料表明，该深断裂带的南段在近期具有一定的活动性。此外，北西向巢湖至大蜀山大断裂、北西西向姚李庙至撮镇大断裂，分别从场区南约7 km和9 km处通过并交会，其交会处见有喜山期的基性岩分布，且这两条大断裂东段分别向南东和东延伸，与郯庐深断裂交会，在交会的三角地带于1673年发生过五级地震。

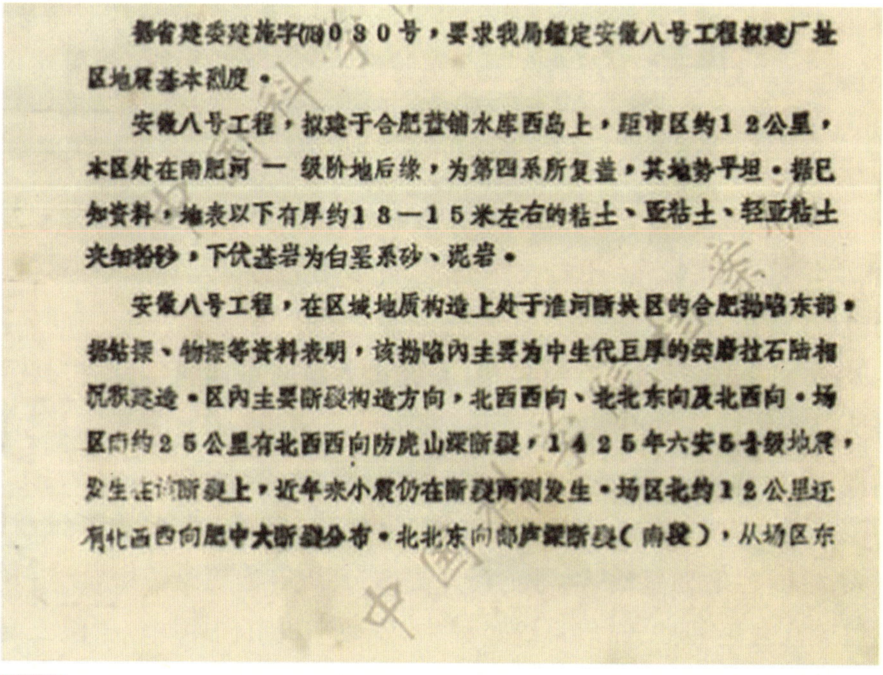

据省建委建施字(78)030号，要求我局鉴定安徽八号工程拟建厂址区地震基本烈度。

安徽八号工程，拟建于合肥董铺水库西岛上，距市区约12公里，本区处在南肥河一级阶地后缘，为第四系所复盖，其地势平坦。据已知资料，地表以下有厚约18—15米左右的粘土、亚粘土、轻亚粘土夹细粉砂，下伏基岩为白垩系砂、泥岩。

安徽八号工程，在区域地质构造上处于淮河断块区的合肥拗陷东部。据钻探、物探等资料表明，该拗陷内主要为中生代巨厚的类磨拉石陆相沉积建造。区内主要断裂构造方向，北西西向、北北东向及北西向。场区南约25公里有北西西向防虎山深断裂，1425年六安5¼级地震，发生在该断裂上，近年来小震仍在断裂两侧发生。场区北约12公里还有北西西向肥中大断裂分布。北北东向郯庐深断裂（南段），从场区东

图7.8　八号工程拟建场地区地震烈度鉴定报告（部分内容）

上述北西西向、北北东向及北西向深大断裂，控制着合肥凹陷内次级构造的发展。由此看来，本区及其周围自新生代以来，新构造活动具有一定的活动性。

八号工程拟建场址区，位于麻城至常德地震带东部的亚带东北边缘，根据本区地震地质、历史地震、地震活动性以及未来百年内地震活动趋势等综合分析，确定八号工程拟建场址区在未来百年内地震基本烈度为七度。

中国科学院于7月14日批准八号工程机械加工车间变动位置，新位置位于四号楼西北角。因车间移建而拆除中学教室200 m^2，同意新建学生教室600 m^2，其投资可在八号工程投资中调剂解决。

7.11 一机部与中国科学院联合召开“787”会议

随后，在一机部和中国科学院的重视和直接领导下，1978年7月24日至31日，在合肥召开了“八号工程非标落实会”（“787”会议）。涉及13个省、三个直辖市共计25个城市的50家工厂。在这次会议上，144个非标项目，已签合同的有23项，已签协议的有115项，已签纪要的有3项，仅有3项未落实，整体效果很好。

8月15日，安徽光机所受控站向中国科学院申请120万元非标预付费用，提供给一机部部分厂、所，以满足部分试制生产经费之急需，包括德阳第二重型机械厂“无磁钢材料试验费”30万元、合肥电机厂“纵场系统试制工装工艺准备”35万元、合肥变压器厂“极向场系统试制工装工艺准备”25万元、上海先锋电机厂“内部结构试制工装工艺准备”30万元。

为了加强党对科研工作的领导，7月25日，中国科学院合肥分院向安徽省委组织部请示成立中国科学院等离子体物理研究所临时党委，由施炳智、李吉士、李凤楼、陈春先、姚民军五位同志组成，施炳智同志任书记。9月5日，省委组织部批复决定：李吉士、李凤楼、陈春先、姚民军同志任等离子体所临时党委委员。

为了使八号工程电源大厅的工艺布局更合理，确保电机基础的精度，1978年8月15日，中国科学院对八号工程电源大厅修改设计作出批复，同意电源大厅的面积由5657 m^2增至6195 m^2，电机大厅屋架改为钢屋架。

同一天，安徽光机所受控站以中国科学院等离子体物理研究所〔所业字(78)001号〕文件呈送报告（图7.9）给中国科学院，要求尽快落实八号工程220 kV输变电工程项目归口安排问题。

等离子物理研究所所呈送的报告指出，八号工程220 kV输变电工程项目在华东电管局中心试验研究所动态模拟试验的基础上，安徽省电力设计院已完成初步设计，亟待审批，同时亦亟待归口安排1979年基建工程项目和向国家申请设备三材等。为此，安徽省电力局向等离子体所发〔(78)皖电计字第634号〕文件（图7.10），要求等离子体所向领导部门请示明确这个工程项目归口问题。

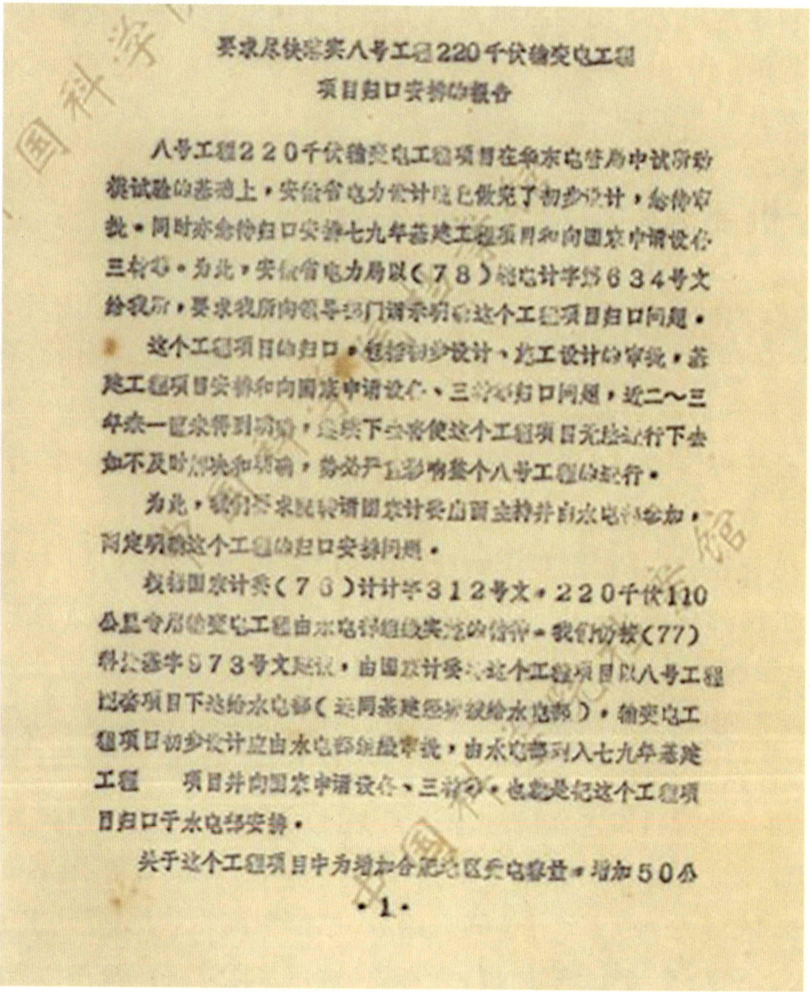

要求尽快落实八号工程220千伏输变电工程项目归口安排的报告

八号工程220千伏输变电工程项目在华东电管局中试所动模试验的基础上，安徽省电力设计院已做完了初步设计，急待审批。同时亦急待归口安排七九年基建工程项目和向国家申请设备三材等。为此，安徽省电力局以（78）皖电计字第634号文给我所，要求我所向领导部门请示明确这个工程项目归口问题。

这个工程项目的归口，包括初步设计、施工设计的审批，基建工程项目安排和向国家申请设备、三材的归口问题，近二～三年来一直未得到明确，继续下去将使这个工程项目无法进行下去。如不及时解决和明确，势必严重影响整个八号工程的进行。

为此，我们要求院转请国家计委出面主持并由水电部参加，商定明确这个工程的归口安排问题。

根据国家计委（76）计计字312号文，220千伏110公里专用输变电工程由水电部组织实施的精神，我们曾按（77）科发综字973号文建议，由国家计委将这个工程项目以八号工程配套项目下达给水电部（连同基建经费拨给水电部），输变电工程项目初步设计应由水电部组织审批，由水电部列入七九年基建工程　项目并向国家申请设备、三材。也就是把这个工程项目归口于水电部安排。

关于这个工程项目中为增加合肥地区供电容量，增加50公

·1·

图7.9　等离子体所向中国科学院呈送报告(部分内容)

安徽省电力局强调，这个工程项目的归口，包括初步设计、施工设计的审批，基建工程项目安排和向国家申请设备、三材等归口问题，近2～3年来一直未得到明确，继续下去将使这个工程项目无法进行。如不及时解决，势必严重影响整个八号工程的进行，要求中国科学院转请国家计委出面主持并由水电部参加，商定明确这个工程的归口安排问题。

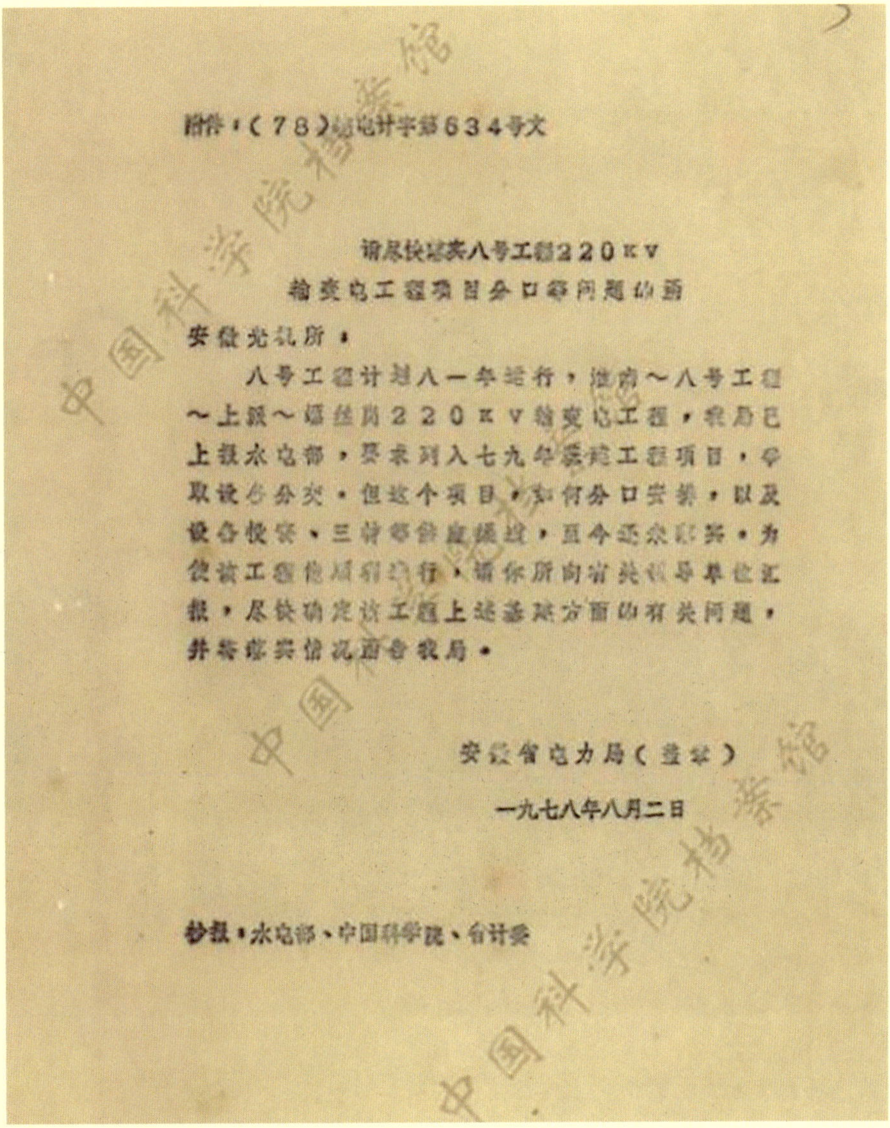

附件：（78）皖电计字第634号文

请尽快落实八号工程220KV
输变电工程项目分口等问题的函

安徽光机所：

八号工程计划八一年运行，淮南～八号工程～上派～螺丝岗220KV输变电工程，我局已上报水电部，要求列入七九年基建工程项目，争取设备分交。但这个项目，如何分口安排，以及设备供应、三材等各方面问题，至今还未明确。为使该工程能顺利进行，请你所向省关领导单位汇报，尽快确定该工程上述各项方面的有关问题，并将落实情况函告我局。

安徽省电力局（盖章）

一九七八年八月二日

抄报：水电部、中国科学院、省计委

图7.10　安徽省电力局向等离子体所发文

电机大厅地质勘察打桩测试参与人员留影
（第一排右二为地质专家、一机部张有岭高级工程师，摄于1977年）

电机大厅基础建设工作人员在打桩机设备前合影
（第一排左五为中国科学院合肥分院秘书长闫长久，摄于1977年）

8 成立
等离子体物理
研究所

1978年9月19日，中国科学院〔(78)科发计字0623号〕文件指示，中国科学院等离子体物理研究所已经成立，自即日起启用“中国科学院等离子体物理研究所”印章。9月20日，中国科学院通知合肥分院，对合肥等离子体物理研究所有关问题作出批复，通知如下：

(1) 该所名称定为“中国科学院合肥等离子体物理研究所”。

(2) 该所今年编制暂定350人。所机关暂设办公室、政治处、业务处、行政处，研究室的设置待后再定。机关人员的配备一定要精干。

(3) 有关人员、经费、物资、基建等自通知之日起单独立户。

8.1 以受控站为基础成立等离子体物理研究所

自此，受控站正式成为等离子体物理研究所，八号工程的建设也由等离子体物理研究所接续，受控热核研究进入一个新的阶段。

1. 注入加热

关于八号工程注入加热系统的研制，等离子体物理研究所提出下列具体要求(图8.1)：

(1) 八号工程中性注入基本单元(以下称八号注入线)参数定为：功率750 kW，离子源45 kV、60 A(即仿制美国PLT的一条注入加热线)。过去确定的研制5 A、20 A离子源，5 A注入线的计划均作为八号注入线的先行原理实验，应抓紧进行，摸索实验。

(2) 第一条八号注入线(以下称“试验线”)的研制工作应最大限度地加速。与整体规划相适应，并考虑对美交流可能安排，提出以下大体进度：

1978年12月底至1979年2月底：分析PLT注入线图纸，提出仿制工程图纸。

1979年5月：完成源头加工，开始初步调试。

1979年2～3季度：争取赴美专题考察。

1979年10月：60 A离子源开始正式调试，低温泵实验条件建立。

1980年10月：八号注入“试验线”安装完毕，准备好联调。

1980年12月底：八号试验线取得初步调试结果。

(3) 为了加快进度，在整个注入加热工程(六条线)中少走弯路，避免浪费，八号试验线的研制过程中允许有反复和失败，在材料使用和设备容量方面要留有适当余量和变化范围。

(4) 根据上述基本要求，请中性注入研究室提出详细计划和有关条件(人力、加工、器材、协作）向所领导、业务处汇报，商量修改批准之后执行。10月9日，业务处正式确定中性注入系统设计基本要求：

(1) 注入能量：E_0=45 keV。

(2) 注入路线：6路（4路平行、2路垂直）。

(3) 注入功率：1.8 MW（进入窗口）。

(4) 注入离子：H^0

(5) 进口气压：$1\times10^{-6}\sim1\times10^{-5}$ Torr。

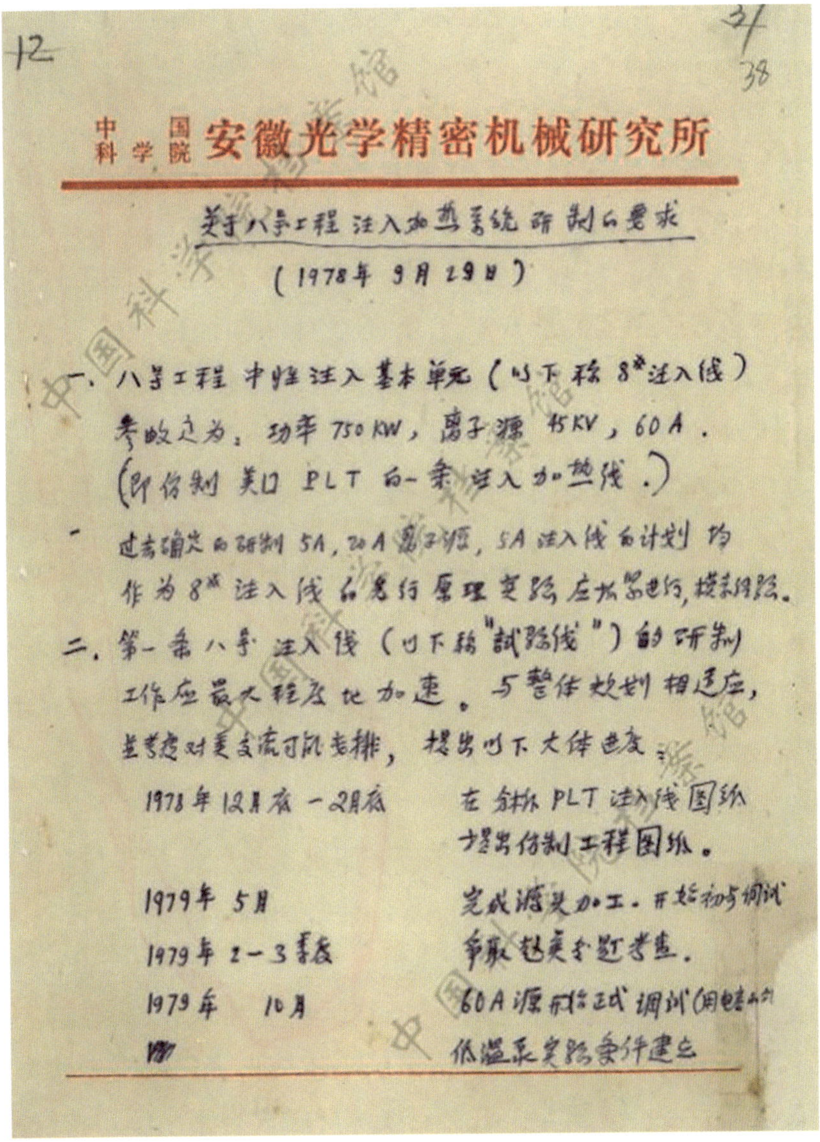
中国科学院 安徽光学精密机械研究所

关于八号工程注入加热系统研制的要求

（1978年9月29日）

一、八号工程中性注入基本单元（以下称8#注入线）参数定为：功率750 KW，离子源45 KV，60 A。（即仿制美国PLT的一条注入加热线。）

过去确定的研制5A，20A离子源，5A注入线的计划均作为8#注入线的先行原理实验应抓紧进行，搞好实验。

二、第一条八号注入线（以下称"试验线"）的研制工作应最大程度地加速。与整体规划相适应，并考虑对美交流可能安排，提出以下大体进度：

1978年12月底—2月底　在分析PLT注入线图纸基础上提出仿制工程图纸。

1979年5月　完成源头加工。开始初步调试

1979年2—3季度　争取赴美参观考查。

1979年　10月　60A源开始正式调试（用电容器……

低温泵实验条件建立

图8.1　八号工程注入加热系统研制要求（部分内容）

2. 冷却系统

有加热就要有冷却,八号装置主机系统的纵场、加热场线圈冷却方案采用的是去离子水循环冷却。在扩初设计时,拟利用现在电池间改建540 m^2,投资50万元(扩初子项8-5)。在施工设计工艺复核中,合肥分院与科学院北京建筑设计院共同调研拟定方案讨论比较后认为:

(1) 原改建方案是利用湖水自然冷却,夏季水温高达40 ℃,严重妨碍装置使用,不能满足工艺使用要求。拟用1×10^6 kcal制冷量,可使水温降到15 ℃,以保证夏季正常试验。

(2) 主机大厅扩初设计为单独空调,制冷量为8×10^5 kcal。

(3) 改建四号楼作为研究实验大楼,部分房间需要空调,制冷量为7×10^5 kcal。

以上三个方面需集中新建制冷量为2.5×10^6 kcal的冷冻房,制冷设备利用现有的两台氨压缩机,可以集中管理,缩短管道,减少损耗量。

为此,合肥分院特向中国科学院请示新建冷冻房600 m^2,投资13万元(包括室外工程、道路、管、线),要求列入中国科学院1979年基建计划。一个多月后,中国科学院在《关于八号工程几个具体问题的批复》中批复同意。1978年12月11日,中国科学院在《关于下达一九七九年基本建设投资计划(京外地区)的通知》中,已将其列入该计划。同时新建主机大厅3655 m^2,投资237万元。改建8-6大厅至面积为3800 m^2,投资288万元,其中设备费为248万元。

3. 主机设计

关于八号工程主机设计,1976年6月中国科学院二局主持召开的主机设计主体结构方案论证会,确定了主机设计主体结构的重大原则。1977年2月在完成主机初步技术设计(共29张总图及分总图)的基础上,听取了物理所、电工所、585所、合肥工业大学的审查意见。1978年2月,受控站在完成主机最后技术设计后,向一机部及其所属50多个工厂、研究所进行了初步技术交底。“787”会议期间又进一步讨论审定了主机技术设计方面的问题,并与这些工厂、研究所以不同形式协同进行主机施工设计。

1975到1978年三年间,在主机设计过程中,受控站分析、解剖了先进国家的多种托卡马克装置作为借鉴。1978年6月到7月,中国等离子体物理所赴美考察团对八号工程主机设计存在的主要技术问题进行了了解和考察,认为八号工程主机设计基本可行,只是其中某些技术问题要做进一步的技术防范。

在此基础上，1978年10月20日，等离子体物理研究所请示中国科学院，计划在合肥召开“八号工程主机设计审定会”（图8.2），时间拟定在当年12月下旬。

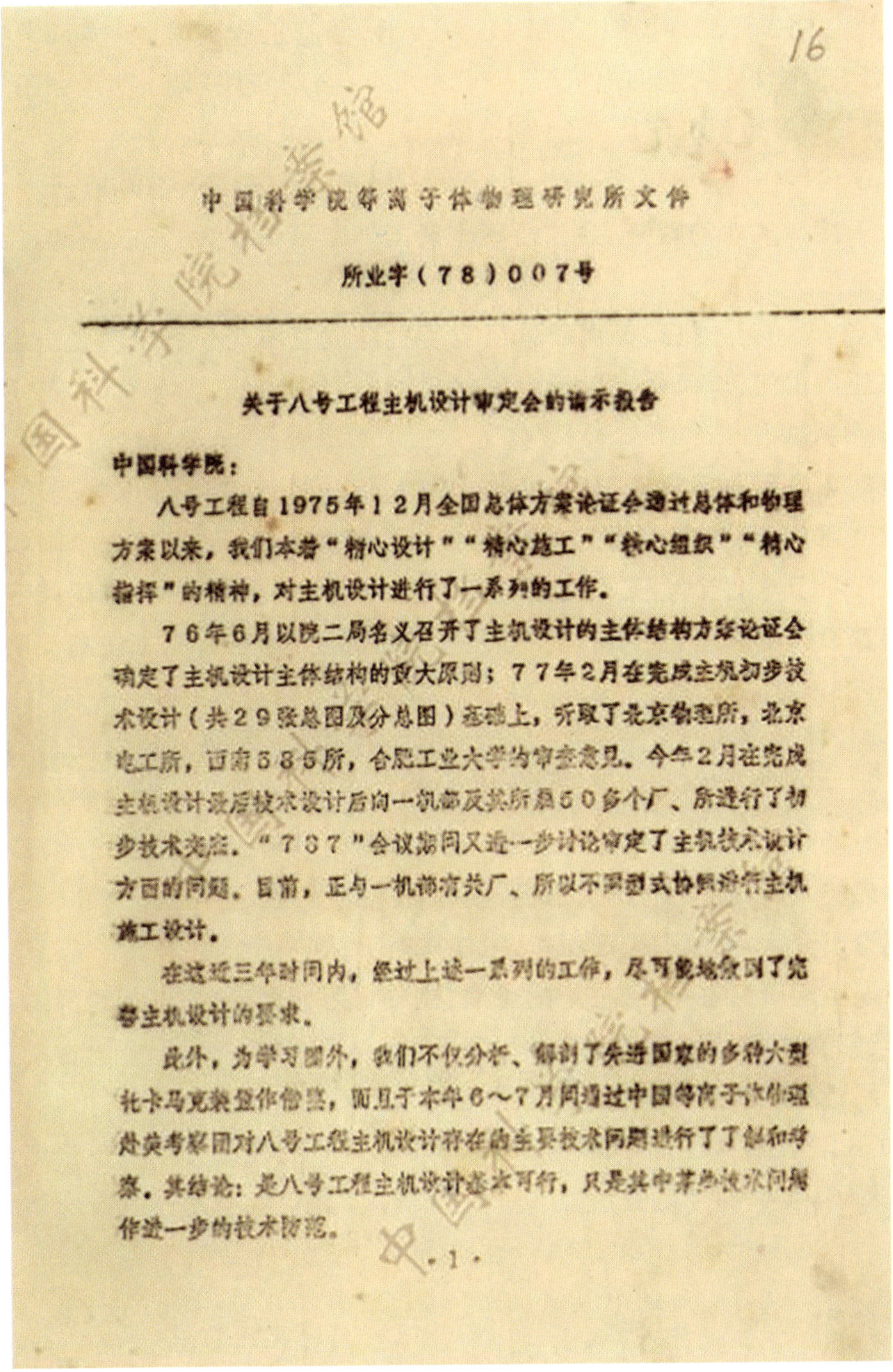

16

中国科学院等离子体物理研究所文件

所业字（78）007号

关于八号工程主机设计审定会的请示报告

中国科学院：

八号工程自1975年12月全国总体方案论证会通过总体和物理方案以来，我们本着“精心设计”“精心施工”“精心组织”“精心指挥”的精神，对主机设计进行了一系列的工作。

76年6月以院二局名义召开了主机设计的主体结构方案论证会确定了主机设计主体结构的重大原则；77年2月在完成主机初步技术设计（共29张总图及分总图）基础上，听取了北京物理所，北京电工所，西南585所，合肥工业大学的审查意见。今年2月在完成主机设计最后技术设计后向一机部及其所属60多个厂、所进行了初步技术交底。“787”会议期间又进一步讨论审定了主机技术设计方面的问题。目前，正与一机部有关厂、所以不同形式协商进行主机施工设计。

在这近三年时间内，经过上述一系列的工作，尽可能地达到了完善主机设计的要求。

此外，为学习国外，我们不仅分析、研讨了先进国家的多种大型托卡马克装置作借鉴，而且于本年6～7月间通过中国等离子体物理代表考察团对八号工程主机设计存在的主要技术问题进行了了解和考察。其结论：是八号工程主机设计基本可行，只是其中某些技术问题作进一步的技术研究。

·1·

图8.2　关于八号工程主机设计审定会的请示报告（部分内容）

会议的目的是对主机技术设计一系列设计文件和图纸进行深入的审查，力求得出判断性的意见，以决定可否按设计投产试制或进一步提出完善设计工作的意见。

建议会议参加单位如下：国家科委，国家计委，一机部一办，中国科学院计划局、二局、物资局、基建局、工厂局、物理所、电工所、力学所，安徽省科委、省计委，七机部510所，二机部585所，北京大学，合肥工业大学，中国科学技术大学，上海先锋电机厂，上海电机厂，合肥电机厂，合肥变压器厂，四川德阳第二重型机械厂，芜湖重型机床厂等24家单位。

会议代表连同工作人员120～150人。经费估计8000～10000元。

由于接待条件的限制，会议暂不邀请国外专家参加，可在以后通过合适方式征求意见。

1978年10月19日，等离子体所党委批准成立所第一届学术委员会，李吉士同志任代主任，李凤楼、邱励俭、霍裕平同志任副主任，委员有16人，所内12人，所外4人。

根据党务和业务工作需要，1978年10月19日，等离子体所党委决定成立八个党支部（包括机关支部），原来三个分站编为六个研究室、一个附属工厂。选举和任命了一批党政干部，合肥分院党委12月4日审批同意，结果如下：

装置设计研究室：支部书记高大明，主任邱励俭（兼），副主任高大明、王绍华、王玉贵。

电源、电器研究室：支部书记郝立德，主任李凤楼（兼），副主任季幼章、郝立德。

强磁场研究室：支部书记沈光荣，主任邱励俭（兼），副主任沈光荣、姜同文。

加热技术研究室：支部书记姚庆燮，副主任姚庆燮、王绍虎。

理论研究室：支部书记汪丽华，主任霍裕平，副主任汪丽华。

物理实验研究室：支部书记胡懋廉，副书记万元熙，副主任胡懋廉、万元熙、吴知非、郭文康。

工厂：支部书记张晓富，副厂长康亚夫。

1978年11月7日，中国科学院对1978年基本建设部分项目投资进行了调整，涉及八号工程部分见表8.1。

表8.1 基建项目投资调整表

建设项目及单项工程名称	建设分类	1978年基本建设计划		1978年调整后计划	
		建筑面积(m^2)	投资(万元)	建筑面积(m^2)	投资(万元)
八号工程	新建	11402	136.5	6077	56.5
(1) 电源大厅	新建	5484	50		
(2) 机加车间	新建	2282	50	2441	20
(3) 宿舍	新建	3636	36.5	3636	36.5

4. 低温超导

根据中国科学院〔(77)四科字1192号〕、〔(77)科发二号1026号〕文件的通知,四机部1016所第二、三研究室人员与设备遵照国务院、中央军委〔国发(1975)93号〕文件精神,已于1978年8月由安徽光机所移交给等离子体所。其中人员47人,专用设备790台(套),低温及其配套设备110台(件)。到1979年1月,在1016所和等离子体所两所党委领导下,交接工作已基本完成。在解决善后工作时,中国科学院和四机部协商决定:将1016所许立凯、徐庆桐两同志调至等离子体所工作;1016所原二、三室1979年的行政经费指标37000元由四机部划拨给中国科学院,1978年6至12月所欠行政经费2万元由四机部补给中国科学院。

为了及早恢复低温超导科研工作和开展受控热核反应急需的低温技术小型模拟研究,等离子体所1978年11月24日向中国科学院基建局请示,申请1979年基建面积1000 m^2,投资40万元(土建及设备安装费20万元,设备配套费20万元),以便安装接收来的1016所20 L/h氦液化器和等离子体所已有2台1180液氦机等配套低温设备,使转迁来的科研人员及专用设备,尽早开展低温超导和受控热核反应的研究工作。

5. 电源大厅

八号工程电源大厅原批面积6195 m^2,其中整流厅面积1450 m^2。根据等离子体所提出的工艺要求,原设计方案整流厅没有夹层,高度为2.2 m,放置电器设备和电源走线。由于电器设备均属非标产品,重量和体积过大,夹层高度低放置不下,原批面积也偏小。在整流厅外墙和底层室内加装挑台和平台约160 m^2(可不计面积)放置电器设备,因此又将底层提高到6 m。经过中国科学院设计室分析计算,为了加装挑台和平台,提高了底层,造成房屋整体布局、建筑结构不合理,抗震性差,造价高。因此,建议将夹层由2.2 m升高到3.2 m,底层由6 m降为5 m,楼的三层也由6 m降为5.6 m,取消挑台和平台。所有电器设备和电源走线均可放在中间楼层,工艺布置、房屋布局、建筑结构合理;由于房屋总高度降低0.4 m,造价还可节省约4万元。

由于夹层由2.2 m升高到3.2 m,需由原来不计面积的夹层变为计算面积的楼层,1978年11月27日,合肥分院就扩大整流厅建筑面积请示中国科学院基建局,拟申请增加整流厅建筑面积725 m^2。12月12日,中国科学院同意将整流厅面积由1450 m^2调整为2175 m^2,这样电源大厅总面积由6195 m^2调整为6920 m^2。

1978年12月4日,合肥分院临时党委对等离子体所党委关于霍裕平等同志的任职报告作出批复,同意以下同志的任职。

霍裕平同志任理论研究室主任,汪丽华同志任副主任(科级)。

高大明同志任装置设计研究室副主任(科级),王绍华同志任副主任,王玉贵同志任副主任(科级)。

季幼章同志任电源电器研究室副主任,郝立德同志任副主任(科级)。

沈光荣同志任强磁场研究室副主任(科级),姜同文同志任副主任(科级)。

姚庆爕同志任加热技术研究室副主任,王绍虎同志任副主任(科级)。

胡懋廉同志任等离子体物理实验研究室副主任(科级),万元熙同志任副主任(科级),吴知非同志任副主任,郭文康同志任副主任(科级)。

康亚夫同志任等离子体所工厂副厂长(科级)。

要使八号装置中的等离子体温度达到5×10^7 ℃,中性注入加热是必不可少的二次加热手段,而低温冷凝抽气系统是中性注入器的关键技术之一,其技术难点如下:

抽速为4×10^5 L/s左右的液氦低温冷凝泵的设计、制造工艺、调试等各研制环节所涉及的低温技术问题。

低温介质循环系统的设计、建立。

低温测试。

低温容器。

针对以上技术难点,等离子体所1978年12月6日请示中国科学院二局,希望能和中国科学院低温技术研究室协作,请他们承担冷凝泵的研制任务(图8.3)。

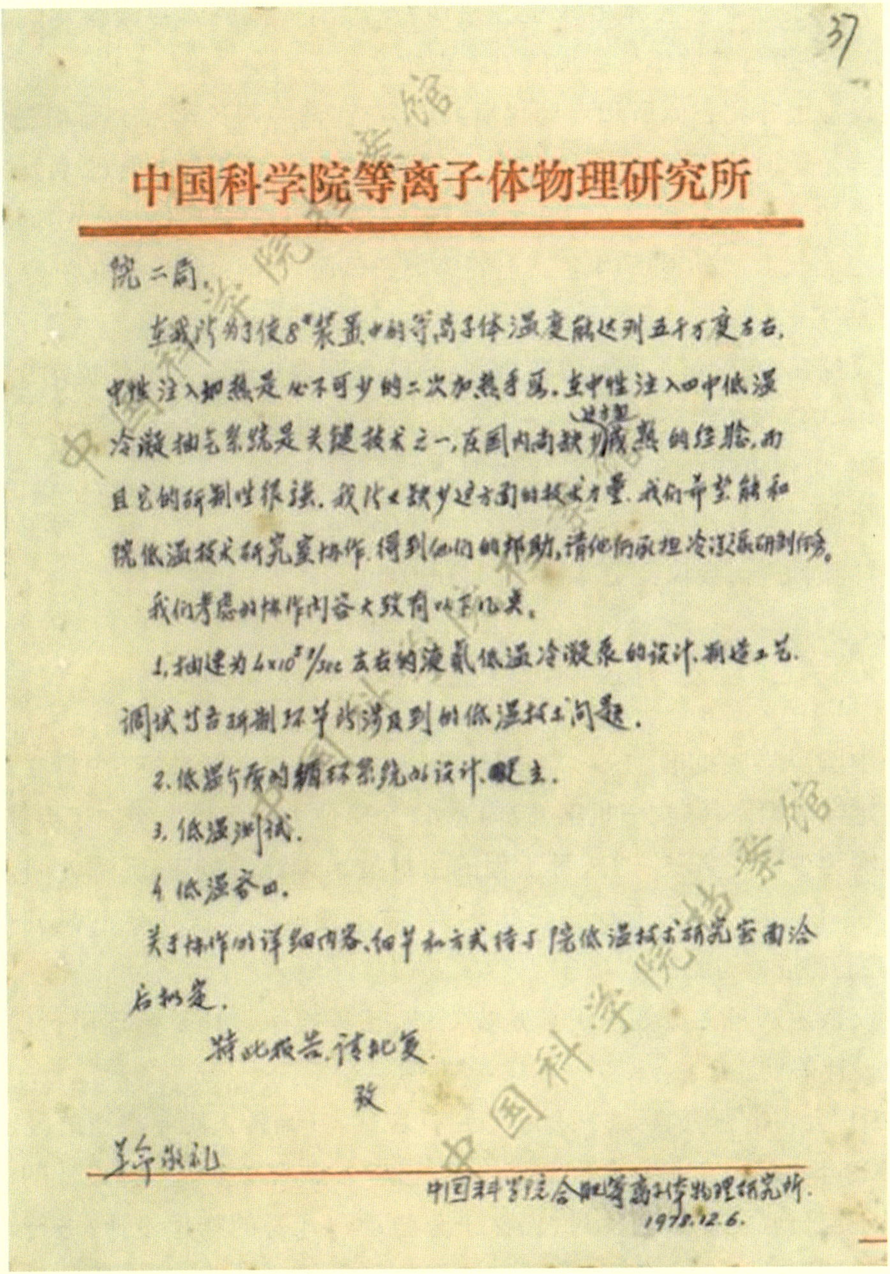

37

中国科学院等离子体物理研究所

院二局：

为了使8#装置中的等离子体温度能达到五千万度左右，中性注入加热是必不可少的二次加热手段。在中性注入器中低温冷凝抽气系统是关键技术之一，在国内尚缺乏成熟的经验，而且它的研制性很强。我们又缺少这方面的技术力量。我们希望能和院低温技术研究室协作，得到他们的帮助，请他们承担冷凝泵研制任务。

我们考虑的协作内容大致有以下几类：

1. 抽速为4×10^5 l/sec左右的液氦低温冷凝泵的设计、制造工艺、调试等各研制环节所涉及到的低温技术问题。

2. 低温介质的循环系统的设计、建立。

3. 低温测试。

4. 低温容器。

关于协作的详细内容、细节和方式待与院低温技术研究室面洽后拟定。

特此报告，请批复。

致

革命敬礼

中国科学院合肥等离子体物理研究所

1978.12.6.

图8.3　等离子体所向院二局的请示

6. 数据处理

八号工程数据处理系统方案经过一年多的调研，到1978年12月初，设计已基本完成。系统的硬件研制项目已落实到有关工厂、研究所，待进行研制。为了使此系统的研制在技术要求上先进可行，等离子体所向中国科学院二局请示，召开一次由各有关单位参加的方案审定会。

会议拟由等离子体所和自动化所共同主持，请中国科学院二局和三局派人参加指导。邀请二机部585所（2名）、物理所（3名）、高能物理所（2名）、上海电工仪表所（3名）、哈尔滨电工仪表所（3名）、天津机床电器厂（2名）、中国科学技术大学（2名）、武汉外设所（1名），连同等离子体所（10名）和自动化所（5名），共计代表33名。

会议拟在1979年1月上旬在合肥召开，会期为5天。会上将提出6份方案报告及4～5篇调研综述报告。经过会议讨论，预期能将八号工程数据处理方案确定下来，以作研制此系统的技术依据。

为了便于会议组织工作，拟将此会议在会务工作上与“八号工程主机设计审定会”同时进行，会议经费亦需增加2000元。

8.2 八号工程主机设计审定会

经中国科学院批准，1979年1月6日至13日，在合肥举行“791”主机技术设计审定会。国家科委、一机部、院内外41个单位184名代表参加了会议。

这次会议的任务是：对八号工程的主机技术设计进行审查；对八号工程的抽、充气系统，数据处理系统进行审定；在技术设计和方案审定的基础上对试制、加工工艺进行讨论和协调。

会议认为八号主机物理设计是先进的，工程技术设计是合理可行的，能满足物理设计需要。

“791”会议的召开，标志八号主机设计完成，开始转入研制建造阶段。

2023年10月，在北京金秋的阳光下，当年参加八号主机物理设计的巾帼女将张澄研究员回忆起那段岁月，仍然十分激动：“八号的物理设计，进行论证时必须说明装置能达到多高温度，重要的聚变指标能到什么程度，所以必须要进行能量平衡计算。另外一方面，方案论证时的磁场设计是需要有的，包括加热场设计、纵场设计、电动力计算等等。这些东西类型很复杂，涉及的物理过程也很复杂，所以不可能用解析的办法来做计算，只能够做数值计算，就得编程。然后根据物理模型用计算机计算。当时理论组开始万元熙是组长，后来万元熙到六室的实验组去了,组长由霍裕平接任。最早的时候,物理所有个诺瓦机,就是一个很小的机器,一开始我们就在那里做计算。那时候都是纸带穿孔输入,黑色的纸带,纸带上的穿孔都得自己打。首先得编程,没有现成的程序。那就是说你把那个物理模型方程弄出来,然后把它数字化,数字化后再编程,编好程序就自己在穿孔机上打孔,每个字符就是一排孔。纸带上有一个标准线,在标准线两边打孔,然后再将纸带输入计算机进行运算。出现问题时,就拿剪刀把错的部分剪掉,或者用黑色的胶带把相关的孔贴上。感觉整个工作过程太恐怖,经常在程序调试过程中'恨不能死算了'。后来,在北京大学南阁有个计算机,比物理所的要大,但还是纸带输入的,我们就在北大29号楼里租了几间房子住在那里,排白班、夜班各自进行计算,那时用的基本上都是Fortran语言。再往后,知道杭州还有个计算中心,我们就到杭州去了两次,一次是霍裕平带队,还有一次他没去。在杭州时,我们都是白天休息,夜班计算,计算量很大。粉碎'四人帮'的消息我们也是在杭州听到的。后来到了国防科工委情报所,他们那里有一个很大的计算机,是卡片输入,一句话就是一张卡片,这就方便多了,哪句话错了就把这张卡片抽出来改正就行了。后期在科学院计算所,输入介质变成磁带了,而且是键盘输入,这就舒服多了。一直到咱们所自己有了计算机,工作就感到那太痛快、太舒服了。"

1979年4月11日,安徽省委常委决定:施炳智同志任等离子体物理所党委书记。

1979年上半年,中国科学院根据中央调整方针,对科研任务和经费进行调整,等离子体所向中国科学院申请的1979年度八号工程事业费570万元,到当年5月还分文未拨,这样就迫使等离子体所不得不用研究所科研事业费来垫付八号工程成套设备和非标加工项目费用,计已到货61项4480台(件或支),共65.8万元,整个研究所已负债27万元。因此,特向中国科学院紧急申请65.8万元来化解所里困境,以便恢复正常生活和工作。临近7月,又陆续到货11项,所里又垫付10万余元,加上前期的65.8万元,合计垫付75.8万元,为此,等离子体所第二次向中国科学院紧急申请75.8万元经费来维持研究所正常运转。8月27日,等离子体所再次向中国科学院紧急申请该专项经费375万元。

1979年5月30日,中国科学院发布《重新下达一九七九年基本建设投资计划的通知》文件,关于等离子体所相关内容见图8.4及表8.2。

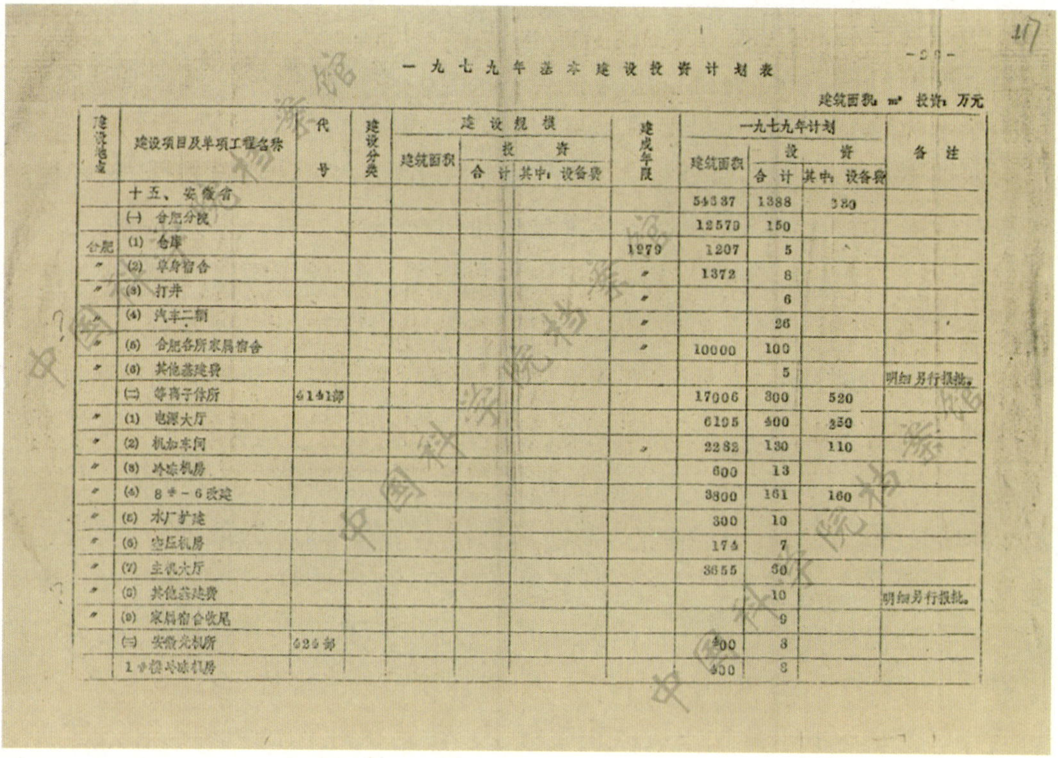

117

一九七九年基本建设投资计划表

建筑面积：m² 投资：万元

建设地点	建设项目及单项工程名称	代号	建设分类	建设规模 建筑面积	建设规模 投资 合计	建设规模 投资 其中：设备费	建成年限	一九七九年计划 建筑面积	一九七九年计划 投资 合计	一九七九年计划 投资 其中：设备费	备注
	十五、安徽省							54337	1388	380	
	(一) 合肥分院							12579	150		
合肥	(1) 仓库						1979	1207	5		
〃	(2) 单身宿舍						〃	1372	8		
〃	(3) 打井						〃		6		
〃	(4) 汽车二棚						〃		26		
〃	(5) 合肥各所家属宿舍						〃	10000	100		
〃	(6) 其他基建费								5		明细另行报批。
	(二) 等离子体所	4141部						17006	800	520	
〃	(1) 电源大厅							6195	400	250	
〃	(2) 机加车间						〃	2282	130	110	
〃	(3) 冷冻机房							600	13		
〃	(4) 8#-6改建							3800	161	160	
〃	(5) 水厂扩建							300	10		
〃	(6) 空压机房							174	7		
〃	(7) 主机大厅							3655	60		
〃	(8) 其他基建费								10		明细另行报批。
〃	(9) 家属宿舍收尾								9		
	(三) 安徽光机所	424部						400	8		
	1#楼冷冻机房							400	8		

图 8.4　1979 年基本建设投资计划表

表 8.2　1979 年等离子体所基本建设投资计划表

建设项目及单项工程名称	1979年计划			备　注
	建筑面积(m²)	投资(万元)		
		合计	其中设备费	
等离子体所	17006	800	520	
(1) 电源大厅	6195	400	250	
(2) 机加车间	2282	130	110	
(3) 冷冻机房	600	13		
(4) 8-6改建	3800	161	160	
(5) 水厂扩建	300	10		
(6) 空压机房	174	7		
(7) 主机大厅	3655	60		
(8) 其他基建费		10		明细另行报批
(9) 家属宿舍收尾		9		

1979年7月7日，中国科学院同意：李吉士、李凤楼、陈春先、邱励俭、王宇、姚民军等六位同志任等离子体所副所长。

8.3 建所计划任务书报送中国科学院

随后，遵照1979年5月22日中国科学院党组会议精神，等离子体所草拟了《中国科学院等离子体物理研究所建所计划任务书》（图8.5），并于8月4日报送给中国科学院，计划书从办所目标、任务、研究机构设置、人员编制、八号工程调整、基本建设等方面进行了明确的阐述。主要内容如下：

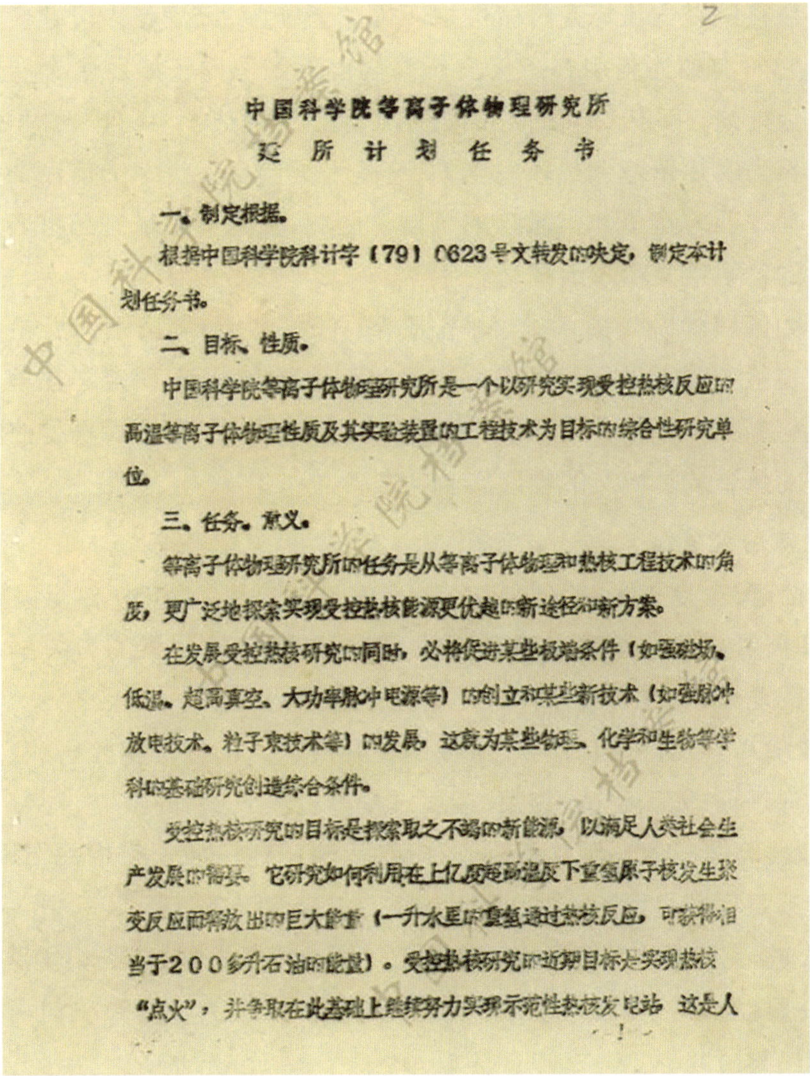

中国科学院等离子体物理研究所
建所计划任务书

一、制定根据。

根据中国科学院科计字（79）0623号文转发的决定，制定本计划任务书。

二、目标、性质。

中国科学院等离子体物理研究所是一个以研究实现受控热核反应的高温等离子体物理性质及其实验装置的工程技术为目标的综合性研究单位。

三、任务、意义。

等离子体物理研究所的任务是从等离子体物理和热核工程技术的角度，更广泛地探索实现受控热核能源更优越的新途径和新方案。

在发展受控热核研究的同时，必将促进某些极端条件（如强磁场、低温、超高真空、大功率脉冲电源等）的创立和某些新技术（如强脉冲放电技术、粒子束技术等）的发展，这就为某些物理、化学和生物等学科的基础研究创造综合条件。

受控热核研究的目标是探索取之不竭的新能源，以满足人类社会生产发展的需要。它研究如何利用在上亿度超高温度下重氢原子核发生聚变反应而释放出的巨大能量（一升水里的重氢通过热核反应，可获得相当于200多升石油的能量）。受控热核研究的近期目标是实现热核“点火”，并争取在此基础上继续努力实现示范性热核发电站 这是人

图8.5 《建所计划任务书》（部分内容）

1. 目标、性质

中国科学院等离子体物理研究所是一个以研究实现受控热核反应的高温等离子体物理性质及其实验装置的工程技术为目标的综合性研究单位。

2. 任务、意义

等离子体所的任务是从等离子体物理和热核工程技术的角度，更广泛地探索实现受控热核能源更优越的新途径和新方案。

在发展受控热核研究的同时，必将促进某些极端条件（如强磁场、低温、超高真空、大功率脉冲电源等）的创立和某些新技术（如强脉冲放电技术、粒子束技术等）的发展，这就为某些物理、化学和生物等学科的基础研究创造了综合条件。

受控热核研究的目标是探索取之不竭的新能源，以满足人类社会生产发展的需要。它研究如何利用在上亿度超高温度下重氢原子核发生聚变反应而释放出的巨大能量。受控热核研究的近期目标是实现热核“点火”，并争取在此基础上继续努力实现示范性热核发电站，这是人类向自然进军的前沿课题，是苏、美、西欧、日本四方竞争非常激烈的领域。因此，在这一领域赶超世界先进水平具有很大的科学意义和政治意义。

根据中国科学院侧重基础、侧重提高的任务特点，等离子体所主要是在一定规模的实验装置上进行等离子体物理的基础研究，同时研究与热核工程发展有关的某些新技术。近期的重点任务是在上级领导下完成八号受控热核反应实验装置的建造及其相应的物理实验的准备工作。

3. 具体研究领域

（1）物理、实验方面：

① 开展等离子体物理的基础理论研究、受控热核装置的有关基本理论和具体方案的理论研究、等离子体过程的数值模拟研究。

② 围绕八号装置及其他中、小型装置开展深入的物理实验研究（如等离子体各种弛豫过程、能量平衡、约束、杂质过程等）。

③ 开展等离子体—固体壁相互作用、等离子体—波—束相关作用、等离子体辐射等重要物理过程的研究，设计并制造相应的设备。

④ 改进、完善现在诊断方法，发展新型诊断测量原理、方法和仪器。

⑤ 开展强流离子束、原子束、电子束的研究以及大功率微波与高频用于等离子体加热的研究。

⑥ 探索发展比托卡马克更优越的新原理和新途径。

（2）工程、技术方面：

① 开展受控热核装置的设计研究（近期以八号装置为中心）以及聚变堆工程某些单项的基础研究与实验。

② 开展用于受控热核研究的超高真空、低温真空、电真空等技术研究和真空工艺研究。

③ 开展强磁场技术的研究，特别是常温强磁场和低温超导强磁场用于受控热核工程的研究。

④ 发展大功率电网冲击供电和贮能电机的工程技术，开展研制其他新型特殊电源以及特殊电器元件、电气回路的研究。

⑤ 研究电子计算机在受控热核装置中的应用，研制专用软件、数据程序库等专用电子仪器和设备。

（3）为保证上述研究的开展，必须建立下列公用设施：

① 配合加工综合实验附属工厂：负责各类装置总装以及各种电器部件、真空部件及某些实验部件的加工、试制、试验、维修和特殊工艺研究。

② 低温站：生产全所科研所需的液氮、液氦，并适当开展低温设备、低温应用和低温获得的研究。

③ 公用设备运行管理处：负责所内各种公用技术设备运行、维护工作，包括大型变电所（90000 kVA变压器×2）、电机、电器、冷却水、空调、电气回路、抽气机组、充气设备等，必须配备配套的技术人员及运行值班人员。部分专业运行组，在技术上接受相应研究室的指导。

（4）机构设置：

根据物理实验与工程技术两方面的研究内容及目前条件，暂拟设置以下九个研究室。

① 等离子体物理研究室。

② 等离子体理论研究室。

③ 受控热核装置研究室。

④ 强磁场技术研究室。

⑤ 加热技术研究室。

⑥ 真空及低温技术研究室。

⑦ 电源及电器研究室。

⑧ 计算机应用研究室。

⑨ 情报资料室。

以后根据工作发展需要及条件成熟程度，再逐步调整和建立相应的研究室。

4. 人员编制

等离子体所最终人员规模发展到900人(其中兼职人员50人)。现有各类人员436人。

1981年以前,需增加人员指标214人(其中工人159人;研究技术人员55人,主要是科技骨干),总数达到650人。

1985年以前,再增加人员指标200人(其中工人50人;研究技术人员150人,主要是研究生和优秀的大学本科毕业生),总数达到850人(人员发展情况见表8.3)。

兼职编制50人,随工作发展适当安排。

希望在1980年批准30~50户农转非的名额,以便在全国范围内调集部分有较高水平的工程技术人员和工人,以解决骨干人员的来源问题。

表8.3 等离子体所历年人员需要计划表

序号	类别	现有人数	历年需要增加人数								总计	备注
			1979	1980	1981	1982	1983	1984	1985	合计		
1	科技人员	309	20	5	30	20	50	30	50	205	514	现有309名科技人员,包括中技毕业以上程度的全部人员
2	工人	106	70	49	40	30		20		209	315	现有106名工人中工厂工人只有21人,其他为实验室工人及行政工人和炊事员
3	其他	21									21	
4	合计	436	90	54	70	50	50	50	50	414	850	

5. 根据八字方针对八号工程进行调整

(1) 八号工程建成时间由1981年推迟到1985年底,建成的概念是:

① 达到八号工程方案论证通过的工程指标,即纵向磁场强度达到30000 G,等离子体电流达到1.3×10^{6} A,建成6条中性束注入线供使用。

② 力争达到八号工程方案论证通过的物理指标,即等离子体的离子温度达到4000~5000 eV,等离子体的密度与能量约束时间的乘积达到$1\times10^{13}\ s/cm^{3}$。

(2) 八号工程总投资额在20%的误差要求范围内共需1.0亿~1.2亿元,目前按1.0亿元进行安排(八号工程的投资分配详见表8.4)。

(3) 三年调整期间,在安排上尽一切可能保证八号装置的研制速度与4台直流飞轮机组的生产与安装建设,争取在三年工作基础上尽早把八号装置在低能量水平先运行起来。为此要求在三年调整期间必须保证给八号装置4500万元投资。

表8.4 八号工程投资估算及三年调整安排情况表

单位:万元

序号	项目分类	全部建成八号的投资(1985年底)		1978年底前已用经费	三年调整经费			
		水轮机方案	电网方案		1979年	1980年	1981年	合计
一	土建安装	850	850	100	280	130	340	750
二	主机装置							
	1. 纵场	1350	1350	30		400	70	470
	2. 极向场	450	450	25		100	200	300
	3. 内部结构	230	230	30		100	100	200
	4. 底盘、支撑、线圈盒	280	280	30		100	150	250
三	抽充气系统	295	295	30	60	50	50	160
四	电源系统							
	1. 四台直流机组	700	700		250	350		600
	2. 回路	200	200			50		50
	3. 电网输变电		910					
	4. 整流补偿		1023			20		20
	5. 水轮机组	1300						
五	控制测量	400	400	68		40	80	120
六	数据处理	550	550	60		30	10	40
七	负反馈	150	150			40	60	100
八	二次加热							
	1. 中性束注入	1800	1800			70	230	300
	2. 微波加热	400	400					
九	诊断	350	350	10		10	40	50
十	基建成套	700	700	160	400	140		540

续表

序号	项目分类	全部建成八号的投资(1985年底)		1978年底前已用经费	三年调整经费			
		水轮机方案	电网方案		1979年	1980年	1981年	合计
十一	材料	100	100	100				
十二	事业费成套	185	185		185			185
十三	事业费非标	130	130		130			130
	合计	10420	11053	643	1305	1630	1330	4265
十四	1. 基建投资			345	930	1070	740	2740
	2. 事业费			298	375	560	590	1525

6. 基本建设

(1) 建设性质:根据实际情况应为新建。

(2) 现有建筑面积19191 m²大部分不符合研究工作要求,需要改建。根据等离子体所的任务需要,尚需新建实验研究用房12050 m²,在1983年底前陆续完成土建施工并交付使用。八号工程漏项基建面积9840 m²,亦在1981年底前完成土建施工(建设项目见表8.5)。

表8.5 八号工程漏项及等离子体所基建项目投资分配表

序号	项目	基建面积(m²)	建设时间(年)	投资(万元)				备注
				土建	标准设备	非标设备	合计	
一	八号工程漏项基建	9840	1980—1981	356	35	314	705	
	1. 低温站	1600	1980—1981	40		314	354	全岛通用,并包括低温实验室
	2. 锅炉房	600	1980—1981	8	15		23	
	3. 综合工艺实验车间	2500	1980—1981	50	20		70	
	4. 危险品仓库	40	1980—1981	1			1	
	5. 去离子水制备间	500	1980	13			13	
	6. 交流立式脉冲发电机房	2000	1982	180			180	
	7. 二次加热实验室	2000	1980—1981	55			55	

续表

序号	项目	基建面积(m^2)	建设时间(年)	投资(万元)				备注
				土建	标准设备	非标设备	合计	
	8. 公用设备管理处	600	1980—1981	9			9	
二	等离子体所建所基建	12050	1982—1983	559	371	380	1310	
	1. 电源电器实验室	1400	1982—1983	56	40	30	126	
	2. 强磁场实验室	1800	1982—1983	45	100	150	295	
	3. 等离子体物理实验室	2600	1982—1983	65	40	50	155	
	4. 计算机室	500	1982—1983	15	60	150	225	
	5. 真空技术实验室	950	1982—1983	29	130		159	
	6. 食堂及阶梯教室	1600	1982—1983	24	1		25	
	7. 一般仓库	1500	1982—1983	21		21		
	8. 车库	1000	1982—1983	10		10		
	9. 木工、水暖、电工	700	1982—1983	7		7		
	10. 外线工程			60		60		
	11. 家具器具费			7		7		
	12. 间接费(施工管理费,独立费用)			220		220		按工程费用33%取费(包括八号工程漏项间接费)
三	改建与大修	11698	1980	56	10	66		
	1. 四号楼改建	11000	1980	48	10	58		
	2. 四号食堂大修	698	1980	8		8		
四	征地	120(亩)				24		2000元/亩

注:由于设备具有负荷重的特点,大部分实验室要求有底层面积,故一般以面积的2/3为一层建筑面积计算。

(3) 八号工程建设中,已由国家批准落实的投资(3000万元基建投资)在本计划任务书中未予列入,其投资及基建项目不足部分在本计划任务书内补报。

(4) 公共福利设施及生活用房(等离子体所需解决350~400户家属宿舍)按规定均由中国科学院合肥分院规划解决,本计划任务书未予考虑。

(5) 由于研究对象具有强磁场,存在粒子及射线瞬时辐照、高电压、大电流及精密仪器多和仪器重等特点，大部分建筑有特殊要求（如屏蔽、空调、防护、专用地线阵及底层建筑面积等）。

7. 水、电条件

（1）电。等离子体所全部建成后，如果八号采用水轮机组方案，则需解决15000 kVA常规用电负荷（见表8.6）；如果采用电网方案，则需解决8000 kVA常规用电负荷和1.6×10^5 kW脉冲用电负荷（10 min冲击一次，每次冲击7 s）。

（2）水。要有冷却水源，但至今未找到地下水源，只能用人工冷却方法用地表水来解决。考虑到利用已有能源开展常规恒定强磁场研究，要寻找更多的冷却水源。

8. 经费、投资

（1）基建投资：

总共需9800万元，其中：

① 1985年底前，八号工程需增补基建投资7000万元。

② 1980—1985年，等离子体所建所需基建投资2800万元。其中建所投资1300万元（详见表8.5），500万美元外汇折合投资1500万元。

（2）1980—1985年，等离子体所共需科研事业费3000万元。

（3）1980—1985年，包括八号工程所需外汇在内，共需外汇500万美元。

9. 建所进度

1985年底完成全部建所任务。

10. 建所地点及征购土地

建所地点在安徽省合肥市董铺岛。

建所需征购土地120亩，需经费24万元。

1979年11月，为了解决竣工项目、进度较快的项目及完成相关设备工作所需的投资，中国科学院对部分基建项目的投资计划及基建财务计划进行了一次调整，涉及等离子体所内容如表8.7、图8.6所示。从表中及图中可以看出，调整后总建筑面积比原计划增加了3920 m^2，设备投资增加了345万元。

自成立之日起，等离子体所为了八号工程建设，加强了国际学术交流，1978年，邱励俭、万元熙分别到美国、西德考察；谢纪康赴西德工作两年；1979年，霍裕平赴美国讲学一年。同时国外大批专家来等离子体所讲学、参观和访问，仅1979年就有14人之多。

表 8.6 等离子体所用电负荷需求表

<table>
<tr><th colspan="2" rowspan="3">负荷名称</th><th>准备</th><th colspan="3">上升段</th><th colspan="2">平顶段</th><th colspan="2">间隔时间</th><th colspan="3">计算负荷</th><th rowspan="3">需要用电功率</th><th rowspan="3">备 注</th></tr>
<tr><th>电动机启动(s)</th><th>纵场充电(s)</th><th>加热场充电(s)</th><th>校正场充电(s)</th><th>注入(s)</th><th>平顶(s)</th><th>间隙(s)</th><th>电动机启动(s)</th><th>有功功率(MW)</th><th>无功功率(MW)</th><th>视在功率(MVA)</th></tr>
<tr><th>0～900</th><th>0～1.5</th><th>1.5～4.4</th><th>4.4～5</th><th>5～5.3</th><th>5.3～7</th><th>7～180</th><th>180～600</th><th></th><th></th><th></th></tr>
<tr><td rowspan="4">电网供电</td><td>八号装置脉冲负荷</td><td>2.94</td><td>52.12</td><td>112.94</td><td>122.84</td><td>139.44</td><td>96.44</td><td>2.94</td><td>2.94</td><td>139.44</td><td>48.6</td><td></td><td>有功 160 MW</td><td>1. 场电源由半控改为二极管整流。
2. 程序场可调电源待定。
3. 中性注入电源 43～60 MW。
4. 脉冲负荷带有约 2.94 MW</td></tr>
<tr><td>八号常规负荷</td><td>5.21</td><td>5.21</td><td>5.21</td><td>5.21</td><td>5.21</td><td>5.21</td><td>5.21</td><td>5.21</td><td>5.21</td><td>3.91</td><td></td><td></td><td>1. 指八号装置满负荷运行时的用电负荷。
2. 四台拖动电动机启动运转时不从电网跳掉</td></tr>
<tr><td>其他实验负荷</td><td></td><td></td><td></td><td></td><td></td><td></td><td></td><td></td><td>0.98</td><td>0.73</td><td></td><td></td><td></td></tr>
<tr><td>总计</td><td></td><td></td><td></td><td></td><td></td><td></td><td></td><td></td><td></td><td>4.64</td><td>7.73</td><td>脉冲 160 MW
常规 8 MVA</td><td>1. 脉冲负荷：有功功率为 160 MW，无功功率按高压侧电压波动 3% 进行补偿。
2. 常规负荷：视在功率为 8MVA</td></tr>
<tr><td rowspan="2">交流脉冲发电机供电</td><td>八号装置常规负荷</td><td>11.71</td><td>6.71</td><td>6.71</td><td>6.71</td><td>6.71</td><td>6.71</td><td>5.71</td><td>11.71</td><td>11.71</td><td>8.78</td><td></td><td></td><td>1. 拖动电动机约 6 MW，启动运转后考虑从电网跳掉。
2. 交流发电机励磁 1 MW，辅助动力 0.5 MW</td></tr>
<tr><td>其他实验负荷</td><td></td><td></td><td></td><td></td><td></td><td></td><td></td><td></td><td>0.98</td><td>0.73</td><td></td><td></td><td></td></tr>
<tr><td></td><td>总计</td><td></td><td></td><td></td><td></td><td></td><td></td><td></td><td></td><td>12.69</td><td>9.51</td><td>15.86</td><td>15 MVA</td><td>视在功率 15 MVA</td></tr>
</table>

表8.7 1979年基本建设投资调整计划表(等离子体所部分)

建设项目及单项工程名称	1979年原计划			1979年调整后计划			备注
	建筑面积(m^2)	投资(万元)		建筑面积(m^2)	投资(万元)		
		合计	其中设备费		合计	其中设备费	
等离子体所	12732	500	310	16652	645	518	
(1) 电源大厅	6195	350	200	6920	290	240	
(2) 机加工车间	2282	130	110	2441	198	148	
(3) 冷冻机房	600	1					
(4) 8-6改建					124	124	电容器安装在2-2内
(5) 主机大厅	3655	10		3655	16	6	在老锅炉房中安装两台锅炉
(6) 家属宿舍收尾		9		3636	17		

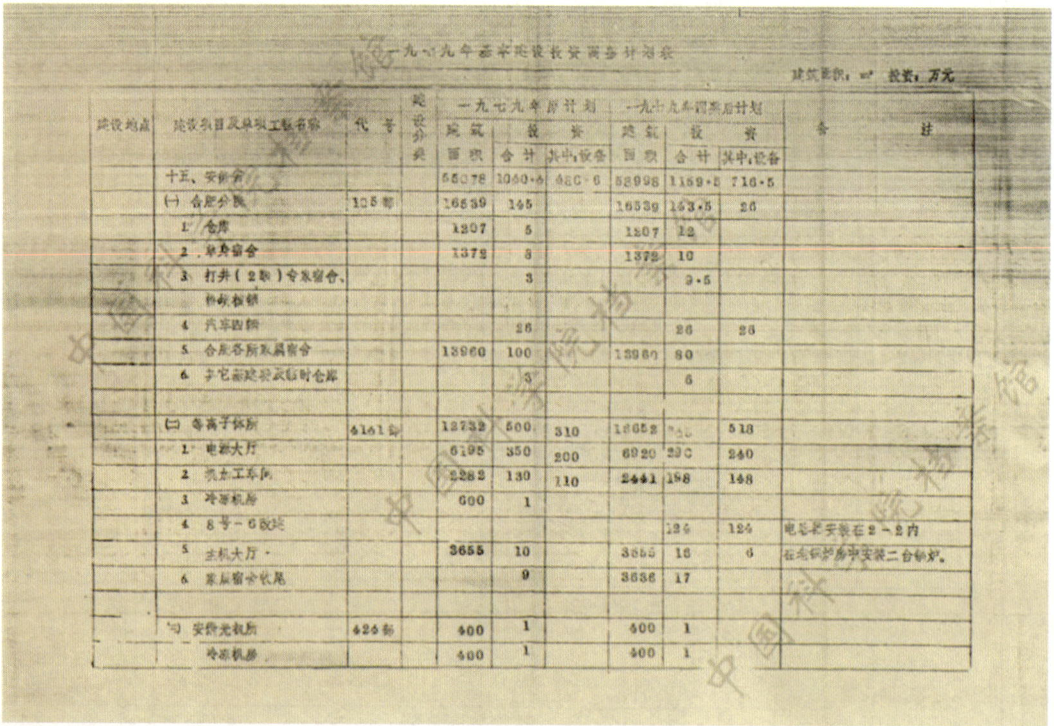

一九七九年基本建设投资调整计划表

建筑面积：m^2 投资：万元

建设地点	建设项目及单项工程名称	代号	建设分类	一九七九年原计划 建筑面积	投资 合计	投资 其中：设备	一九七九年调整后计划 建筑面积	投资 合计	投资 其中：设备	备注
	十五、安徽省			55078	1060.6	480.6	52998	1159.5	716.5	
	(一) 合肥分院	105部		16539	145		16539	153.5	26	
	1 仓库			1207	5		1207	12		
	2 单身宿舍			1372	8		1372	10		
	3 打井(2眼)专家宿舍、[illegible]				3			9.5		
	4 汽车四辆				26			26	26	
	5 合肥各所家属宿舍			13960	100		13960	80		
	6 [illegible]临时仓库				3			6		
	(二) 等离子体所	4161部		12732	500	310	16652	[illegible]	518	
	1 电源大厅			6195	350	200	6920	290	240	
	2 机加工车间			2282	130	110	2441	198	148	
	3 冷冻机房			600	1					
	4 8号-6改建							124	124	电容器安装在2-2内
	5 主机大厅			3655	10		3655	16	6	在老锅炉房中安装二台锅炉。
	6 家属宿舍收尾				9		3636	17		
	(三) 安徽光机所	426部		400	1		400	1		
	冷冻机房			400	1		400	1		

图8.6 1979年基本建设投资调整计划表

在1980年中国科学院基本建设投资计划中，等离子体所主要项目都处于续建状态，具体内容如图8.7及表8.8所示。

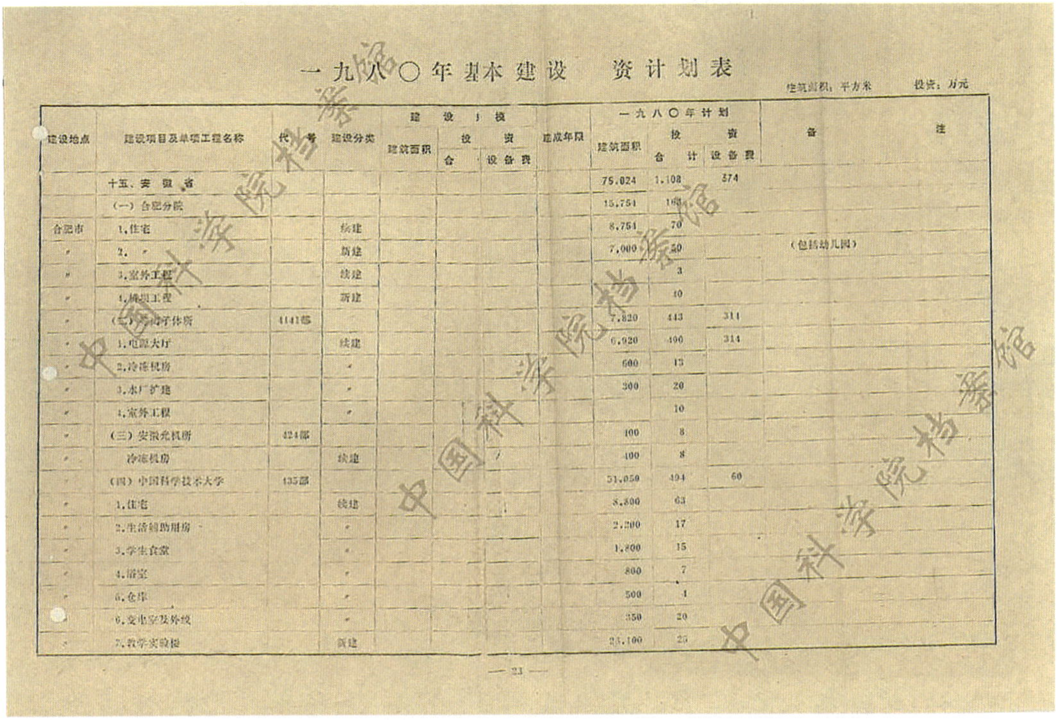

一九八〇年基本建设投资计划表

建筑面积：平方米　投资：万元

建设地点	建设项目及单项工程名称	代号	建设分类	建设规模 建筑面积	建设规模 投资 合计	建设规模 投资 设备费	建成年限	一九八〇年计划 建筑面积	一九八〇年计划 投资 合计	一九八〇年计划 投资 设备费	备注
	十五、安徽省							75.024	1.108	374	
	（一）合肥分院							15.754	103		
合肥市	1.住宅		续建					8.754	70		
〃	2.〃		新建					7.000	50		（包括幼儿园）
〃	3.室外工程		续建						3		
〃	4.[illegible]		新建						10		
〃	（二）等离子体所	4141部						7.820	443	314	
〃	1.电源大厅		续建					6.920	400	314	
〃	2.冷冻机房		〃					600	13		
〃	3.水厂扩建		〃					300	20		
〃	4.室外工程		〃						10		
〃	（三）安徽光机所	424部						400	8		
〃	冷冻机房		续建					400	8		
	（四）中国科学技术大学	135部						31.050	494	60	
〃	1.住宅		续建					5.300	63		
〃	2.生活辅助用房		〃					2.200	17		
〃	3.学生食堂		〃					1.800	15		
〃	4.浴室		〃					800	7		
〃	5.仓库		〃					500	4		
〃	6.变电室及外线		〃					350	20		
〃	7.教学实验楼		新建					23.100	25		

— 23 —

图8.7　1980年基本建设投资计划表

表8.8　1980年基本建设投资计划表（等离子体所部分）

建设项目及单项工程名称	1980年计划			备注
	建筑面积（m^2）	投资（万元） 合计	投资（万元） 其中设备费	
等离子体所	7820	443	314	
（1）电源大厅（续建）	6920	400	314	
（2）冷冻机房（续建）	600	13		
（3）水厂扩建（续建）	300	20		
（4）室外工程（续建）		10		

霍裕平在美国普林斯顿大学进修

等离子体所建所初期电机大厅框架立面

June 29, 1978

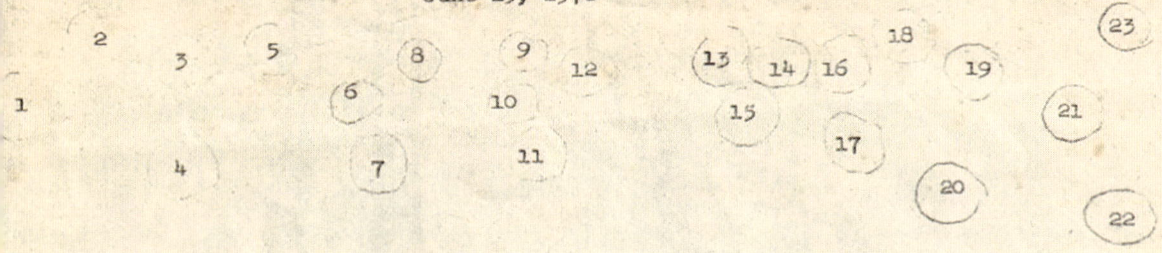

1. Paul Sullivan, U.S. Department of State
2. LI Ming-te, Bureau of Foreign Affairs, CAS, Peking
3. Pierre Perrolle, National Academy of Science, Washington
4. LI Chi-shih, Institute of Physics, Head Plasma Physics, Peking
5. Frank Plasil, Oak Ridge National Laboratory
6. YANG Fu-chia, Futan University, Shanghai.
7. Alex Zucker, Oak Ridge National Laboratory
8. WONG C-Y., Oak Ridge National Laboratory
9. FU C-Y., Oak Ridge National Laboratory
10. CHO Yi-chung, Institute of Atomic Energy, Theoretical Physics, CAS, Peking.
11. YANG Cheng-chung, Delegation Chairman, Institute of Modern Physics, Lanchow
12. CHEN Miao-sun, Institute of Physics, CAS, Peking.
13. CHIU Li-tsien, Institute of Physics, Peking
14. KUO Pao-kung, Wayne State Univ.
15. Herman Postma, Director Oak Ridge National Laboratory
16. CHENG Hsiao-wu, Institute of Nuclear Physics, Head Nuclear Physics, Shanghai.
17. CHANG Wei-chung, Institute of Nuclear Physics, Shanghai.
18. Steven Kruchko, U. S. Department of State.
19. WANG kuei-wu, Southwest Institute of Physics, Loshan County, Szechuan Province
20. YEH Mei-ling, Institute of Modern Physics, Lanchow, Kansu Profince
21. J. K. Dickens, Oak Ridge National Laboratory
22. CHEN Chun-hsien, Institute of Physics, Plasma Physics, CAS, Peking.
23. Lee Berry, Oak Ridge National Laboratory

1978年6月29日，陈春先、邱励俭访问美国合影及站位表
（站位表中22为陈春先、13为邱励俭）

等离子体所建所初期吊桩施工现场

等离子体所建所初期电机基础浇灌施工现场

9 停建 八号工程 受控实验装置 转为建所基建

9.1　中共中央发布文件停建八号工程

1980年1月，中共中央批转的《中央科学研究协调委员会会议纪要(第一号)》指出“在原子科技研究方面，二机部与科学院应密切分工协作，各有侧重。二机部侧重原子能应用科学技术的研究。科学院侧重原子核科学的研究(包括高能物理、重离子物理、等离子体物理和高能加速器、电子同步辐射加速器、中子衍射等技术及其应用的研究)。按此原则分工，凡有重复之处，如受控核聚变反应研究，两家即可协商解决，共同拟订规划，明确分工。二机部的托卡马克装置将于明年建成，科学院不必另建，可与二机部合作共同利用，搞好研究工作”。

遵照此文件精神，中国科学院决定停建八号受控热核反应装置，在其下发的1980年基本建设投资计划的补充通知中，已经暂时中止了对等离子体所相关项目的投资(图9.1)。

一九八〇年基本建设投资计划表

建筑面积：平方米　　投资：万元

建设地点	建设项目及单项工程名称	代号	建设分类	建设规模			建成年限	一九八〇年计划			备注
				建设分类	投资 合计	投资 设备费		建筑面积	投资 合计	投资 设备费	
	合计							9·013	75·6	14·5	
昆明市	云南天文台							3·337	11		
	1、住宅		续建					2·800	8		
	2、托儿所		续建					537	3		
昆明市	昆明动物所							926	6		
	1、仓库		续建					926	5		
	2、锅炉安装		续建						1		
西安市	西安光机所								6		
	1、征地费		续建						6		
广州市	广州地质新技术所								1·6		
	1、基建人员工资								0·6		
	2、电话及避雷装置		续建						1		
南京市	南京地质古生物所							2·400	5		
	1、宿舍收尾		续建					2·400	5		
南京市	南京天文仪器厂								3		
	1、五米装配车间维护费		续建						3		
合肥市	合肥等离子体所								4		
	1、机加车间收尾		续建						4		
青岛市	青岛海洋所							2·350	20		
	1、住宅		续建					2·350	20		
青岛市	青岛疗养所								1·5		
	1、围墙		续建						1·5		
北京市	北京科仪厂								3		
	1、金工车间拆迁		续建						3		
大连市	大连化学物理所								14·5	14·5	
	1、实验楼收尾		续建						14·5	14·5	

图9.1　1980年基本建设投资计划补充表

这无疑对刚成立不到两年的等离子体所是一个难以估量的打击，一时间全所上下人心动摇，施工停顿，工厂停工并停止供货，科研和生产都处于暂时休克状态。虽然人心浮动，也走了一部分人，但核心人员队伍还是比较稳定的。尤其是邱励俭、霍裕平等中坚骨干在此时谢绝了出国工作的机会，让大部分人吃了定心丸。谢纪康回忆说，我们大家都热爱物理、喜欢研究物理，等离子体物理的理论非常深、面非常宽、内容非常多，包括强磁场、超高真空、各种物理诊断等。大家从祖国的四面八方聚集到这个小岛上，就是为了自己热爱的事业，为了更好地报效祖国，这是任何困难也挡不住的。

9.2 向中国科学院呈报停建八号工程、继续办所请示报告

在这样的情况下，为了尽快走出当前困境，由陈春先、邱励俭牵头，等离子体所全所上下经过认真讨论和通盘考虑，迅速做出应对措施，提出“去掉装置，保存其他建所条件（实验大厅、电源及工厂），开展中小型、多途径的研究方针”来着手“善后”，将八号工程项目转为建所的基本条件。在合肥分院的支持下，1980年2月5日，等离子体所向中国科学院呈报了《关于贯彻中央二号文件、停建八号、继续办所的请示报告》，报告分三个部分，分别汇报了八号工程现状、关于继续办所的方向任务、办好研究所必须解决的问题和投资等问题，主要内容如下：

1. 关于停建八号工程

八号工程自1975年全国方案论证会通过和1976年11月国家计委批准以来，经过扩大初步设计及主机系统的技术设计、施工设计，自1979年开始，工程已进入具体实施阶段（1.5×10^6 kW电网脉冲供电和中性注入系统工程除外），由于经费紧张，工程并未全面展开实施；土建施工方面，机械加工车间（2400 m^2）正在安装调试，电源大厅（7581 m^2）框架已树立，实验大厅（4016 m^2）已动土兴建；扩大初步设计提出的成套设备，经调整压缩后，已基本到齐；非标加工设备与一机部50多个厂（所），先后签订了94份合同（协议）计146项，价值7000多万元，这些项目大部分处于设计和试制准备阶段。加上为640-3任务安排的八号电感装置配套的四台直流脉冲发电机组中二台的预付款在内，至1979年底止，八号工程共用去基建投资1200万元（包括贮备费）。

2. 继续办所的方向任务

八号工程停建后，中国科学院领导指示，所要保留，力量要保存。根据这个指示，我们对保留所之后，所的方向任务进行了讨论。等离子体所在八号工程的基础上自成立以来，到1979年底止，在建设八号的过程中除已用去基建投资1200万元，事业费也用去2000余万元，创造的实验研究用仪器、设备和材料价

值1700万元;同时形成了一支400多人的科研、生产队伍,其中科技人员310人(高研7人,助研和工程师178人),已有实验面积19000 m^2(包括4号楼在内),八号工程在建面积14000 m^2。八号工程停建后,重新确定研究所的方向任务需要对全面研究工作进行调整和改组。现在,我们只能根据自然科学发展规律和中央二号文件精神,综合讨论意见,对等离子体所未来的方向和任务,提出以下内容作为规划的基础。这些内容大部分会与二机部的工作重复,在受控热核等离子体物理领域里,绝对不重复是不可能做到的。

(1) 进行高温等离子体物理实验和理论研究。为与二机部585所分工合作,等离子体所将侧重在磁约束聚变的中、小型装置上,多途径开展各种磁场形态和等离子体加热方法的研究,以探索更佳的磁约束聚变途径。目前,根据等离子体所人员条件,只能从托卡马克开始着手(讨论中),很多同志认为,如果只限于搞六号装置水平的小装置,就没必要保留一个等离子体所的体制。

(2) 发展等离子体物理和核聚变有关的新技术,如诊断测量和数据处理、大功率离子源和微波源、储能放电、强磁场、真空、低温等,注意推广新技术发展工作的中间成果。

(3) 发展和研究利用已有的和将要逐步建立的电源、储能、强磁场、低温、真空等条件,与兄弟单位协作,逐步创造一批极端条件下的实验物理设备,并逐步开展这方面的实验工作。

(4) 八号工程的部分工程技术人员与所工厂现有技术人员和工人相结合,充实配套(尤其是电气工艺部分)形成可以独立完成设计加工任务的电物理车间(工厂),除完成本所实验设备的研制任务外,逐步承担院内外力所能及的任务。讨论中大部分同志认为,如果只搞小装置,车间现有的大设备可能闲置无用。

3. 关于继续办好研究所必须解决的条件和投资

参照国际上中小型等离子体物理与聚变研究单位的情况,考虑到充分利用八号工程已建成的设备设施,我们认为,以下几点是办好等离子体所的最低限度必需的条件:

(1) 电源设备。在八号工程批准以前为640-3任务电感储能配备的四台直流脉冲发电电源大厅(8-2)应于1982年之内建成供电,这是5~10年内等离子体所开展工作最基本的实验条件。

(2) 实验场地。八号实验大厅(8-1)经过修改设计,去掉八号工程的专用工程设备,作为等离子体所的基本实验场地。没有这个场地,有了电源条件,也无法充分利用这个电源开展正常的实验工作。

(3) 迅速形成加工能力。为八号配套的机械加工车间(8-3),土建已竣工,设备已部分就位,应加快最后安装调试工作。但中国科学院下达的1980年基建计划中没有列此项目,应予以补列。要求下达调进60~80名工人的编制,进行工种配套并批准下达厂房配套基建面积2500 m^2(原8-6改建转新建),以尽早形成试制加工能力。否则,有了电源,有了场地,但工厂形成不了加工能力,也无法用较少的投资迅速开展各项实验工作。

(4) 要加速4号研究大楼的防震加固和改建工作,以满足研究工作开展的需要,还需增建8000~10000 m^{2}的家属宿舍,以解决未来职工住房问题。否则,所需老技工及骨干无法调进(最近等离子体所已选定了一批老技术工人,因无住房,至今不能调入)。即使加工车间建好了,设备配套了,也无法形成加工能力。

以上四项条件及其他辅助工程项目(图9.2及表9.1)共需基本建设投资1670万元,其中1980年中国科学院已下达443万元,1981—1982年尚需安排基建投资约1227万元。

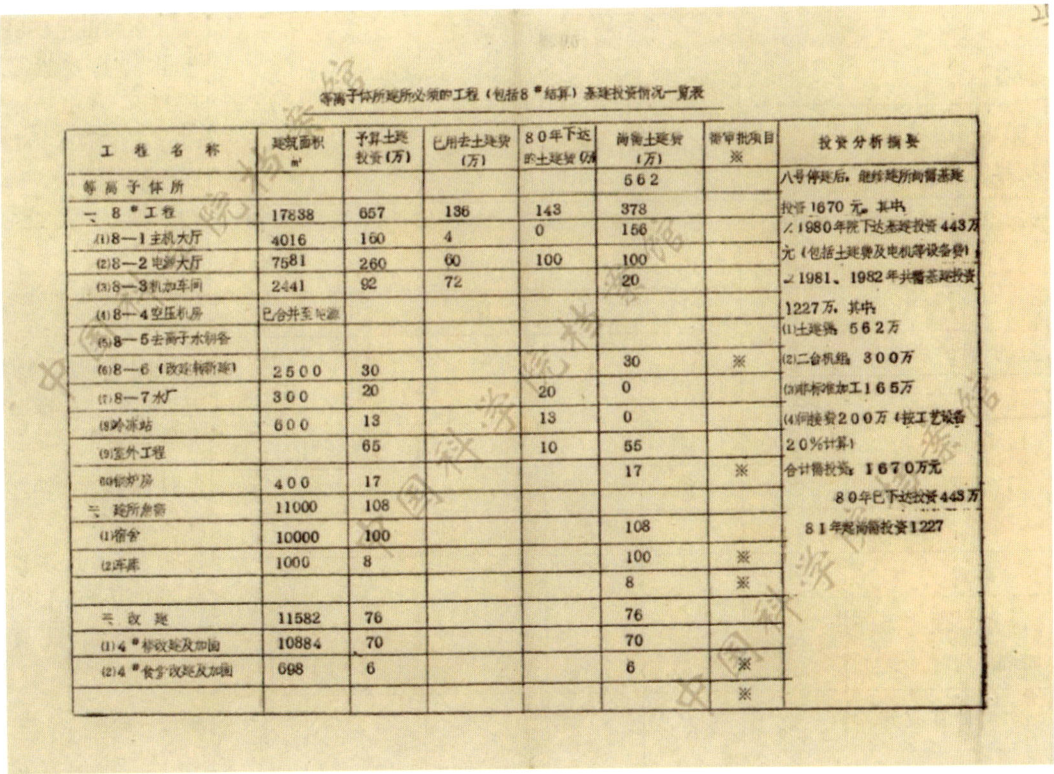

等离子体所建所必须的工程（包括8#结算）基建投资情况一览表

工程名称	建筑面积 m²	予算土建投资(万)	已用去土建费(万)	80年下达的土建费(万)	尚需土建费(万)	需审批项目※	投资分析摘要
等离子体所					562		八号停建后，继续建所尚需基建
一、8#工程	17838	657	136	143	378		投资1670元，其中
(1)8—1主机大厅	4016	160	4	0	156		⒈1980年院下达基建投资443万
(2)8—2电源大厅	7581	260	60	100	100		元（包括土建费及电机等设备费）
(3)8—3机加车间	2441	92	72		20		⒉1981、1982年共需基建投资
(4)8—4空压机房	已合并至电源						1227万，其中
(5)8—5去离子水制备							(1)土建费 562万
(6)8—6（改建转新建）	2500	30			30	※	(2)二台机组 300万
(7)8—7水厂	300	20		20	0		(3)非标准加工165万
(8)冷冻站	600	13		13	0		(4)间接费200万（按工艺设备
(9)室外工程		65		10	55		20%计算）
(10)锅炉房	400	17			17	※	合计需投资：1670万元
二、建所急需	11000	108					80年已下达投资443万
(1)宿舍	10000	100			108		81年起尚需投资1227
(2)车库	1000	8			100	※	
					8	※	
三、改建	11582	76			76		
(1)4#楼改建及加固	10884	70			70		
(2)4#食堂改建及加固	698	6			6	※	
						※	

图9.2 等离子体所建所必需的工程基建设一览表

此外，等离子体所1981—1982年每年事业费需要保持在现有的400万～500万元的水平。主要用于上述四项任务中一般正常研究和小型装置实验研究。为了购买必要的诊断设备、特殊的仪器和数据处理等设备，共需外汇约90万美元。

表9.1　等离子体所建所必需的工程（包括八号工程结算）基建投资一览表

<table>
<tr><th>工程名称</th><th>建筑面积（m²）</th><th>预算土建投资（万元）</th><th>已用去土建费（万元）</th><th>1980年下达的土建费（万元）</th><th>尚需土建费（万元）</th><th>需审批项目</th><th>投资分析摘要</th></tr>
<tr><td>等离子体所</td><td></td><td></td><td></td><td></td><td>562</td><td></td><td rowspan="20">八号工程停建后，继续建所尚需基建投资1670万元，其中：
1. 1980年院下达基建投资443万元（包括土建费及电机等设备费）。
2. 1981年、1982年共需基建投资1227万，其中：
(1) 土建费：562万元。
(2) 两台机组：300万元。
(3) 非标准加工：165万元。
(4) 间接费：200万元（按工艺设备20%计算）。
合计需投资：1670万元。
1980年已下达投资443万元，1981年起尚需投资1227万元</td></tr>
<tr><td>一、八号工程</td><td>17838</td><td>657</td><td>136</td><td>143</td><td>378</td><td></td></tr>
<tr><td>(1) 8-1主机大厅</td><td>4016</td><td>160</td><td>4</td><td>0</td><td>156</td><td></td></tr>
<tr><td>(2) 8-2电源大厅</td><td>7581</td><td>260</td><td>60</td><td>100</td><td>100</td><td></td></tr>
<tr><td>(3) 8-3机加车间</td><td>2441</td><td>92</td><td>72</td><td></td><td>20</td><td></td></tr>
<tr><td>(4) 8-4空压机房</td><td>已合并至电源</td><td></td><td></td><td></td><td></td><td></td></tr>
<tr><td>(5) 8-5去离子水制备</td><td></td><td></td><td></td><td></td><td></td><td></td></tr>
<tr><td>(6) 8-6改建转新建</td><td>2500</td><td>30</td><td></td><td></td><td>30</td><td>※</td></tr>
<tr><td>(7) 8-7水厂</td><td>300</td><td>20</td><td></td><td>20</td><td>0</td><td></td></tr>
<tr><td>(8) 冷冻站</td><td>600</td><td>13</td><td></td><td>13</td><td>0</td><td></td></tr>
<tr><td>(9) 室外工程</td><td></td><td>65</td><td></td><td>10</td><td>55</td><td></td></tr>
<tr><td>(10) 锅炉房</td><td>400</td><td>17</td><td></td><td></td><td>17</td><td>※</td></tr>
<tr><td>二、建所急需</td><td>11000</td><td>108</td><td></td><td></td><td></td><td></td></tr>
<tr><td>(1) 宿舍</td><td>10000</td><td>100</td><td></td><td></td><td>108</td><td></td></tr>
<tr><td>(2) 车库</td><td>1000</td><td>8</td><td></td><td></td><td>100</td><td>※</td></tr>
<tr><td></td><td></td><td></td><td></td><td></td><td>8</td><td>※</td></tr>
<tr><td>三、改建</td><td>11582</td><td>76</td><td></td><td></td><td>76</td><td></td></tr>
<tr><td>(1) 4#楼改建及加固</td><td>10884</td><td>70</td><td></td><td></td><td>70</td><td></td></tr>
<tr><td>(2) 4#食堂改建及加固</td><td>698</td><td>6</td><td></td><td></td><td>6</td><td>※</td></tr>
<tr><td></td><td></td><td></td><td></td><td></td><td></td><td>※</td></tr>
</table>

八号工程停建后，为了继续办好等离子体所，实现我们提出的上述方向任务规划，不仅需要中国科学院给予财力、物力的支持，保证上述条件顺利建成，还需要有三年或稍长一点时间，逐步调整和建设这样一个创造工作条件的过程（过去建所任务是在建八号工程的过程中进行的，建八号工程的任务掩盖了建所任务。现在八号工程停建了，建所任务就突出了）。因此，三年或稍长一点时间，工作主要是为建所和开展上述方向任务打基础，培养锻炼队伍，在这段时间很可能做不出有水平的科研成果来。但我们相信，坚持下去，创造条件，经过努力，今后会为国家作出一定贡献的。

9.3 向中国科学院报送办所情况汇报

随后4月17号，等离子体所在此报告基础上又向中国科学院报送了《关于贯彻中央二号文件、停建八号、结合办所的情况汇报》，内容辑录如下：

1. 关于八号工程停建及经费使用情况

八号工程于1976年11月经〔国家计委（76）计计字312号〕文件批准计划任务书，确定投资为4000万元（基建投资2500万元，科研事业费1500万元）。1977年11月1日经国家计委、财政部、水电部、科学院等有关单位会审，批准该工程扩大初步设计，基建投资为3910万元，其中910万元为110 km 220 kV专用输电线路，由水电部组织实施；另工艺设备费1831万元征得科学院认可，计划从科研事业费中支出，总投资为5741万元；建筑面积扩初为15800 m^2，施工设计中追补2263 m^2，总计新建18063 m^2，改建3800 m^2。

八号工程于1978年实施，至1979年底止共用去基建投资915.92万元（不包括库存材料费291.94万元），开工面积为17674 m^2（图9.3）。

（1）投资使用（至1979年底）：

① 建筑安装工程及设备费788.95万元，其中土建费191.89万元，设备费597.06万元。

② 预付费126.97万元，其中非标预付85万元，工程预付10.24万元，备料预付31.73万元。

③ 库存费291.94万元，其中材料库存140.26万元，设备库存151.68万元。

（2）工程进度（至1979年底）：

关于贯彻中央二号文件
停建八号、结合办所的情况汇报

一、关于八号工程停建及经费使用情况

八号工程于1976年11月经国家计委（76）计计字312号文件批准计划任务书，确定投资为4000万元（基建投资2500万元，科研事业费1500万元）。于1977年11月1日经国家计委、财政部、水电部、科学院等有关单位会审、批准该工程扩大初步设计，基建投资为3910万元（其中910万元为22万伏110公里专用输电线路，由水电部组织实施），另工艺设备费1831万元征得科学院认可，计划从科研事业费中支出，总投资为5741万元；建筑面积扩初为15800m²，施工设计中追补2263m²，总计新建18063m²，改建3800m²。

工程于1978年实施，至1979年底止共用去基建投资915.92万元（不包括库存材料费291.94万元），开工面积为17674m²。

1.投资使用：（79年底止）

(1)建筑安装工程及设备费788.95万元（其中土建费191.89万元，设备费597.06万元）

(2)予付费　126.97万元（其中非标予付85万元，工程予付10.24万元，备料予付31.73万元）

(3)库存费　291.94万元（其中材料库存140.26万元，设备库存151.68万元）

~1~

图9.3 《关于贯彻中央二号文件、停建八号、结合办所的情况汇报》(部分内容)

八号工程进度如表9.2所示。

表9.2 八号工程进度

项　目	面积(m^2)	建筑安装费(万元)	设备费(万元)	目前状态
(1) 电源大厅(8-2)	7581	59.46	280.45	框架完工,屋面吊装一半
(2) 机加车厅(8-3)	2441	72.09	147.76	土建竣工,设备正在安装
(3) 实验大厅(8-1)	4016	4.15	7.25	基础开挖,预制件制作
(4) 8-6改建		0.06	161.60	设备已到
(5) 宿舍	3636	56.13		交付使用
合计	17674	191.89	597.06	

(3) 工程遗留事项:

① 八号工程订货的成套设备基本到齐,今年尚有180万元设备将陆续到货。

② 电源系统中的四台发电机组已出厂两台,每台价格实际为200万元(包括运输费),两台共400万元;1979年已付180万元,1980年尚需付220万元。

③ 1980年基建投资计划为443万元,支付成套设备费180万元、电机费220万元,余43万元为土建费。

④ 非标准加工设备曾与一机部50多个厂(所)签订94份合同共146项,原预算约7000万元,现已撤销合同,其中有17项因厂方已投产,需赔偿损失,合计135万元。

⑤ 实验大厅如停建,乙方要求再赔款15万元。另50 t行车计17万元已到货,这样损失不少于50万元。

2. 八号工程停建、继续建所

等离子体所是为建设八号工程而于1978年底在原安徽光机所受控站的基础上筹建的。当时以工程为主,中国科学院未批建所任务书,也未给建所条件。现八号工程停建了,所的研究方向任务、基本条件等问题也就突出了。关于办所的建议,等离子体所于1980年2月5日向院报送了《关于贯彻中央二号文件、停建八号、继续办所的请示报告》。

李昌同志来合肥谈到我国实现四个现代化,能源是一个大问题,当前以煤为主,但到21世纪还是要靠聚变来解决。现在要为将来准备条件、培养人才,并指出等离子体所的任务方向:一方面,要继续办好等离子体物理研究所,考虑到国内几个单位的分工，等离子体所应着重发展中、小型装置，开展多种途径研究。另一方面，为了八号工程的设计与研制而集聚了专业齐全的机电技术设计、加工力量。这批力量最近承担本所装置的设计、加工任务，并承担力所能及的院内各单位装置设计任务（如7611工程部分项目），以后考虑与高能所工程力量结合逐步发展成为全院服务技术系统、机电设计和电物理装备研制力量。

等离子体所的基本条件（四台发电机组、大电感、电容器、低温、真空）还可以发展强磁场技术，为固体物理、原子分子物理、量子电子学和光学、生物物理等学科的研究提供极端实验条件。

3. 八号工程项目转为建所的基本条件

为继续办好等离子体所，实现前项的方向任务，需要把八号工程以下的几个项目修改原设计并继续完成，作为等离子体所的基本实验条件。

（1）电源系统（8-2）。

此项目原设计有发电机组与电网供电两部分。取消电网供电部分（投资910万元），而机组供电设置中今后实验不可缺少的大功率脉冲电源需要保留并继续完成。发电机组如与现有大电感结合会发挥更大的作用，是我国目前最大的脉冲电源，除作为等离子体物理研究电源外，可供研究发展极端技术——强磁场。

1981年以后电源大厅需要投资100万元，两台机组需400万元（上海电机厂已投产，如退货则要赔款280万元）。

（2）实验大厅（8-1）。

与中国科学院北京建筑设计院共同研究，根据施工与设备到货情况，在力求实用、节约资金的原则下修改原设计。去掉八号装置专用工艺设置，降低标准，继续完成，作为等离子体所的基本实验场地。再需100万元投资即可建成。

（3）预装修项目部分改为新建（8-6）。

在编报八号工程“设计任务书”和“扩大初步设计”方案时，是按照安徽光机所领导下的一个实验站考虑的，没有考虑今天发展为一个等离子体所。当时把现有的2-2实验大厅拟改建为八号装置的预装维修车间，要安放近50台的机械设备。现2-2实验大厅已被四个研究室的仪器设备占满，已不可能迁出。而且2-2实验大厅造价标准很高，适用于安放精密仪器设备，如再改造实属浪费。据此将八号工程的8-6预装维修车间改建改为新建2500 m^2铆焊电加车间（低标准），以安装50多台铆焊电加设备投入使用和发挥作用，需投资30万元。

上述三项加上辅助设置需投资995万元。

综上所述，八号工程投建以来共用去基建投资916万元，为总投资的六分之一、基建投资的四分之一。为开展建所任务，将八号工程部分项目保留和完善，除1980年已下达的443万元投资外，尚需1130万元（其中135万元为赔款），以创造建所科研工作的基本条件。

八号工程基建投资使用情况一览表如表9.3所示。

表9.3　八号工程基建投资使用情况一览表

工程名称	开始建设年月	建筑面积（m^2）	自开始建设到1979年底完成投资（万元）			1980年基建投资计划（万元）		转为建所项目尚需土建费（万元）	投资使用摘要
			合计	建筑安装工程	设备费	合计	设备费		
合　计		已投建：17674	788.95	191.89	597.06	443	314	270	至1979年底已用去费用：1. 土建工程及设备费788.95万元。2. 预付费：120.97万元。1与2合计915.92万元。3. 库存费：291.94万元
1. 电源大厅（8-2）	1978.10	7581	339.91	59.46	280.45	400	314	100	
2. 机加车间（8-3）	1978.08	2441	219.85	72.09	147.76				
3. 实验大厅（8-1）	1979.12	4016	11.40	4.15	7.25				
4. 8-6改建			161.66	0.06	161.60				
5. 宿舍	1978.05	3636	56.13	56.13					
6. 水厂		300（未开工）				20			
7. 冷冻站		600（未开工）				13			
8. 室外工程						10		30	
9. 铆焊电加车间		2500（待批）						30	
10. 锅炉房		300（待批）						10	

八号工程非标赔款项目清单如表9.4所示。

八号工程非标保留项目投资清单如表9.5所示。

八号工程停建后，建所需保留项目及投资如表9.6所示。

《关于贯彻中央二号文件、停建八号、结合办所的情况汇报》厘清了八号工程的现状，包括八号工程经费使用情况、工程进度和工程遗留事项等，并从国家和院内需求层面出发，提出了继续建设等离子体所的战略和科学发展思路，以及如何依托现有条件落地和具体实施。从随后的结果来看，应该是引起了中国科学院的足够重视。

表9.4　八号工程非标赔款项目清单

序号	产品名称	合同号	计量单位	数量	生产单位	赔款(元)	备　注
1	纵场线圈系统	78皖专87	套	1	合肥电机厂	105391.27	共用款405391.27元，1978年从基建费预付300000元
2	极向场系统组件	78皖专89	只	14	合肥变压器厂	40700	共用款290700元，1978年从基建费预付250000元
3	中心螺管补偿线圈Ⅰ	78皖专88	只	3	上海电机厂	82000	外购件：上海电缆所绝缘试制费57000元；富拉尔基重机厂蝶形弹簧600只，25000元
4	电压比较继电器	78皖专42	只	5	许昌继电器所	约10000	
5	三场检测子系统	78皖专30	套	1	哈尔滨电工仪表所	120000	
6	八号装置内部组件	78皖专41	套	1	上海先锋电机厂	564000	该厂1978年从基建费预付300000元用于非标5A注入器装置加工，未结账
7	负反馈场可控电源装置	78皖专68	套	1	上海电器成套厂	40000	
8	真空烘烤源装置	78皖专08	台	1	长春变压器厂	17500	
9	电压电流互感器	78皖专58	台	68	山西临汾互感器厂	16000	已预付10000元
10	高压开关柜成套设备	78皖专45	台	14	无锡太湖开关厂	35162.5	
11	磁吹断路开关柜	78皖专52	台	12	北京电器所	50000	已付21400元购两台开关
12	控制整流变压器	78皖专46	台	1	陕西铜川变压器厂	8040	
13	耗能电阻器	78皖专91	套	1	合肥化工机械厂	139800	
14	耗能调节电阻器	78皖专92	套/台	1/20			

续表

序号	产品名称	合同号	计量单位	数量	生产单位	赔款(元)	备　注
15	半英寸磁带机	78皖专21	套	1	武汉工业控制机外部设备所	150000	
16	光栅单色仪	78皖专03	台	2	天津光学仪器厂	5800	
17	真空紫外光谱仪	78皖专10	台	2	赤天光学仪器厂	1500	
合计						约1350000	

表9.5　八号工程非标保留项目投资清单

序号	产 品 名 称	合同号	计量单位	数量	生产单位	备　注
1	合闸器	78皖专39	台	10	西安电器设备制造厂	最低限度的直流发电机组回路配套
2	高压直流真空断路器	78皖专37	台	6	北京电器研究所	
3	真空触发器	78皖专38	台	20	北京电器研究所	
4	高压电容器恒流充电装置	78皖专36	台	3	上海电阻厂	
5	饱和电抗器	78皖专69	套	2	合肥变压器厂	
6	XDT型镶嵌式调度成套设备	原78皖专19	套	1	上海继电器厂	
7	抗干扰电流真空计	78皖专01	台	1	上海电动工具研究所	兰州真空钛泵机组的配套
8	1500 L/s涡轮分子机组	原78皖专06	台	1	北京仪器厂	
9	数字量信号数据处理子系统	原78皖专71	套	1	哈尔滨电工仪表所	数据处理配套
10	KGYF-60/10～18 V弧压直流脉动稳压电源	原78皖专59	台	1	北京变压器厂	5A 注入器离子源电源
11	KGYF-60/10～18 V灯丝直流脉动稳压电源	原78皖专11	台	1	北京变压器厂	
12	带硬拷贝彩色光笔图形显示器	78皖专18	套	1	武汉工业控制机外部设备研究所	计算机配套
合计:225万元						

表9.6　八号工程停建后建所需保留项目及投资

项　目	面积(m^2)	尚需投资(万元)	备　注
1. 非标		225	其中60万元付图形显示器费用,为院调设备
非标赔款		135	
2. 后二台电机		400	
3. 土建工程			
(1) 电源大厅	7581	100	
(2) 主机大厅	4016	100	
(3) 铆焊电加车间	2500	30	
(4) 室外工程		30	
(5) 锅炉房	300	10	
4. 设备安装费		100	
合计	14397	1130	

1980年6月9日,中国科学院以〔(80)科发物字0826号〕文件行文给一机部,说明由于八号工程停建的原因,要求将原安排一机部相关单位设计生产的非标专用设备96项撤销67项,保留29项转等离子体所使用。其中涉及的经济问题按国家有关规定办理。随文附上保留和撤销项目一览表(表9.7、表9.8)。

表9.7　八号工程非标专用设备保留项目明细表

序号	产品名称	单位	数量	承制单位	合同号	备　注
1	抗干扰真空计	台	1	上海电动工具研究所	78皖专01	
2	1500 L/s涡轮分子泵机组	套	1	北京仪器厂	78皖专06	
3	JF-150型分子泵机组	套	2	北京仪器厂	78皖专07	
4	KGYF-600/10～18 V 灯丝直流脉动稳压电源	台	1	北京变压器厂	78皖专11	
5	KGYF-600/0～120 V 弧压直流脉动稳压电源	台	1	北京变压器厂	78皖专12	
6	5A注入器	套	1	上海先锋电机厂	78皖专14	
7	带硬拷贝彩色光笔图形显示器	套	1	武汉工业控制机外部设备所	78皖专18	

续表

序号	产品名称	单位	数量	承制单位	合同号	备注
8	XDT型镶嵌式调度成套设备	套	1	上海继电器厂	78皖专19	
9	稀油站	台	4	沈阳润滑设备厂	78皖专22	已到货
10	直流接触器	台	25	天水长城控制电器厂	78皖专23	
11	非线性电阻	套	8	西安高压电器所	78皖专24	
12	直流短时负载分流器	台	12	上海浦江电表厂	78皖专25	
13	直流反向开关	台	8	湖南湘潭电机厂三分厂	78皖专26	
14	八号装置电气开关板	台	61	上海开关厂	78皖专20	
15	高压电容器恒流充电装置	台	3	上海电阻厂	78皖专36	
16	快速测温元件	只	270	重庆仪表材料所	78皖专40	已到货
17	强磁场测量设备	套	1	哈尔滨电工仪表所	78皖专43	
18	八号装置数字量信号数据处理子系统	套	1	哈尔滨电工仪表所	78皖专71	
19	自动记录仪	台	23	贵阳永青示波器厂	78皖专56	已到货
20	转鼓高速照相机	台	2	上海照相机三厂	78皖专57	
21	电阻器	箱	72	大连低压开关厂	78皖专49	已到货
22	饱和电抗器	套	2	合肥变压器厂	78皖专69	
23	高压直流真空断路器	台	20	北京电器所	78皖专37	数量调整为6台
24	真空触发器	台	30	北京电器所	78皖专38	数量调整为20台
25	合闸器	台	24	西安电器设备制造厂	78皖专39	数量调整为10台
26	全金属超高真空阀	只	130	上海阀门二厂	78皖专55	两项数量调整为32只
27	全金属超高真空阀	只	22	上海阀门二厂	78皖专74	
28	电控微调真空阀	台	40	上海阀门二厂	78皖专58	两项数量调整为18只
29	电控微调真空阀	台	20	上海阀门二厂	78皖专75	

表9.8　八号工程非标专用设备撤销项目明细表

序号	产品名称	单位	数量	承制单位	合同号
1	线圈半合铸件	件	66	德阳第二重型机械厂	78皖专09
2	平台	件	6	武汉重型机床厂	78皖专67
3	纵场线圈系统	套	1	合肥电机厂	78皖专87
4	极向场系统组件	件	14	合肥变压器厂	78皖专89
5	高压调整管帘栅电源变压器	台	2	合肥变压器厂	78皖专80
6	高压调整管灯丝电源变压器	台	2	合肥变压器厂	78皖专81
7	高压稳压电源变压器	套	6	合肥变压器厂	78皖专82
8	三相隔离变压器	台	6	合肥变压器厂	78皖专83
9	单相隔离变压器	台	36	合肥变压器厂	78皖专84
10	中心螺管补偿线圈Ⅰ	只	3	上海电机厂	78皖专88
11	电压比较继电器	只	5	许昌继电器研究所	78皖专42
12	八号装置加热场回路模拟显示屏	套	1	许昌继电器研究所	78皖专33
13	八号装置加热场回路控制台	台	1	许昌继电器研究所	78皖专31
14	中央控制显示屏	套	1	许昌继电器研究所	78皖专28
15	中央安全保护工作台	台	1	许昌继电器研究所	78皖专29
16	中央控制室总控台	台	1	许昌继电器研究所	78皖专27
17	三场检测子系统	套	1	哈尔滨电工仪表所	78皖专30
18	电流测量系统	套	1	哈尔滨电工仪表所	78皖专44
19	多路数字显示装置	台	1	哈尔滨电工仪表所	78皖专90
20	八号装置脉冲电流测量系统	套	1	哈尔滨电工仪表所	78皖专
21	八号装置内部组件	套	1	上海先锋电机厂	78皖专41
22	负反馈可控电源装置	套	1	上海电器成套厂	78皖专68
23	八号装置真空烘烤源变压器	台	1	长春变压器厂	78皖专08
24	电压电流互感器	台	63	山西临汾互感器厂	78皖专58
25	磁吹断路开关柜	台	14	无锡太湖开关厂	78皖专45
26	高压开关柜成套设备	台	12	北京电器所	78皖专52
27	控制整流变压器	套	1	陕西铜川变压器厂	78皖专46
28	耗能电阻器	套/台	1	合肥化工机械厂	78皖专91
29	耗能调节电阻器	台	1/20	合肥化工机械厂	78皖专92
30	光栅单色仪	台	2	天津光学仪器厂	78皖专03

续表

序号	产品名称	单位	数量	承制单位	合同号
31	真空紫外光谱仪	台	2	赤天光学仪器厂	78皖专10
32	饱和电抗器	台	1	西安变压器电炉厂	78皖专50
33	整流变压器	台	6	西安变压器电炉厂	78皖专79
34	滤波电抗器	台	18	西安变压器电炉厂	78皖专86
35	平衡电抗器	台	5	西安变压器电炉厂	78皖专54
36	保护电抗器	台	2	西安变压器电炉厂	78皖专78
37	滤波电容器	台	12	西安电力电容器厂	78皖专48
38	振膜式真空计	台	10	成都仪器厂	78皖专70
39	抗干扰电离真空计	台	4	上海曙光机械厂	78皖专15
40	钛球升华泵	台	4	上海曙光机械厂	78皖专22
41	八号装置充气系统	套	1	天津分析仪器厂	78皖专17
42	磁场直流电源	套	8	上海整流器厂	78皖专59
43	高压整流阀	组	6	上海整流器厂	78皖专35
44	主机机加零部件	件	162	芜湖重型机床厂	78皖专93
45	低感分流器	只	12	桂林电表厂	78皖专47
46	八号装置高速模拟量数据处理系统	套	1	上海电工仪器所	78皖专72
47	EET-78定时机	套	1	上海电工仪器所	78皖专05
48	离子源供电多芯电缆		未定	湖北宜昌红旗电缆厂	78皖专02
49	二次回路控制屏台	台	40	西安微电机厂	78皖专51
50	烘烤测温控制柜	套	1	西安微电机厂	78皖专53
51	宽量程裸式电离真空计	台	10	上海曙光机械厂，上海电动工具所	78皖专16
52	快速电磁阀	台	25	上海阀门二厂	78皖专65
53	可变限流阀	台	10	上海阀门二厂	78皖专66
54	八号装置快速电磁阀	台	30	上海阀门二厂	78皖专73
55	八号装置可变限流阀	台	14	上海阀门二厂	78皖专77
56	八号装置流导限流阀	台	14	上海阀门二厂	78皖专76
57	纵场直流电源	台	8	西安电力整流器厂	78皖专60
58	程序场整流装置	套	9	西安电力整流器厂	78皖专61
59	校正场可控整流装置	台	1	西安电力整流器厂	78皖专62
60	续流整流柜	套	5	西安电力整流器厂	78皖专63
61	可控整流装置	台	1	西安电力整流器厂	78皖专64

续表

序号	产品名称	单位	数量	承制单位	合同号
62	纵场直流电源远控柜	台	1	西安电力整流器厂	78皖专85
63	软X射线晶体分光光谱仪	台	2	丹东仪器厂	78皖专04
64	高反差大孔径三光栅多色器	台	1	北京第二光学仪器厂	78皖专
65	直流避雷器	台	未定	西安电瓷所	78皖专13
66	带硬拷贝机的彩色光笔图形显示器	台	1	武汉工业控制机外部设备所	78皖专74
67	半英寸磁带机	台	1	武汉工业控制机外部设备所	78皖专21

9.4 中国科学院向国家计委、国家建委呈报继续办好等离子体所的报告

10天后的6月19日，中国科学院向国家计委、国家建委呈报《关于贯彻中央二号文件精神，八号装置停建后，继续办好合肥等离子体物理所的报告》，报告主要内容如下：

1976年11月国家计委以〔(76)计计字312号〕文件批准建设中国科学院八号工程（受控热核反应实验装置），经主机系统的技术设计、扩初设计、施工设计，于1978年正式施工。截至1979年底，主要项目的土建已开始施工。其中机械加工车间（2400 m^2）正在安装调试，电源大厅（7581 m^2）框架已竖立，实验大厅（4016 m^2）已动土兴建。

扩初设计提出的成套设备，已基本到齐，截至1979年底共用去基建投资915.92万元（表9.9）；非标准专用设备，与一机部50多个厂（所）先后签订了96份合同（协议）。在此期间，形成了一支初步配套的436人工程物理队伍，其中科技人员310人。已有实验面积19000 m^2，在建面积14000 m^2。

根据中央二号文件精神，八号工程停建后，中国科学院对等离子体所的方向任务作出相应调整，充分利用现有条件，继续建设并完善研究工作的必要手段，转入以高温等离子体物理为主的受控核聚变的研究工作。初步确定，物理方面，拟开展具有自己特色的、以中小型装置为主的多途径探索研究，如中小型托卡马克装置加多极场装置，以及表面磁约束类型装置（Surmac）及建立一系列小型装置（见附件2）。此外，利用该所已建造的模拟托卡马克6B、6M装置，物理所的六号托卡马克装置，585所的401和303装置等，开展生动活泼的等离

子体物理研究。同时发展如诊断测量与数据处理、大功率离子源和微波源、储能放电、强磁场、真空、低温等新技术新原理的研究以及原子分子物理的研究。

表9.9　八号工程基建投资使用情况一览表

序号	工程名称	批准 投资(万元)	计划 面积(m^2)	至1979年底完成投资(万元) 合计	建筑安装工程	设备费	开工面积(按施工预算)m^2	工程进度(至1979年底)	八号装置停建后继续开展研究工作需保留土建项目的方案
	总计	4072(3162+910)	新建18063,改建3800	788.95	191.89	597.06	17674		
1	主机系统(8-1)	1015	3900	11.40	4.15	7.25	4016	基础开挖;部分预制件已制作	装置停建,保留厂房,降低设计标准
2	电源系统(8-2)	1281	6920	339.91	59.46	280.45	7581	框架完工,屋面吊装一半	继续建成
3	机加车间(8-3)	187	2437	219.85	72.09	147.76	2441	土建竣工,设备正在安装	
4	空压机房(8-4)	162							取消
5	去离了水制备(8-5)	50							取消
6	预装维修改建(8-6)	340	3800(改建)	161.66	0.06	161.60		设备已到	取消改建,按低标准新建2500 m^2,安装设备
7	水厂	20	300						作为分院公用设施
8	室外工程	65							缩小投资
9	宿舍	29	3906	56.13	56.13		3636	交付使用	
10	冷冻站	13	600						继续建成配合电源、装置及低温使用
11	110 km 220 kV专用输电线路	910							取消

工程方面为筹建八号装置已建立并锻炼出一支有一定水平的技术力量。

现有工程技术人员近200人，他们与所工厂的技术力量结合，稍加充实，可逐步形成能独立完成电物理装置设计加工任务的力量，除承担本所装置的设计、加工任务外，逐步做到为院内各单位的各种大型科学实验装置承担设计加工任务。

为了继续办好等离子体所，实现上述初步确定的方向任务，经反复研究，需要把计划建造的八号工程的以下几个项目修改原设计后，继续加以完成，作为开展高温等离子体研究的基本实验条件。

（1）电源系统。将原为八号工程建造的四台20000 kW 飞轮发电机组（上海电机厂已交付2台）及其电机大厅继续建成。它是本所开展等离子体实验研究所必需的，经初步测算，其能量也是建设上述中小型托卡马克装置所必需的（原计划投资910万元从淮南架建的110 km 220 kV的高压输电线路任务予以撤销）。

（2）实验大厅。从目前国际上有关的几个研究所情况看，开展受控核聚变实验研究一般都需要一个通用性的实验大厅，以适应实验装置周期性更换的需要，以便开展多途径的等离子体物理实验研究。据此，我们考虑在原为八号装置建造的实验大厅基础上，利用现有的材料设备，去掉八号装置的工艺设置，修改设计，继续建成。

（3）完善加工车间。原为加工和维修八号装置而建造的机械加工车间已初步建成。为充分发挥其作用，在与中国科学院安徽光机所精密加工车间协作的基础上，尚需建造2400 m^2的板焊辅助车间（此项计划未列入原八号工程扩初设计，曾计划撤销扩初设计中2-2厅改建任务，改为新建这个辅助车间），这个车间完善后除承担本所计划研制的中小型装置任务外，也可承担中国科学院各单位的部分电物理实验装置的加工任务。

以上三项加上辅助设施，1980—1982年需投资1223万元（表9.10），其中包括八号装置停建后的退货赔款135万元（表9.4）。

表9.10　八号工程停建后所需保留项目及投资情况表（包括撤销项目的补偿费）

项　　目	面积(m^2)	尚需投资(万元) 1980—1982年	备　注
合计	15297	1223	
1. 非标(12项保留项目)		225	即表9.5
2. 后两台电机		400	
3. 非标赔款		135	即表9.4

续表

项　目	面积(m^2)	尚需投资(万元) 1980—1982年	备　注
4. 土建工程			
(1) 电源大厅	7581	150	
(2) 主机大厅	4016	100	
(3) 铆焊电加车间	2500	30	
(4) 室外工程		40	
(5) 锅炉房	300	10	
(6) 冷冻站	600	13	
(7) 水厂	300	20	
5. 设备安装费		100	

附件1　八号装置截至1979年底投资使用情况

(1) 八号工程批准扩初设计的基建投资为3910万元，含水电部为八号工程服务外电源线路910万元。另加工艺设备费1831万元，从科研事业费中支出，总投资为5741万元。

建筑面积扩初设计为15800 m^2，施工设计中追补2263 m^2，总计新建18063 m^2，改建3800 m^2。

(2) 八号工程至1979年底止，共用去基建投资915.92万元(其中土建工程及设备费788.95万元，预付费126.97万元)，占总投资的1/6，占基建投资的1/4；库存材料费291.94万元。开工面积为17674 m^2。

附件2　中小型托卡马克装置加多极场装置以及表面磁约束类型装置简介

(1) 中小型托卡马克装置加多极场装置。这种装置虽然半径只有1.3 m(八号装置为1.86 m)，环向磁场强度为20000 G(八号装置为30000 G)，总储能量约为4×10^7 J(八号装置为2.2×10^8 J)，外形最大尺寸为4 m左右(八号装置为8 m左右)。在利用已有材料基础上，其总投资250万～300万元。初步计划于1982—1983年建成，所需投资从历年的事业费中支出。由于吸收目前国际上相关装置在设计方面较为成熟且行之有效的许多优点，其温度可达3×10^7～4×10^7 ℃，基本上可以在高温等离子体近"点火"区开展一系列物理实验工作。形成一种诊断窗口较多，可以同时进行多种参数实验的诊断途径；可以进行中性束和低温混杂波、电子和离子共振大功率的加热实验，等等。

(2) 环形多极场装置又称表面磁约束类型装置(Surmac)。这种装置的特点是:① 可以不用现在实现热核聚变所需的氘氚做燃料,而用质子和锂6为聚变燃料。因此,在聚变反应过程中不产生中子,从而不会发生材料辐射损伤问题。② 可以产生高比压,这是提高聚变质量的重要指标。③ 进行聚变研究的同时可以进行天体和空间物理以及一些新物理领域的研究。

中国科学院的这份报告,基本上是在等离子体所前期的两个报告基础上形成的,表明了在八号工程停建后,中国科学院支持继续办好等离子体所的态度,表明了未来等离子体所的方向、任务和所需要的支持。这让处于困境的等离子体所看到了未来发展的曙光。

这份报告也得到了国家计委、国家建委的支持,所领导借此开展大量组织和思想工作,使等离子体所形成了上下一心、同舟共济、群策群力的大好形势。HT-6(改建)、HT-6M、MPT-X、HER等装置建设先后展开,波加热的研究开始起步,全所投入艰苦紧张的研究、建设工作之中,很快扭转了八号工程停建所形成的被动局面。

位于科学岛上的于1980年建成的工会文化站

10 继续办好等离子体所

10.1 实事求是及尊重科学规律

1980年8月初，等离子体所收到中国科学院二局编写的《等离子体物理学与受控聚变研究发展规划(初稿)》后，组织各研究室领导和课题组长进行了认真的审阅和讨论，形成了几点意见(图10.1)，并于8月15日上报中国科学院二局。审改意见汇总如下：

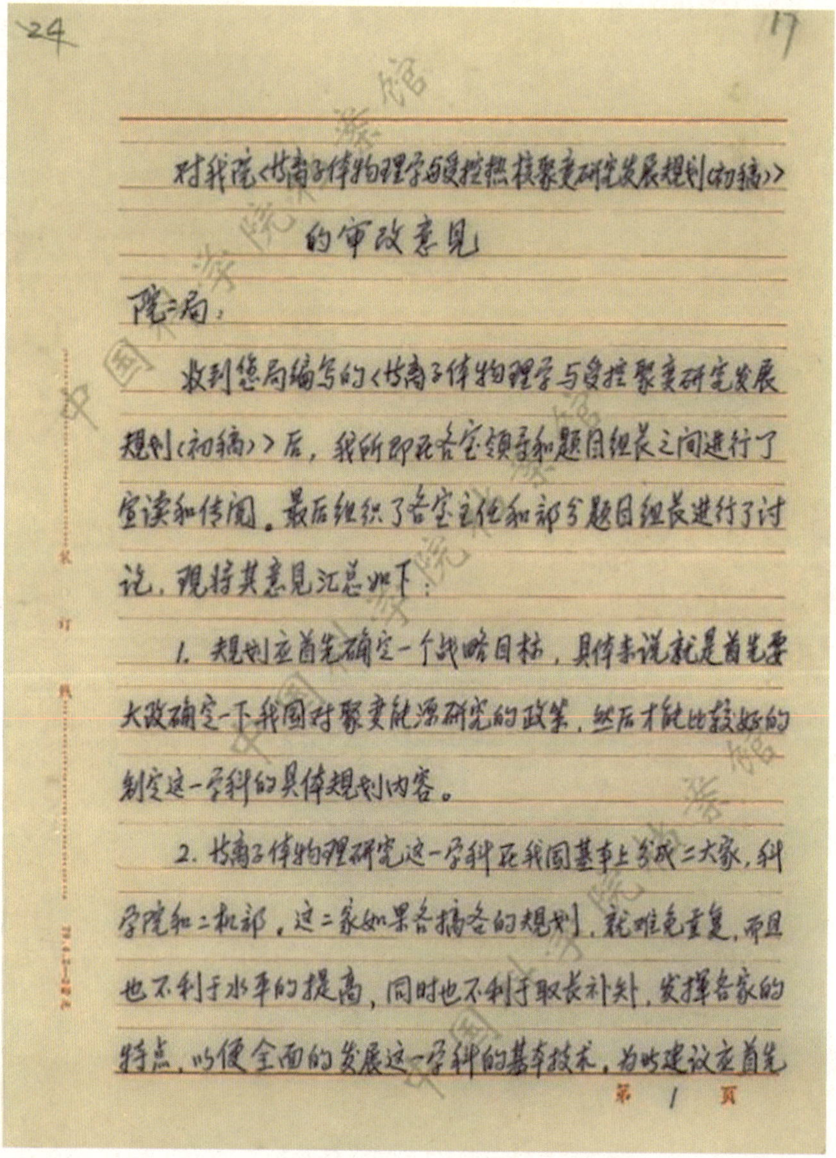

24

17

对我院《等离子体物理学与受控热核聚变研究发展规划(初稿)》

的审改意见

院二局：

收到您局编写的《等离子体物理学与受控聚变研究发展规划(初稿)》后，我所即在各室领导和题目组长之间进行了宣读和传阅。最后组织了各室主任和部分题目组长进行了讨论，现将其意见汇总如下：

1. 规划应首先确定一个战略目标，具体来说就是首先要大致确定一下我国对聚变能源研究的政策，然后才能比较好的制定这一学科的具体规划内容。

2. 等离子体物理研究这一学科在我国基本上分成二大家，科学院和二机部，这二家如果各搞各的规划，就难免重复，而且也不利于水平的提高，同时也不利于取长补短，发挥各家的特点，以便全面的发展这一学科的基本技术，为此建议应首先

第 1 页

图10.1 针对中国科学院二局《等离子体物理学与受控聚变研究发展规划(初稿)》的审改意见(部分内容)

（1）规划应首先确定一个战略目标，具体来说就是首先要大致确定一下我国对聚变能源研究的政策，然后才能比较好地制定这一学科的具体规划内容。

（2）等离子体物理研究这一学科在我国基本上分为两大家：科学院和二机部。这两家如果各搞各的规划，就难免重复，而且也不利于水平的提高，不利于取长补短，发挥各家的特点，以便全面地发展这一学科的基本技术。为此建议应首先有一个全国性的学科规划，然后再制定院的规划。或者是在制定了院的规划初稿以后，和二机部再统筹协商，拟定国家的这一学科规划，再反过来确定正式的院的规划。

（3）作为近十年，特别是近五年的规划，应明确其方针、目标到底是以学术上如何赶超，还是以培养人才为主。似乎近五年应以培养这样一支受控队伍：在学术上能做到对世界上受控领域的情况有所了解、掌握，做一些必要的基础技术工作更为现实。

（4）在物理工作方面很关键的是要有我们自己的物理思想，尽可能利用现有装置和条件做一些基本的物理实验工作，在此基础上才有可能提出建什么样的新装置。因之对后五年的规划，目前提不出什么具体意见。《规划》（草稿）中所提到的1982年要制成1 mm微波源，三年内建成一个中型托卡马克装置，建成“磁城”装置……条件无法落实。其中“磁城”计划还在与美国谈判中，能否谈成目前还不能确定。

建议即将成立的学部应专门组织一些人，做一定的调查分析，然后再来写规划。

（5）制定规划要量力而行，不要超出现实条件。一个规划制定以后，很重要的一条是要贯彻执行。根据中国科学院以往的情况，写在纸上的东西，往往由于不能满足需要的条件（基建、投资、人员）而不能实现。为此应引以为戒！同时制定的规划应认真体现到各所的年度计划中去，加以执行。

（6）所需外汇（特别是像等离子体所准备接收的美国ATC装置）应专项拨款。

现在看来，等离子体所在审改意见中对二局《规划》的意见和质疑，无疑反映了当时的科研环境是尊重实事求是和科学规律的。等离子体所也是站在国家的层面上，提出了具有战略眼光的建议。中国科学院二局的《规划》被等离子体所毫不客气地指为“纸上谈兵”，要“引以为戒”，这在当今的科研环境里几乎是不可能的，这也是值得我们深思的问题。科学研究离开了实事求是，偏离了科学规律，这不是做科学研究，必将会受到客观规律的惩罚。

随后在8月29日，中国科学院调整了1980年基本建设投资计划，恢复了对等离子体所的基建投资（表10.1）。这表明了等离子体所已经初步摆脱了八号工程停建危机，所提的未来等离子体所的发展方向和研究任务已经基本得到国家和中国科学院的认可。小太阳的种子没有被抛弃，而是落地发芽了。

表10.1　1980年基本建设投资调整计划表（等离子体所部分）

建设项目及单项工程名称	代号	建设分类	1980年基本建设计划			1980年基本建设调整后计划			备注
			建筑面积（m^2）	投资（万元）		建筑面积（m^2）	投资（万元）		
				合计	其中设备费		合计	其中设备费	
等离子体所	4141部		7820	447	314	8481	414.5	272.5	
（1）电源大厅		续建	6920	400	314	7581	320.2	227.4	
（2）冷冻机房		续建	600	13		600	8		
（3）水厂扩建		续建	300	20		300	0.5		
（4）室外工程		续建		10			5		
（5）机加车间		续建		4			45.1	45.1	
（6）8-6改造		续建					28.7		
（7）电机仓库		续建					3		
（8）实验大厅							4		

8月，时任中共中央政治局委员、国务委员方毅，全国人大常委会副委员长严济慈来等离子体所检查工作，并参观了八号装置模型。

9月，为了能提供脉冲强磁场极端条件，给托卡马克核聚变实验装置及其他电物理装置中的脉冲强磁场作技术准备，所学术委员会决定开题研究4×10^5 G脉冲磁体，计划四年内投入经费6万元进行研制。

10.2　中国科学院恢复对等离子体所的基建投资

到了1980年12月1日，中国科学院又对1980年基本建设投资计划进行了调整，大幅调整了电源大厅投资，增列了八号工程退货损失费（表10.2）。

表 10.2 1980年基本建设投资调整计划表(等离子体所部分)

建设项目及单项工程名称	代号	建设分类	1980年基本建设计划			1980年基本建设调整后计划			调整后财务拨款数(万元)
			建筑面积(m^2)	投资(万元)		建筑面积(m^2)	投资(万元)		
				合计	其中设备费		合计	其中设备费	
等离子体所	4141部		8481	414.5	272.5	8481	438.5		442
(1) 电源大厅		续建	7581	320.2	227.4	7581	230	174	
(2) 冷冻机房		续建	600	8		600	2		
(3) 水厂扩建		续建	300	0.5		300	0.5		
(4) 室外工程		续建		5			5		
(5) 机加车间		续建		45.1	45.1		45.1	45.1	
(6) 8-6改造		续建		28.7			28.7		
(7) 电机仓库		续建		3			3		
(8) 实验大厅				4			1		
(9) 退货损失费							123.2		

10.3 向中国科学院上报继续办好等离子体所的补充报告

1980年10月13日，等离子体所向中国科学院上报了《〈关于贯彻中央二号文件精神，八号装置停建后，继续办好合肥等离子体物理所的报告〉的补充报告》，补充说明如下：

(1) 关于等离子体所的科研方向、任务、具体研究领域与机构设置方面的意见仍按1979年8月4日向院上报的《中国科学院等离子体物理研究所建所计划任务书》中所提出的意见执行。

(2) 人员编制。鉴于八号工程停建，故对原建所任务书修改如下(图10.2)：

合肥等离子体物理所最终人员规模发展到650人。

其中：科研人员(大学毕业生和小部分中专毕业生)400人，实验室工人(包括部分实验员)70人，附属工厂工人100人，机关行政工人30人，行政人员及其他50人。

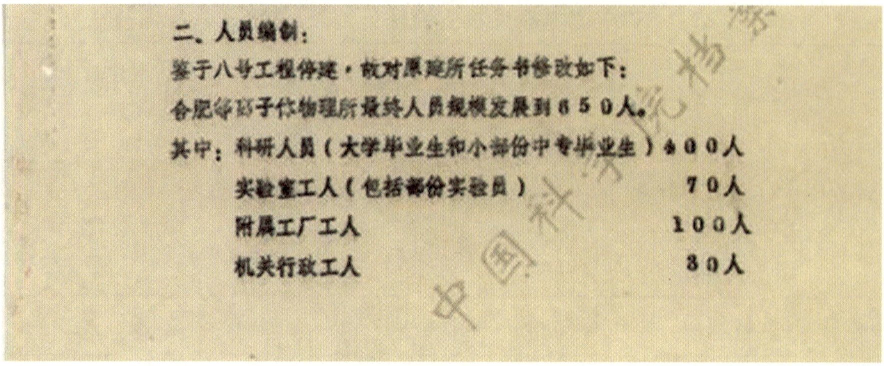
二、人员编制：
鉴于八号工程停建，故对原建所任务书修改如下：
合肥等离子体物理所最终人员规模发展到650人。
其中：科研人员（大学毕业生和小部份中专毕业生）400人
实验室工人（包括部份实验员） 70人
附属工厂工人 100人
机关行政工人 80人

中国科学院档案

图10.2　等离子体所对建所任务书进行修改(部分内容)

两个月后的12月12日，中共安徽省委常委会决定：施炳智同志任省建工局副局长、党委委员，免去其等离子体所党委书记职务。

进入1981年后，国家开始大幅压缩全国基建投资，但分配给中国科学院的基建投资仍维持1980年的水平。1981年3月11日，中国科学院发布了1981年基本建设计划，涉及等离子体所的如表10.3所示。

表10.3　中国科学院1981年基本建设计划表(等离子体所部分)

建设项目及单项工程名称	代号	建设分类	建设规模			1981年基本建设计划表			备注
			建筑面积(m^2)	投资(万元)		建筑面积(m^2)	投资(万元)		
				合计	其中设备费		合计	其中设备费	
等离子体所	4141部		10820	2296	1822	11597	472	174	
(1) 电源大厅		续建	6920	1281	1047	7581	427	174	设备见附表(即表10.4)
(2) 实验大厅		续建	3900	1015	775	4016	40		
(3) 室外工程		续建					5		

表10.4 等离子体所1981年设备清单

产品名称	生产厂	单位	数量	金额（万元）	备注
直流脉冲发电机	上海电机厂	台	1	124	四台电机还有124万元未付
快速合闸器	西安电器设备制造厂	台	10	15	
真空断路器、触发器	北京电器研究所	台	7	5	
大电机地脚螺钉	上海电机厂	只		3	
调度台	上海继电器厂	台	1	2	
蝶形弹簧	一机部第一重型机器厂	只	600	1.7	
图示器	一机部武汉计算机外部设备所	台	1	16.3	
电力变压器	合肥变压器厂	台	1	7	
合计				174	

为了深入研究托卡马克装置的中性注入加热，在原工作基础上，1981年1月，等离子体所开始研制改进型7 cm离子源，到1982年底，自主完成了设计和加工制造任务。首次采用了国外20世纪70年代后期的离子源技术，它是我国研制成功的第一台可供试验用强流脉冲离子源。除用于托卡马克装置中性注入加热研究外，还可用于物质的改性研究，为研制更大流强的离子源积累了丰富经验。此项成果获中国科学院科技成果二等奖。

1981年3月24日，中国科学院党组同意：刘曙同志任等离子体所临时党委书记，邵世举任副书记。5月15日，中国科学院免去了李吉士同志等离子体所副所长职务。

4月23日，中国科学院副院长华罗庚来到中国科学院合肥分院，考察了等离子体所，并参加了8-1实验大厅奠基仪式。

8月10日，合肥分院党组同意增补邱励俭同志为等离子体所临时党委委员。

关于等离子体所的基本建设情况，如1981年等离子体所区平面图（图10.3）和规划方案中附表所示（表10.5）。

所区平面图
Map of AS-IPP

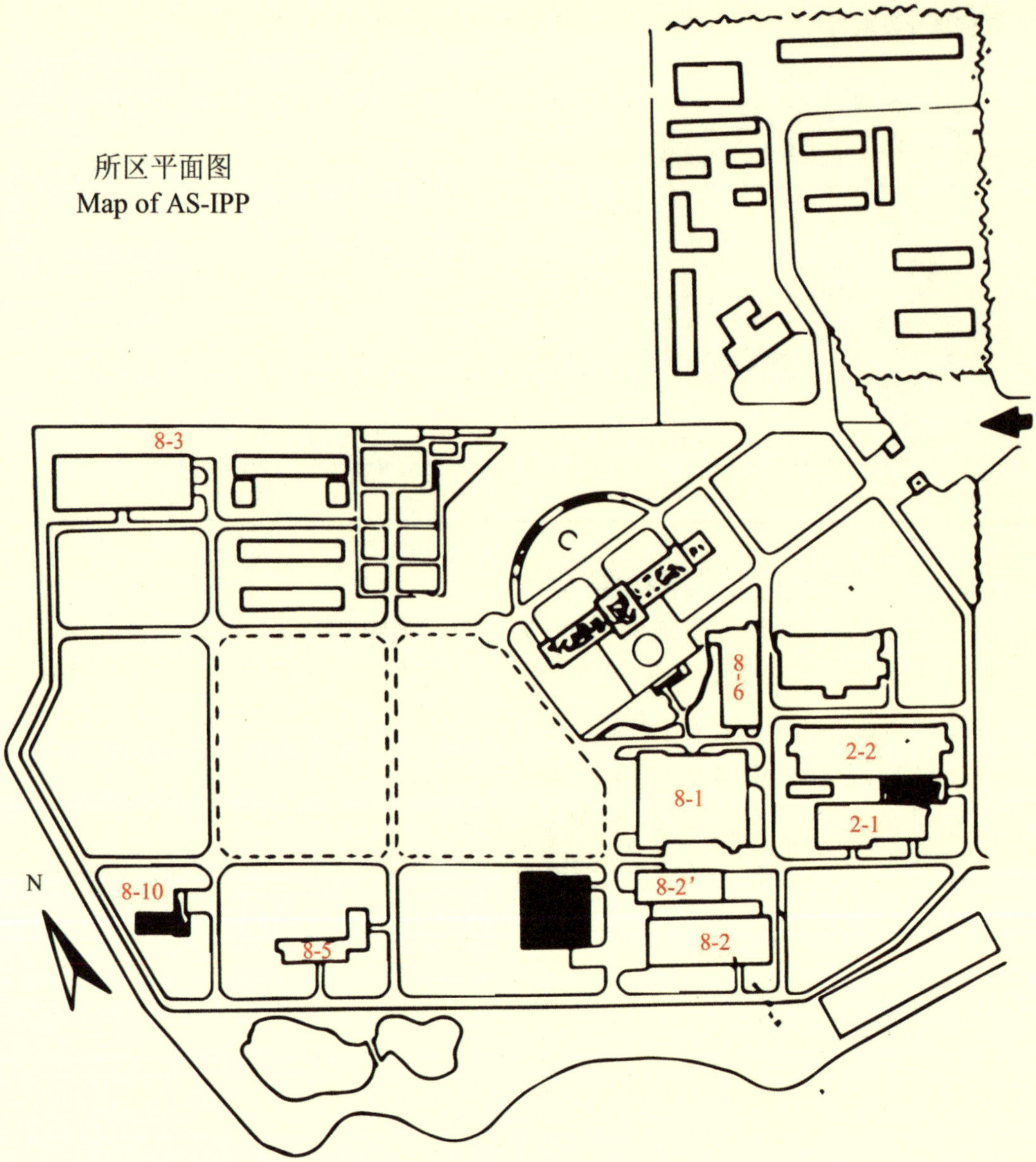

图 10.3 等离子体物理所区平面图

8-1 实验大厅;8-2 电机大厅;8-2’换流大厅;8-3 工厂;8-4 变电站和技术中心;8-5 循环冷却水供应站;8-6 波加热实验室;2-1 强功率电源实验室;2-2 实验大厅

表10.5 等离子体所1981年建筑物一览表

顺序	编号	名称	结构类型	层数	高度(m)	面积(m^2)			备注
						已建	在建	拟建	
1	2-1	电感实验厅	砖混	一、二	12.2	2703			
2	2-2	综合物理实验厅(1)	砖混	一、二	12.0	3275			
3	2-3	综合物理实验厅(2)	砖木	一	7.1	1850			现为分院电影院，以后等离子体所仍需要
4	2-4	二次加热电源厅	砖混	一、二	9	1500			
5	2-5	低温站	砖木(钢)	一	4.7	200			暂空
6	2-6	锅炉房	砖混	一	7.95	300			(固体所界内)暂定
7	8-1	实验大厅	铨排架	一、三	21.3		4016.5		
8	8-2	电源大厅	铨排架	一、三	26.36		5340		其中包括换流厅630 m^2
9	8-3								原编工号暂保留
10	8-4	整流厅	铨排架	三	13.8		2241		
11	8-5	去离子水制备	砖混	一	4.5			300	
12	8-6								原编工号暂保留
13	8-7	水泵房	砖混	一	3.6			30	
14	8-8	冷冻站	砖混	一	6.9		677		
15	4#楼	办公实验大楼	砖混	五、六、七	28.5	10884			
16		图书资料馆	砖混	一、二	9			1000	
17	厂-1	大机加车间	铨排架	一	16.19	2441	714		原编号为8-3
18	厂-2	电加工车间	砖混	一	4.5	1200			原基建仓库改建
19	厂-3	铆焊车间	砖混	一	5.4	720			原电机仓库改建
20	厂-4	综合工艺加工车间	铨排架	一	12			2500	
21	厂-5	锅炉房	砖混	一	8			300	

续表

顺序	编号	名称	结构类型	层数	高度(m)	面积(m^2)			备注
						已建	在建	拟建	
22	4#食堂	食堂	砖木	一		698			
23	舍-1	楼房宿舍	砖混	三		700			
24	舍-2	平房宿舍	砖木	一		346			
25	舍-3	平房宿舍	砖木	一		346			
26	库-1	器材仓库	砖木(钢)	一		1120			
27	库-2	行政仓库	砖木(钢)	一		652			
28	库-3	汽车库	砖木(钢)	一				760	
29	库-4	油库及危险品库	砖混	一	5			250	
30	3-2	电源实验室	砖混	一		1000			不在图示范围内
累计						29935	12988.5	5140	

1981年10月5日,中国科学院对1981年基本建设投资计划进行了调整,涉及等离子体所的内容如表10.6所示。投资面积几乎没有变动,设备投资略有增加。

1981年10月7日,中国科学院同意成立中共等离子体物理研究所委员会,并报安徽省委审批。11月16日,安徽省委同意等离子体所临时党委改为正式党委,党委会由刘曙、邵世举、李凤楼、邱励俭、崔章吉五同志组成,刘曙同志任书记,邵世举任副书记。

1981年10月21日,中国科学院同意霍裕平同志任等离子体所副所长。

表10.6 中国科学院1981年基本建设调整计划表(等离子体所部分)

建设项目及单项工程名称	代号	建设分类	1981年基本建设计划			1981年基本建设调整计划			备注
			建筑面积(m^2)	投资(万元)		建筑面积(m^2)	投资(万元)		
				合计	其中设备费		合计	其中设备费	
等离子体所	4141部		11597	472	174	11594	441	190	设备明细见附表(即表10.7)
(1) 电源大厅		续建	7581	427	174	7581	359	174	
(2) 实验大厅		新建	4016	40		4013	76	16	
(3) 室外工程		续建		5			6		

表 10.7　等离子体所 1981 年设备调整清单

产品名称	生产厂	单位	数量	金额(万元)	备注
直流脉冲发电机	上海电机厂	台	1	114	
快速合闸器	西安电器设备制造厂	台	10	10	
大电机地脚螺钉	上海电机厂	套	1	9	
调度台	上海继电器厂	台	1	1	
蝶形弹簧	一机部第一重型机器厂	只	600	1.4	
图示器	一机部武汉计算机外部设备所	台	1	16	
电力变压器	合肥变压器厂	台	3	10	
高压开关柜	合肥、上海、苏州开关厂	套/面	1/23 面	18	
少油断路器、电压电流互感器	合肥、上海、苏州开关厂	台	16	10.6	
合计				190	

10.4　等离子体所科学事业发展规划

1981 年 10 月 27 日，等离子体所制定了《1982—1986 年科学事业发展规划》(所发(81)51 号)。根据科学院“侧重基础，侧重提高，为国民经济和国防建设服务”的工作方针，决定研究所以实现核聚变过程中的高温等离子体为研究方向，主要集中研究磁约束途径，并制定了科研任务、人才培养方面的五年奋斗目标。后来几十年的实践证明，这一发展规划是完全正确的，得到了全面的实现。

同年 12 月，等离子体所主办了“小型磁约束核聚变实验装置讨论会”，会上发表相关论文 53 篇，其中等离子体所占 22 篇。

1982 年 1 月 3 日，等离子体所发布了《积极贯彻调整方针，促进建所和科研工作稳步发展》的报告，对等离子体所成立以来所做的工作作了很好的反省和总结，对研究所未来的发展作了进一步的规划。报告分为基本情况、指导思想与做法、取得的成绩、经验教训、今后的打算等五个部分。

1. 基本情况

等离子体所是 1978 年 9 月在原安徽光机所受控站的基础上成立的，目前已拥有房屋面积 35000 m^2(在建 11600 m^2)，仪器、设备 3000 万元，职工 475 人

（其中科技人员309人）。

等离子体所的各项工作都是以八号工程的研制、设计、建造和物理实验、诊断手段的准备为中心的。1975年提出八号受控核聚变试验装置的物理设计，经中国科学院组织的认证会审定通过。1976年，国家计委批准了工程建设计划任务书（投资4000万元，其中事业费支付1500万元）。1977年，中国科学院批准了扩大初步设计（投资5700万元，其中事业费支付1800万元）。1978年，土建工程开始施工，国家计委安排了设备成套计401项、800万元；一机部主持非标排产会议，与全国16个省市50个工厂签订了97项、7700万元的产品合同。所有这些导致了实际需要的投资已大大超过了批准数额，初步核算建成八号工程要1.2亿元，而国家计委只认3900万元，差8000万元资金无来源。1979年，中央提出对国民经济进行调整的方针，此时在院内、院外甚至所内，有很多人对建设八号工程有异议。对其应该“上”还是应该“下”争论不休，甚至五届人大还有两条质疑的提案。我们处于合同已签订、部分设备已到货和开始投产、厂方来人来电催货款、土建工程处于计划迟迟不定而施工力量撤走，工作陷于半停顿的局面。

1980年2月中央二号文件下达后，院领导来等离子体所传达了中央精神，召开了座谈会，明确了调整原则和今后科研的方向、任务，等离子体所开始进入一个从研制大工程项目到多途径探索等离子体物理中小装置和研制、设计、加工电物理装备的大转折。

2. 指导思想与做法

中央关于调整八号工程的文件下达后，等离子体所经过认真讨论，认识到从长远观点看，研究核聚变、探索新能源是必要的，但在20世纪70年代，我们自行设计和研制八号工程，无论从国家财力、工业基础，还是我们自身技术水平、客观条件来讲都是有困难的。现在回过头来看，我们当时因受国家冒进形势的影响，提出不切实际的赶超世界水平的目标是高了，步子太快了，不符合由小到大、由低到高、由易到难的科研规律，缺乏扎实的基础理论研究和充分的制造工艺准备。因此，我们只能完成八号工程的技术设计，很难短时间内完成加工制造任务，因而必须实行调整，从以工程建设为中心转向以基础研究为中心，具体调整措施如下：

（1）科研方面：

第一，统一思想，明确认识，积极主动地贯彻调整方针。八号装置停建这一巨大转折造成的变化，引起了全所各个方面强烈的波动，当时就有50名中级以上科研人员打报告要求调走。在这种情况下，院里派工作组来所帮助所党委、所领导一班人在思想、观点、立场上统一到党的方针、路线上来。领导思想统一了，有了信心，进一步去组织动员群众，召开各种类型座谈会，讲形势、讲个人前途及所与国家前途的关系，发动大家群策群力、同舟共济，一同想办法找出路。这样，认识明确了，思想统一了，对前途就有信心了。

第二，为了适应等离子体所工作对象的转换，我们调整了机构和人员的编制。强化了业务处室，增建了研究室，明确了各室的科研方向与部门的分工职责，将一批科技人员提拔到领导岗位，进一步调动了科技人员的积极性。

第三，审查、调整课题，安排全年任务与计划。我们组织业务骨干对国内外受控核聚变及等离子体物理的现状和发展趋势进行了广泛的调查，对照所的具体条件确定了新课题，审查和调整了老课题。带有方向性的重大课题都提交学术委员会讨论审查。最后以计划方式，安排了全年的科研课题与任务（1980年56项，1981年58项），对各个课题的内容、要求、指标、完成形式以及所要求的条件、经费等均作了明确的规定和落实，并以此作为考核、鉴定的依据。这样明确了等离子体所绝大多数同志的工作任务，稳定了人心，也有力地促进了“五定”工作的进行。

第四，加强科研管理，试行课题核算。我们逐步建立和修订了一些科技管理制度，根据院文件精神试行课题核算，规定具体实施细则。这两年来，等离子体所科研工作基本走上了正常轨道，形成了稳定的工作局面。

第五，领导亲自抓重点课题任务。将综合性强、涉及面广的重大课题任务确定为所的重点（1980年4项，1981年6项），由两位副所长亲自负责协调，组织各室之间协作，器材、基建、加工等各方面都给予优先保证。如HT-6装置的改进就是以六室为主，各室协作、支援建成的。八室为支援六室，调整了本室原定计划，在室主任的带领下，出色地完成了真空系统的调试、液氮供应质谱仪调试和诊断任务。工厂将重点任务的部件加工列到第一位。所有这些，保证了重点课题和任务都取得了较好成绩。

第六，重视八号工程技术资料善后清理和归档工作。八号装置停建后，为了不使几年来工作积累的资料、数据、图纸散失，所里指派专人负责配合设计人员对工程的调研报告、方案计算书、设计资料、图纸进行整理汇编归档。对尚未完成的工作，安排了时间继续完成后归档。迄今为止，共有归档材料156册、底图1494张、档案资料38册。

第七，组建、充实器材队伍。等离子体所自1979年从安徽光机所分出后，三年来，在人员新、条件差的情况下，接收、清理、调剂八号工程的设备、材料，清仓核资工作一次验收合格,为保证科研和基建的需要发挥了重要作用。我们采取基建、科研一套人马、两本账、分库管的办法,具有人员少、占库面积少、便于调剂和工程结束后不存在人员重新安排的优点。

(2) 基本建设方面:

第一,根据中央文件精神,对八号工程的规模作了大幅度的调整,削掉了工程主体“托卡马克”装置、220 kV 输电线路、中性束注入加热系统等主体项目,保留了工厂、电源系统、实验大厅等项目。这样就减少了实际需要投资的四分之三。我们的调整方案已由院报国家计委备案。

第二,撤销合同、清理遗留问题。八号工程的成套与非标设备已与全国15个省市、50个工厂签订497项总价8500万元的合同,涉及单位多,投资额大,突然来个急刹车,这是一项艰难的工作。通过等离子体所经办人员积极主动想办法,克服种种困难,在一机部一办、院物资局和银行的支持下,经过一年多的努力,终于收了这个大摊子,把索赔额由150万元降到13万元。

3. 取得的成绩

第一,建成HT-6小型“托卡马克”装置,并正常稳定地运行。目前已进行3万多次放电,取得了一定数量的实验数据。经调试,已达到如下设计指标:等离子体电流15000 A,电子密度1×10^{13} cm^{-3},电子温度1×10^{6} ℃,等离子体维持时间10 ms。在此基础上,进行了真空清洗、杂质成分分析、等离子体平衡稳定等方面的初步物理实验,并取得了一些数据。为等离子体所进行等离子体物理方面的研究提供了条件。

第二,建立了一些高温等离子体诊断手段。由于HT-6装置调出了等离子体,所以几年来研制、组装的各种诊断仪器、设备,都能上装置进行调试,并测得数据,取得了较好的结果。

(1) 测定等离子体电源、电压、位移、宏观形态和能量状态的有:电磁探计、关联探针、位移探针、逆磁测量等诊断手段,它们都能稳定、正确地工作。

(2) 测定杂质成分及其时间-空间分布的有:紫外光-可见光光度计、时空分辨光谱仪、真空紫外光谱仪、多色测温仪、质谱分析等诊断仪器及手段,均取得了实验数据。

(3) 测定等离子体电子密度的4 mm微波干涉仪和氢化氰远红外激光干涉仪都已建成,在装置上测得实验数据。氢化氰远红外激光干涉仪是等离子体所自行设计、加工制造的具有先进水平的仪器。

(4) 其他:粒子和射线测量、测定电子温度的红宝石激光散射仪、测定温度分布的电子回旋辐射测量等诊断手段，也取得了较好的进展。

第三，初步具备加工制造能力。等离子体所工厂经过三年的建设，目前已初步形成生产能力，现有厂房面积3360 m^2、机床设备100台（其中大型机床9台）、工人55人（平均职级4.2级）。具有金属切割加工、钣金、焊接（电阻焊、弧焊、氩弧焊、气焊）、玻璃加工、线圈加工等加工能力。1981年加工的超高真空容器，本底真空达到4×10^{-9} Torr，并完成了大量科研零星加工任务。改变了过去靠外单位加工、交货期晚、拖科研后腿的状态，大大节约了外加工费用。如25 A离子源头外加工一只要10万元，而我们用6万元买了一台坐标镗床，只用了一个月的时间就加工出来了。

第四，支援兄弟单位进行实验装置的设计工作。1980年根据中国科学院指示，等离子体所派出19人（工程师16人）支援兰州近代物理所7611工程，用了三个月时间完成了13项设计任务和课题。1981年4月，又派出23人（工程师20人），支援中国科学技术大学电子辐射同步加速器工程设计准备工作。

第五，开展了学术活动。由核聚变与等离子体物理学会主持的“小型磁约束核聚变实验装置学术讨论会”在合肥召开，等离子体所有16人在会上作了报告。各研究室共写论文、实验报告、总结等250篇左右，其中50篇实验报告、总结提交至所学术委员会讨论，20篇在各种期刊上发表。

4. 经验教训

第一，采取“转”的方针，经实践证明是正确的。1978年，在全国普遍追求高指标、高速度的形势下，等离子体所为了彻底解决能源问题，采取抢时间、赶超外国科学技术的指导思想，一时出现了上马大干、一下子铺开大摊子的局面。不久，我们发现了这严重脱离我国经济实力，即资金无来源、技术准备不充分的问题。随后，又走向另一个极端，刮起了一股强烈要求“八号工程”下马的台风。这时，如果采取一刀砍下马方针，则必然导致大量材料、设备积压，基建半途而废，刚刚集中起来的科技队伍又要散掉，会给国家带来很大的损失。在这极度混乱的时刻，我们及时采取“转”的方针，避免了损失，使以往的投入发挥了作用。更重要的是，救活了一个濒临绝境的研究所。

第二，关键时刻，领导给予了有力的支持。八号工程“上”“下”之争，从1979年上半年开始到1980年2月中央下达文件为止，持续了一年之久。院内、外和社会上众说纷纭，争论是激烈的，舆论压力也很大。但是领导的指示始终十分明确：“过去好多项目，一哄而上，齐头并进，当然不对；但是，一说调整，又一哄而下，这也不对。一定要做全面分析，调整要积极而又慎重、稳妥进行。”领导又说:"不能简单地认为,调整就是下,发展就是上。调整应该有上有下,进退有序。"这就是领导向我们在基层工作的人交了底,指导思想明确了,干起工作来信心就足了,工作办法也就有了。

中央二号文件下达后,中国科学院领导及时来等离子体所代表党组明确了等离子体所今后的科研方向、任务,院专业局领导来所帮助党委一班人统一认识、研究措施等,这都是对等离子体所工作的最大支持。

第三,对组织建设大型科研工程的几点体会:

(1)严格按照基建程序办事是掌握建设主动权的关键,这一点我们深有教训。八号工程总的来讲是按基建程序走的,但由于在"抢时间""赶班车"的思想指导下,在设计未完成前就订购材料、设备,造成积压情况,给以后善后工作带来了很多困难。

(2)一个项目一旦上马,就要稳定不变,连续建设。在计划上一次安排,分年实施。

(3)在进行施工的同时,就应落实水、电、燃料、特种材料、运输条件以及运行、维修人员队伍的组建、培训。

(4)实行工程技术责任制。搞工程是由各种专业的人有组织的集体劳动,应按工程系统、分系统设总工程师、主任工程师、专责工程师,并明确职责,才能使工程进行得有效、准确。

(5)对工程技术人员的考核,应符合技术工作的特点,不应强调论文、外语,应以他们在工程中承担的责任轻重,组织能力的大小,工作量的多少,设计、加工水平的高低来衡量。如一个大型工程的总工程师,就应该是高级工程师。

第四,大型科研工程项目要组织联合协作。大型工程项目具有学科综合性强、技术涉及面广、工程规模大、投资多等特点,往往一个单位是无力承担的。过去科学院搞大型项目都是从筹备组织工程技术力量(设计、加工)开始,多用了资金,拖长了时间,而等工程结束时,这批力量又不好安排。现在院属几个单位(高能所、近物所、原子核所、等离子体所)已具备了一批较强的技术研究设计力量与加工条件,但彼此间存在设备、技术专业重复问题,相反又缺少某些专业,各干各的没有联系。建议由院出面把这些单位联合起来,进行专业分工,发展各有侧重,进行大型项目协作。这样能加快工程建设进度,也有利于工程技术力量的稳定和成长。

5. 今后的打算

等离子体所的各项工作在院、分院的领导下,近两年来进度较为明显,取得了一些成绩。但这仅仅是克服了一些困难，向前迈出的第一步，与上级的要求及与“老所”相比，差距还很大，存在问题不少，尚需取得各方面的支持，继续努力工作。我们初步打算再用三到四年时间，争取达到以下目标：

（以下原始文件字迹不清，暂略）

1982年初，等离子体所开始对HT-6进行进一步改建，去掉铜壳，在本所工厂重绕纵场线圈，加工新真空室，定名为HT-6A。1983年改名为HT-6B继续实验，取得了丰硕的成果。掌握了这类装置平衡试调的方法，得到了参数较高、适合实验研究的靶等离子体，实现了动态状况下用反馈平衡控制等离子体位形及利用充气调整等离子体密度的调试技术。使等离子体电流达到40 kA，放电持续时间达27 ms，电子温度达230 eV，离子温度达80 eV等。掌握了热核真空、电容器电源回路等聚变装置关键技术，在装置上成功运用了19种常规诊断技术，其中“利用外加螺旋场对撕裂膜的影响实验”获中国科学院科技进步一等奖。HT-6B改建和实验的成功为HT-6M中型装置的建造和运行提供了宝贵的经验，是一个独具特色的小型实验装置。

与此同时，等离子体所开展了15 cm双潘宁离子源的研制，经过几年的艰苦攻关，实现了在20 kV左右引出离子流强达到25 A。

1982年4月，中国科学院下达1982年固定资产投资计划表，关于等离子体所部分如表10.8所示。

表10.8　中国科学院1982年固定资产投资计划表（等离子体所部分）

建设项目及单项工程名称	代号	建设分类	建设规模			1982年计划			备注
			建筑面积（m^2）	投资（万元）		建筑面积（m^2）	投资（万元）		
				合计	其中设备费		合计	其中设备费	
等离子体所	4141部					12571	338.7	65.5	
（1）电源大厅		续建				7581	195.5	65.5	
（2）实验大厅		续建				4013	110		
（3）室外工程		续建					25		
（4）冷却系统		新建				677	6.2		
（5）锅炉房		新建				300	1		
（6）6-8改建							1		

华罗庚副院长参加实验大厅奠基仪式

等离子体所实验大厅奠基仪式现场

HT-6B托卡马克装置(1983年)

11 建八号工程“五定方案”

11.1 “五定”方案上报中国科学院审核

根据国家计委《关于编制“六五”基本建设计划的补充通知》精神，对大中型项目（即从“六五”计划期转入“六五”建设的项目），要求进行一次清理，并实行“五定”，即定建设规模、定总投资、定建设周期、定投资效益、定外部协作条件。等离子体所于1982年6月编制了《等离子体物理所基建（八号工程）“五定”方案》，合肥分院6月中旬进行了初审，并于7月8日上报中国科学院审核。主要内容如下：

1. 核定建设规模

根据中央二号文件精神，本工程建设规模调整方案如下：

（1）总投资由原批准的5741万元，调整压缩为只保留基建费3000万元。取消托卡马克八号装置主机本体及二次加热抽、充气和诊断等系统；取消110 km 220 kV专用输电线路，计910万元的项目及投资；取消事业费支付的工艺设备费1381万元投资。

（2）建设项目由扩初批准的9个子项调整为8个子项。总建筑面积由批准的15800 m^2，调整为18998 m^2，即增加新建面积3198 m^2（其中由院增补冷冻站、锅炉房两个项目计900 m^2，设计图纸增加为2298 m^2），改建面积由批准的3800 m^2，调整为1500 m^2，即减少2300 m^2（表11.1）。其中：

表11.1 工程项目及面积调整表

单项工程名称	设计面积（m^2）	建筑面积调整项目		
		扩初批准面积（m^2）	院增补项目（m^2）	设计图纸增减面积（m^2）
合　计	新建18998，改建1500	新建15800，改建3800	900	新建增加2298，改建减少2300
8-1实验大厅	4016	3655		361
8-2电源大厅	7581	5657		1924
8-3机加车间	2441	2282		159
8-5水处理系统 冷冻站 去离子水制备	804	300	600	−96
8-6、2-4改建	1500	3800		−2300
8-8宿舍	3636	3906		−270
8-9室外工程	120			120
8-10锅炉房	400		300	100

① 主机大厅：因八号装置停建，改为通用性实验大厅，面积为4016 m^2。

② 电源大厅：7581 m^2。

③ 机加车间：2441 m^2。

④ 水厂不再扩建，并将去离子水制备和冷冻站合并为水处理系统，面积为804 m^2。

⑤ 宿舍：3636 m^2。

⑥ 锅炉房：为院1982年度下达计划增补项目，设计面积为400 m^2。

⑦ 室外工程：120 m^2（泵房60 m^2，门卫、传达室60 m^2）。

⑧ 2-4改建：1500 m^2。

2. 核定总投资

单项工程投资调整如表11.2所示。

表11.2 单项工程投资调整表

单项工程名称	投资调整预算（万元）			扩初批准投资（万元）			投资增减情况（万元）	建安费施工预算
	合计	建安费	设备费	合计	建安费	设备费		
总计	3000	1227	1773	3000	737	2263	0	
8-1实验大厅	613	255	358	862	87	775	−249	
8-2电源大厅	1510	536	974	1236	189	1047	274	
8-3机加车间	399	88	311	165	42	123	234	
8-5水处理系统				20（水厂）		20	−20	
冷冻站	90	30	60				90	
去离子水制备	70	30	40	50		50	20	
8-6、2-4改建	30	30		288	40	248	−258	
8-8宿舍	56	56		29	29		27	
8-9室外工程	186	186		350	350		−164	
8-10锅炉房	46	16	30				46	

（1）实验大厅：613万元。其中设备费358万元；建安费255万元（土建预算186万元，安装预算64万元，土方费5万元）。

（2）电源大厅：1510万元。其中设备费974万元；建安费536万元（土建预算367万元，土方费6万元，安装预算140万元，调试费23万元）。

（3）机加车间：399万元。其中设备费311万元，建安费88万元（工程已决算）。

（4）水处理系统：160万元。其中设备费100万元（根据设计图纸及订货价格),建安费60万元(冷冻站30万元,去离子水制备30万元)。

(5) 2-4改建:建安费30万元。

(6) 宿舍:建安费56万元(工程已决算)。

(7) 室外工程:186万元。

(8) 锅炉房:46万元。其中设备费30万元,建安费16万元。

3. 建设工期

本工程已建成投入使用的有8-3机加车间(1980年底竣工)、宿舍(1979年底竣工)两个子项,合计竣工面积为6077 m^2,占工程总面积的32%。

1982年继续在建的工程有8-1实验大厅、8-2电源大厅、8-5水处理系统(冷冻站)三个子项,合计在建面积为12401 m^2,占工程总面积的65%。

根据施工单位编制的施工组织方案及现场施工计划,工程进度计划如下:

(1) 1982年底,电源大厅土建全部交工,设备进行全面安装,脉冲发电机组单机空载转动。

(2) 1983年,一季度实验大厅竣工。电源大厅进行机组单机调试,到1983年底机组进行联动试车。其他附属工程也相应在1983年底建成。

(3) 1984年,进行发电机组负载调试、工程扫尾工作,在下半年提请主管部门进行竣工验收工作。

4. 投资效益

本工程作为建所基础条件,建成后将成为国内进行受控热核聚变反应研究的重要基地之一,并使等离子体所成为具有一定特色的从事高温等离子体物理研究的科研单位。其具体效益是:

(1) 工程建成后可提供80000 kV脉冲功率的能源,形成6×10^6 J电容器组的储能电源。

(2) 可提供从事中小型磁约束核聚变装置的实验研究条件,在近五年内由所科研事业费开支,将开展几个小装置的物理实验研究。1983年底实验大厅内HT-6M装置建成,可开展等离子体加热(中性注入和波加热)、高β值时平衡和稳定、高温等离子体输运过程杂质来源和抑制、诊断技术等方面的科研工作;1982—1986年,将建立HDCT非圆截面形态的托卡马克装置;同时开展非托卡马克新型的磁约束聚变装置研究,如MPT-X多极器、Surmac串激磁镜等。聚变装置建设和实施计划如下:

① 1981年已建成HT-6小型"托卡马克"装置,并已投入正常稳定运行,装置规模及实验数据:

大环半径：R=45 cm。

小环半径：a=10 cm。

纵场强度：B_t=10000 G

等离子体电流：I_P=37 kA（q=3）。

等离子体维持时间：T_P=10 ms。

电子密度：$n_e=1\times10^{13}\ cm^{-3}$。

电子温度：T_e=100 eV。

1984年前继续在HT-6装置上进行物理实验，着重掌握低q条件下平衡稳定的调试和杂质过程的分析及控制。

② 1983年建成HT-6M小型托卡马克型聚变实验装置，投入运行，调试到相当于451装置的等离子体参数，着重进行二次加热实验，将等离子体温度加热到1×10^7 ℃，形成比较完整的加热结果并研究加热后的等离子体行为。HT-6M参数如下：

大环半径：R=65 cm。

小环半径：a=20 cm。

纵场强度：B_t=15000 G。

等离子体电流：I_P=150 kA（q=3）。

放电时间：T_P=100 ms。

电子温度：T_e（最高）=600 eV；

T_e（加热后）=800～1000 eV。

电子密度：$n_e=1\times10^{14}\ cm^{-3}$。

能量约束时间：τ_E=30 ms。

③ 1982—1986年研制成HDCT托卡马克型聚变实验装置，着重解决非圆截面、绝缘压缩和杂质控制等工程和物理问题，形成有自己特色的物理实验结果。HDCT参数如下：

大环半径：R=1.25 m。

小环半径：长轴a=30 cm，短轴b=（2～2.5）a。

等离子体电流：I_P=0.7～0.9 MA。

④ 有重点地开展非托卡马克型的磁约束聚变装置研究，建成2～3个小型装置，如表面马克、串激磁镜等。

已建或待建小型磁约束核聚变实验装置如表11.3所示。

表 11.3　已建和待建小型装置参数一览表

序号	装置名称	主要工程参数	主要物理参数	物理实验目标	建成时间
1	HT-6	$R=45$cm $a=10$cm $B_t=10000$ G	$I_P=37$ kA $T_P=10$ ms $T_e=100$ eV $n_e=1\times10^{13}$ cm^{-3}	平衡稳定调试,真空清洗及脉冲充气,破裂不稳定性控制试验	1981年
2	HT-6M	$R=65$ cm $a=20$ cm $B_t=15000$ G	$I_P=150$ kA $T_P=100$ ms $T_e=600$ eV 加热后 $T_e=800\sim1000$ eV $n_e=1\times10^{14}$ cm^{-3} $\tau_E=30$ ms	等离子体加热(中性注入和波加热)高β值时平衡和稳定,高温等离子体输运过程杂质来源和抑制、诊断技术	1983年(在建)
3	HDCT	$R=1.25$ m a(长轴)$=30$ cm b(短轴)$=(2\sim2.5)\ a$	$I_P=0.7\sim0.9$ MA	非圆截面、绝热压缩和杂质控制	1982—1986年
4	MPT-X	$R=40$ cm $a\approx8$ cm $B_t=10000$ G 多极器为八极场	$I_P=60$ kA 粒子约束时间:10 ms	托卡马克运行状态向多极器准稳态运行的过渡	1982年

(3) 在工程技术方面可提供开展强磁场、超高真空技术、大功率脉冲能源、低温超导及低温技术等方面的实验条件和手段。

(4) 利用所现有技术力量和已建成的工厂条件,可承担电物理装置方面的研制、设计和加工制造任务。

5. 外部协作条件

工程建成投入使用,所需要的外部协作条件主要是动力系统,即电源和水源两个方面。

(1) 电源系统:工程总计负荷为5500 kVA,电源来自合肥电厂,为了经济合理开展供电布局,减少冲击负荷对电网波动,经报中国科学院计划局、分院研究,并经合肥市供电局同意,拟将董铺原35 kV变电所由东区迁移至西区负荷中心,原变电所作为全岛常规配电设施,董铺负荷总容量不变,装机容量为8000 kVA,采用两台主变压器。

(2) 水源:

生活用水:60 t/h。

科研工艺用水:

循环冷却水系统(1000 t/h),补充水36 t/h。

循环冷冻水系统(320 t/h),补充水6 t/h。

循环去离子水系统(30 t/h),补充水6 t/h。

三项补充水合计48 t/h(系生产用水不需消毒处理)。

本所不建水源水厂,由分院水厂供水,为保证在实验期间供水的连续可靠性,工艺补充用的生产用水部分,拟建一个室外清水池作为储备水源。

(3) 本所内部采暖采用集中供热方案,总计需要6×10^6 kcal/h热量,新建6×10^6 kcal/h热水锅炉房一个,原分散小锅炉房逐步取消。

新建冷冻站可提供6 ℃冷冻水,生产量为400 t/h,供给实验装置循环冷却系统及实验室空调系统。

“五定”报告上报后,首先是合肥市供电局反应迅速,不到一个月,就同意变电所由东区迁往西区负荷中心,同意总容量扩为8000 kVA。

为了进行多途径探索,在研究托卡马克类型装置的同时,1982年7月,等离子体所开始进行磁镜的研究,建造了一个简单的轴对称磁镜,在实验上进行了热电子等离子体的加热、平衡、稳定性等问题的研究,在理论上对热电子等离子体的交换膜、漂移波、低杂漂移、离子漂移回旋等问题进行了分析,形成研究论文30多篇,其中十多篇在国内主要杂志和国际有关会议上发表。

1982年10月,中国科学院调整了1982年固定资产投资计划,将等离子体所冷却系统建筑面积扩大804 m²,锅炉房扩大到400 m²(表11.4)。

表11.4 1982年固定资产投资调整计划表(等离子体所部分)

建设项目及单项工程名称	代号	建设分类	1982年计划 建筑面积(m²)	1982年计划 投资(万元) 合计	1982年计划 投资(万元) 其中设备费	1982年调整计划 建筑面积(m²)	1982年调整计划 投资(万元) 合计	1982年调整计划 投资(万元) 其中设备费	备注
等离子体所	4141部		12571	338.7	65.5	12798	594	51.5	
(1) 电源大厅		续建	7581	195.5	65.5	7581	339	39	
(2) 实验大厅		续建	4013	110		4013	190	1.5	
(3) 室外工程		续建		25			40		
(4) 冷却系统		新建	677	6.2		804	21	11	
(5) 锅炉房		新建	300	1		400	2		
(6) 6-8改建				1			2		

1982年11月15日，等离子体所基于在八号工程建设中已具备的电源、水冷和低温大型设备条件，以及八号工程中对强磁场现象的研究成果，以〔所发(82)72号〕文件上报中国科学院申请在等离子体所建立强磁场实验室，填补了我国在这一科学领域里的空白。11月20日，等离子体所以〔所发(82)75号〕文件向中国科学院呈送报告要求建立波加热实验室。该报告指出：波加热实验研究是磁约束类型受控热核聚变实验装置的重要加热手段之一，等离子体所已形成了一支波加热基础实验研究及工程技术队伍，开展了波加热机理及实验研究，工程技术筹备已初具规模。为促进波加热研究工作的开展，适时为HT-6M装置提供加热手段，拟单独建立波加热研究室。

1983年1月26日，所党委以〔所党字(83)02号〕文件决定成立波加热研究室(第十研究室)。研究室成立后，立即开展了离子回旋共振加热的研究，并开始筹建1 MW离子回旋共振发射机，未来建成后将在HT-6M装置上进行加热实验。

低杂波电流驱动研究是波加热研究室的又一重大课题，该课题已建成功率为30 kW的微波源及环行器、功率分致器、波导阵天线。1986年开始在HT-6M装置上进行电流驱动实验，得到驱动效率达0.5 kA/kW的重要成果，达到国际水平。

为了确保实验装置和仪器在夏季正常工作，等离子体所在1983年初开始动工兴建制冷能力为234 kcal/h的冷冻站，安装制冷量为78 kcal/h的氨制冷机三台，于1984年建成投产。

1983年5月10日，中国科学院党组同意：霍裕平同志任等离子体所所长。

1983年7月14—16日，等离子体所在合肥召开了高压强流直流人工过零开断技术及ZZW-10型真空断路器技术鉴定会，院内外16个单位、46位代表参加了会议。这一课题是1980年前后开始的，它是实现大能量脉冲功率转换技术中的一项关键技术，它的开断功率为30 kV×50 kA，居国内领先地位，后获中国科学院重大科技成果二等奖。

1983年10月10—11日，等离子体所ZMF-500-50发电机组盘车低速运转成功。这套四台直流飞轮发电机组脉冲电源的建设是1975年于八号装置方案审定会上确定的，是由上海电机厂研制生产的。经过现场安装调试，电机盘车低速运转成功。1984年6月进行空载调试，1986年进行负载调试，单台电机电压为500 V，最大输出电流50000 A，两台并联时，最大输出电流100000 A。同时进行了四台串联调试，性能完全达到设计指标。它的建成为等离子体所受控装置实验提供了重要电源。今天它已成为等离子的实体档案，是科学岛上的一道亮丽的风景线。

11.2 中国科学院批复“五定”报告

1983年11月9日，中国科学院对大中型项目“五定”报告进行了批复。

关于等离子体所(八号工程)内容如下：

1976年国家批准建设受控热核聚变反应八号装置(八号工程)，投资4000万元(其中基建投资2500万元)，建筑面积19600 m^2。

1978年开始建设，扩初批准基建投资3000万元。1979年估算，如按原规模建成，约需投资1.2亿元。1980年决定停建八号装置，转为研究等离子体。经调整，核定建筑面积为20438 m^2，总投资3101万元(包括负荷运转98万元，竣工验收3万元)，1984年竣工验收。

原计划兴建的220 kV输电线路停建。供电及水源系统改为结合董铺岛各所统一建设，主机大厅改为实验大厅。

核定(表11.5)：

表11.5 “六五”在建大中型项目建设规模、总投资、工期等基本情况核定表(等离子体所部分)

<table>
<tr><th>项目名称</th><th>开始建设年份</th><th>开始建设时列的投资(万元)</th><th>原批准概算(万元)</th><th>现在需要的投资(万元)</th><th>核定的概算(万元)</th></tr>
<tr><td>中国科学院等离子体所</td><td>1978年</td><td>4000</td><td>3000</td><td>3101</td><td>3101</td></tr>
<tr><td rowspan="2">建设规模</td><td colspan="2">批准规划规模</td><td colspan="2">1981年列的在建规模</td><td>核定的“六五”建设规模</td></tr>
<tr><td colspan="2">建设受控热核聚变反应实验八号装置，建筑面积19600 m^2</td><td colspan="2">八号装置停建，调整为等离子体物理研究；建筑面积同批准规模</td><td>投资1942万元，建筑面积16802 m^2</td></tr>
<tr><td rowspan="2">建设工期</td><td colspan="2">设计建设工期及起始年限</td><td colspan="2">1981年列的建设工期</td><td>核定的工期</td></tr>
<tr><td colspan="2">1978—1982年</td><td colspan="2">1978—1984年</td><td>1978—1983年底，土建安装竣工；发电机组单机空载试运转，1984年竣工</td></tr>
<tr><td>主要经济效益</td><td colspan="5">1. 为中小型磁约束热核聚变反应装置提供场地和条件，开展高温等离子体物理研究；
2. 可提供80000 kV脉冲功率及 6×10^6 J储能电源装置，开展电物理及工程研究</td></tr>
</table>

续表

项目名称	开始建设年份	开始建设时列的投资(万元)	原批准概算(万元)	现在需要的投资(万元)	核定的概算(万元)
项目内部配套情况(包括工艺、资源)和存在问题	非标准设备加工试制已基本完成,220 kV输电工程停建,供电及水源系统结合董铺岛分院各所统一建设				
外部协作条件	具体要求:由合肥电厂专线供电,将董铺岛上35 kV变电所由东区迁移西区负荷中心				
	安排情况和存在问题:合肥市供电局已原则同意供电方案				
设计任务书审批情况	编审情况	批准单位	批准时间和文号		
	安徽光机所编制,中国科学院初审	国家计划委员会	1976年11月,(76)计计字312号		
扩初设计编制和审批情况	中国科学院北京建筑设计院	中国科学院	1977年11月,(77)科发基字973号		

核定单位:　　　　　　　　核定单位负责人:

中国科学院对等离子体所"五定"报告的批复,奠定了等离子体所走上新发展道路的基础。到1983年底,等离子体所在编正式职工已由1978年建所的350人增加到493人,其中科技人员323人、行政干部29人、工人141人。在科技人员中,高级科技人员9人、中级科技人员215人、初级科技人员99人。

全所设有10个研究室和1个附属工厂。10个研究室是:

(1) 一室:电物理装置设计研究室。

(2) 二室:电源与电器研究室。

(3) 三室:强磁场研究室。

(4) 四室:中性注入加热研究室。

(5) 五室:等离子体物理理论研究室。

(6) 六室:实验等离子体物理研究室。

(7) 七室:电子计算机应用研究室。

(8) 八室:真空和低温技术研究室。

(9) 九室:情报资料研究室。

(10) 十室:微波加热研究室。

附属工厂有大中型机床设备130余台,在编职工81人,一线工人57人,其中五级工以上的老工人占全厂总人数的44.4%。工厂下设机械切削加工、钳工与铆焊、电工三个车间，维修车间正在筹建，每年能完成8万～10万个工时，具有一定的加工电物理装置的能力。

全所机关职能部门经过多次调整，设有党委办公室、所长办公室、人事处、科技处、技术处、器材处、行政处共七个处室；另设工会委员会，分管福利和计划生育工作。

1983年，等离子体所在物理研究方面，着重抓了“六个装置和两个加热”，即：

（1）两个装置的实验：HT-6和MPT-X。

（2）两个装置的建设：HT-6和DC（非圆截面）。

（3）两个装置的设计：HDCT（非圆截面磁压缩装置）和HER（热电子环磁镜）。单极串联磁镜已于1983年7月联调成功。

（4）两个加热源的研制：一是ECRH（电子回旋共振加热），二是ICRH（离子回旋共振加热）。同时积极进行15 cm源和小离子源的研制与实验。17 cm双潘宁离子源已于1982年12月通过鉴定。

在工程研究方面，1983年正在进行的有：

（1）20 T水冷和超导混合稳态磁体的研制。

（2）高压大电流供电回路的研究。

（3）大抽速升华钛泵的研制（抽速比已达1.6 $L/(s\cdot m^2)$，已接近2.2 $L/(s\cdot m^2)$的国际先进水平）；

（4）离子源头球面电极的加工工艺研究等。

1983年底，所有八号工程的保留项目将全部竣工；四台总功率为80000 kW的直流飞轮发电机组将投入调试运行；并且等离子体所还将拥有制冷能力240 kcal/h的循环冷却水系统，50 t/h循环去离子水系统，以及750 kcal/h的供热能力（三台锅炉）。再加上原有的储能2×10^8 J大电感线圈和储能8×10^6 J的电容器，35 kV降压变电站已调试完毕，这些都是等离子体所具备强大实验手段的保障。另外，10884 m^2的科研主楼——四号楼抗震加固与改建工作即将完成，等离子体所办公室和小型实验室目前已全部搬进四号楼。

在基建方面，建所初期，等离子体所仅有8255 m^2的科研办公楼（三号楼，现已移交给固体所）和2-1（2703 m^2）、2-2（3275 m^2）两个主要实验大厅。截至1983年底，等离子体所经过多年建设，已拥有10884m^2的科研主楼（四号楼）、6000 m^2的工厂厂房、1120 m^2的器材仓库、652 m^2的行政仓库、720 m^2的车库以及8-1（4016 m^2）、8-2（5340 m^2）、8-4（2241 m^2）、冷冻站（677 m^2）和锅炉房

(400 m^2)等科研与实验用房。

等离子体所重点课题1983年进展如下：

(1) HT-6M托卡马克装置的建设达到预期要求。纵场线圈19饼已全部绕制结束，并做了绝缘耐压试验，匝间、饼间绝缘均超过设计要求，现正准备进行二次固化。真空室已由所工厂自行加工完毕，现正在试抽气、烘烤、检漏与调试，真空度达到1×10^{-6} Torr。装置的支撑结构也加工结束，配套的电源工作也齐头并进，为1983年的联调试验提供了条件。

(2) HT-6的实验研究取得了满意的结果，这项工作在第四季度取得了大幅度进展，首次在国内调试出无反馈的托卡马克典型放电工作状态，获得了平衡稳定的等离子环，达到了预期目标。其纵场强度为4000 G，等离子体电流达到12000～16000 A(最高到22000 A)，维持时间达12～18 ms(平顶时间为10～14 ms)，电子密度为8×10^{12}～1×10^{13} cm^{-3}，电子温度在1×10^{6} ℃以上。

(3) 磁镜的工作也取得了很大进展。在磁镜组与电子回旋共振组的通力合作下，在很短时间内得到了稳定的热电子磁镜等离子体，并做了初步测试。

(4) MPT-X装置的加工与安装任务基本接近尾声。

附属工厂全年完成主要生产任务有：

(1) HT-6M中型托卡马克的真空室与两套抽气系统。

(2) HT-6M主体支撑结构。

(3) 中心螺管线圈与补偿线圈，19饼纵场线圈。这为制造大型电物理装置中的电气线圈摸索出了一套比较完整的工艺方法。

(4) MPT-X纵场线圈及其组件。

(5) 中性注入离子源20 A电极一套。

(6) 磁镜上的快阀与强磁场部件等。

经所内评议，1983年等离子体所主要科技成果有7项：

(1) MPT-X装置用的可拆式纵场线圈的研制。

(2) 高压强流直流人工过零开断技术的研究。

(3) 聚变实验装置上的泰勒清洗放电电源的研制及实验。

(4) 用蒙特卡洛方法研究托卡马克混合堆中γ屏蔽问题。

(5) 大截面铜排的焊接技术。

(6) 非线性电阻在10000 kW水轮发电机上快速灭磁的应用。

(7) 41万G脉冲强磁场磁体的研制。

1984年2月22日，中国科学院党组同意：唐功先同志任等离子体所副所长。5月10日，合肥分院党组同意：等离子体所党委由霍裕平、邱励俭、邵世举、文忠炎等同志组成，邵世举同志为党委副书记（已报请院党组审批）；等离子体所纪委由阎玉林、李向群、张长琦、马国成、文忠炎、鄂茂怀、沈光荣等同志组成，文忠炎同志任纪委副书记。

从3月开始，等离子体所在HT-6B上进行“L=2的外加螺旋场对撕裂模的影响”的实验研究，此项实验持续到7月结束。实验表明，HT-6B的外加螺旋场可以抑制撕裂模增长和强度，避免破裂不稳定性，使HT-6B的放电一直延长到欧姆加热伏特数耗尽，改善放电的重复性。这是一种简便且有实际意义的运行机制，在理论和实验上都有一定的学术意义，是我国在聚变等离子体物理研究方面开始登上世界舞台的重要标志。该成果获中国科学院科技进步一等奖。

1984年4月19—22日，等离子体所召开4×10^5 G脉冲磁体鉴定会，磁体主要参数如下：内径φ_c=20 mm，外径φ_e=66 mm，高度h=81 mm，磁场强度B=4.06×10^5 G，电感L=1.173 mL，电阻R=2 mΩ，磁场持续时间τ_p=22 ms。来自全国15个单位17名代表参加了会议。代表们一致认为该磁体达到国际同一量级磁体水平，属国内领先水平，并且已达到实用阶段。后该磁体获中国科学院重大科技成果二等奖。

随后的4月24—25日，中国科学院在等离子体所召开了强磁场实验室建设方案论证会，核工业部、冶金部、中科院等所属9个单位、11名专家参加了会议。专家们对建设强磁场实验室给予充分肯定和支持，从1984年起中国科学院将陆续投资200万元用于强磁场实验室建设。

强磁场实验室除已研制成功4×10^5 G脉冲磁体外，当时正加紧建造一台2×10^5 G稳态磁体及所需要配套设备，一旦建成对外开放，未来可开展强磁场下的超导电性及超导材料、金属相变、稀元素、生物大分子等多方面的科学研究。

1984年10月4日，中国科学院同意：邱励俭同志任等离子体所副所长，邵世举同志任等离子体所党委副书记。10月27日，合肥分院党组同意：增补唐功先同志为等离子体所党委委员。

高能氧化锌非线性电阻灭磁保护是等离子体所为解决2 0000kW直流脉冲发电机组灭磁保护问题而研究的，经过数年的努力，并在10000 kW机组上进行了现场实验，取得了较好的效果。1984年11—12月，等离子体所连续对葛洲坝二江电厂SF125型发电机进行模拟实验，在实验中不断改进完善，制定了新的灭磁方案，在短时间内自制了能模拟多种工况的同步发电机非线性电阻灭磁保护与过电压保护1∶1模拟实验电源系统。随后12月21—24日，在等离子体所召开了非线性电阻灭磁技术讨论会，其人工过零技术大容量灭磁实验得到代表们的一致好评，为非线性电阻灭磁技术的推广应用奠定了良好的基础。

11.3 《八号工程基本情况》报告

到1984年底，八号工程建设内容已经基本完成，为了迎接即将到来的工程项目验收，等离子体所发布了《八号工程基本情况》的报告，对整个八号工程（主要是扩建工程）的建设过程、内容和结果进行了梳理。

1. 研究所概况

本所位于合肥市西北郊董铺岛西区，土地面积306亩（1亩≈666.67 m^2）。

（1）研究方向和任务：

① 高温等离子体物理的理论和实验研究。侧重于在有关磁约束核聚变研究的中、小型装置上，开展各种磁场形态和等离子体加热方法的研究，以探索更佳的磁约束聚变途径。

② 发展等离子体物理与核聚变有关的新技术，如脉冲电源、储能、强磁场、真空、低温、大功率离子源和中性粒子束注入、微波加热、诊断测量技术和数据处理。

③ 核聚变工程及其他电物理实验装置的工程设计研究和加工制造。

（2）技术力量：

本所总人数489人，其中科研人员233人、科研管理人员19人、行政人员90人、工人147人。科研人员中有研究员2名、副研究员2名、高级工程师6名、助理研究员99名、工程师102名。

全所设有10个研究室和1个技术中心：电物理装置设计研究室、电源与电器研究室、强磁场研究室、中性注入加热研究室、微波加热技术研究室、真空及低温技术研究室、电子计算机应用研究室、等离子体物理实验研究室、等离子体物理理论研究室、情报资料研究室、技术中心。

（3）科研生产建筑。本所原有建筑面积（扩建前）27252 m^2，其中科研与办公用房20412 m^2。现扩建完成后，全所建筑总面积42584 m^2，其中新增科研用房11597 m^2、生产用房3735 m^2、生活用房3636 m^2（归分院），改建科研用房1500 m^2。

（4）现有成果。建所以来主要完成的科研成果有：八号装置的物理和工程设计、常温（八号）电感储能装置及其应用、7 cm双潘宁离子源的调试与运行、微波干涉仪研制、远红外激光干涉仪研制、软X射线谱仪研制、磁带回放数据处理系统研制、高压强流直流人工过零开断技术研制、4×10^5 G脉冲强磁场磁体研制等。

2. 扩建工程总体完成情况

整个工程座落董铺岛合肥分院西南角，四号楼南及西面，建筑面积20471 m^2，于1978年6月动工。中国科学院于1982年7月对扩建工程进行了“五定”，核定单项工程有8-1实验大厅、8-2电源大厅（包括整流厅，现为变电所）、8-6（2-4）改建（波加热实验室）、8-3机加车间、8-5水处理系统（包括冷冻站和去离子制备）、8-10锅炉房、8-8家属宿舍、8-9室外工程架空母排及联调9个项目。到1984年11月，建筑安装工程基本竣工，并陆续交付使用。其中科研用房13094 m^2，生产用房3741 m^2，生活用房3636 m^2。完成土建投资1218.67万元。土建设计基本满足工艺要求，其中8-1实验大厅、8-5冷冻站部分、8-10锅炉房被评为全优。

安装设备2312台（件），其中直流脉冲发电机组4套，金属切削机床155台。

三材实际消耗数为：钢材1996 t、木材2668 m^3、水泥8800 t。

扩建工程竣工验收新增固定资产3047.522191万元，为本期工程总计划投资额3101万元的98.3%。

新增科研用房和设备，在科研生产中发挥了较大作用。实验大厅建成交付使用，现已安装了HT-6M实验装置，正在进行放电调试，为开展高温等离子体的物理研究提供了实验场地。下一步，还准备在实验大厅安装串级磁镜装置。

电源大厅的四台直流脉冲发电机组，为受控热核聚变实验装置提供了脉冲电源条件；单台发电机脉冲功率20000 kW，空载电压500 V，最大脉冲电流50 kA，发电机组储藏动能130 MJ。四台发电机组总的脉冲功率80000 kW，机组可以串并联运行。现在发电机已经为大型水轮发电机的灭磁研究提供试验用电源，即将准备为HT-6M实验装置、大电感储能线圈和强磁场线圈提供电源。

35 kV变电所总容量8150 kVA，安装了一台5000 kVA和一台3150 kVA变压器。采用35 kV、10 kV户内式高压开关柜及控制设备，现已安装调试完毕开始供电。

机加车间1981年投产以来，已先后为所内加工了HT-6M装置的真空室、双潘宁离子源、脉冲强磁场磁体和小磁镜。1982年承担了所内HT-6M装置整套图纸的加工，同时接受外单位加工任务。1982年完成了物理所中子三轴衍射仪小鼓与平台、固体物理所倒拢的加工。今年又接受了高能所北京正负电子对撞机的磁铁加工任务，已经加工出一块磁铁参加北京正负电子对撞机国家实验室奠基。

室外工程暖管、冷冻水管保温、绝热效果良好。供水采用二路循环给水，排水管道畅通。所区供电全部采用电缆,电力电缆和通信电缆敷设符合要求。

架空母排已从电源大厅引到实验大厅和电感大厅。电感大厅室内部分由于设计图纸出图晚,需待明年继续施工。

3. 土建完成情况

本工程土建部分包含九个单项工程,系一组科研生产用房,即8-1实验大厅、8-2电源大厅、8-6(2-4)改建波加热实验室、8-3机加车间、8-5水处理系统(包括冷冻站和去离子水制备)、8-10锅炉房、8-8家属住宅大板房、8-9室外工程、架空母排及联调。

(1) 8-1实验大厅。

实验大厅用来安装受控热核聚变实验装置,配有控制测量、诊断、计算机、数据处理、注入、真空、负反馈等实验室以及空调机房、去离子水制备间。实验大厅标高31.55 m,建筑面积为4013 m^2。1979年11月开工,1983年3月竣工,土建工程决算253.12万元,单位面积造价631元。

本单项工程包括三个部分:

① 主厅为30 m跨预制装配式结构,钢筋混凝土预制斜腹杆双肢柱,50 t预应力鱼腹式吊车梁梯形钢屋架,预应力大型屋面板屋盖,檐口高度21.30 m。

大厅东、西两侧设有辅助用房。

② 东附跨为二层现浇柱、梁,预应力6 m大孔楼板屋盖框架结构。

③ 西附跨为预制钢筋混凝土矩形柱,15 m跨预制薄腹梁,大型屋面板屋盖装配式结构。

建筑为砖墙围护结构,屋面设有蛭石混凝土保温层,二毡三油防水层屋面。楼地面以水磨石地面为主,局部为塑面地板,厕所地面为马赛克及耐酸瓷砖贴面。

装饰工程外墙以干黏石面为主体,配以白色憎水水泥砂浆线角装饰,内装饰除大厅及部分用房为一般中等粉刷外,为适应科研特殊使用要求,大厅设有装饰吸音板吊天棚,吊天棚钢桁架连接在钢屋架下弦。

(2) 8-2电源大厅。

电源大厅安装4台20000 kW直流脉冲发电机组,为实验大厅的实验装置提供脉冲电源。电源大厅包括换流厅(开关换流)、测量控制楼、供电和油路循环用房,以及35 kV变电所、辅助实验用房。电源大厅标高32 m,总建筑面积为7581 m^2,其中电机大厅面积为5340 m^2,变电所及辅助实验室(原为整流厅)面积为2241 m^2,1979年5月开工,1984年11月竣工。土建决算425.34万元,单位面积造价561元。

本单项工程由5个部分组成：

① 电机大厅为27 m跨预制装配式结构，钢筋混凝土预制斜腹杆双肢柱，预制双肢柱长达27.2 m，重约31 t，50 t预应力鱼腹式吊车梁，吊车高16.8 m，吊钩15.88 m，有27 m带天窗梯形钢屋架，预应力大型屋面板屋盖，檐口高度23.9 m，天窗檐口高25.82 m；大厅内设有两组四台飞轮脉冲发电机组大型设备基础。

② 换流厅为18 m跨预制钢筋混凝土工字型柱，T型吊车梁，18 m预应力折线型屋架，预应力大型屋面板屋盖装配式结构。

③ 测控楼位于电机大厅和换流厅之间，高低错落，为二层现浇柱、梁，预应力大孔板楼盖框架结构，油箱室部分为四层框架结构，檐口高度20.1 m。

④ 东辅助厂房为单层现浇柱梁，预应力大型屋面板屋盖框架结构。

⑤ 变电所(原整流厅)为电源大厅辅助建筑，三层现浇柱、梁，预应力大孔板楼屋盖框架结构，标高31 m，建筑面积2241 m^2，檐口高度14.8 m。一楼为变电所，层高5 m；二楼为办公室，层高4 m；三楼为通用性实验室。原设计全部楼板及屋盖均为现浇，因施工周转用材量大，进度要求紧迫，楼板及屋盖部分改用预应力大孔多孔板。

电源大厅建筑为砖墙围护结构，屋面设有热沥青隔气层及1:5蛭石混凝土保温层，二毡三油防水层屋面。屋面油毡防水在沿口女儿墙反口处，预留木砖及槽口，以便油毡封头。

楼地面以水磨石地面为主，局部为塑面活动地板、马赛克及耐酸瓷砖面等。塑面活动地板的支柱、横梁及面板均为定型配套产品，室内组装；瓷砖面层铺贴平整，浆饱满。

装饰工程外墙以干黏石面为主体，配以白色憎水水泥砂浆线角装饰，内装饰大厅及部分用房为一般中等粉刷，大厅顶棚大型屋面板底做麻刀灰罩面、喷大白浆。为适应科研特殊使用要求，测控附房局部设有胶合板矿棉保温墙及顶棚，板条钢丝网粉刷墙及天棚。测控楼电机和换流测量室做装配式电磁屏蔽处理，频率范围0.15～30 MHz，属防外干扰电磁屏蔽。测量室要求密闭，采用镀锌铁皮固定屏蔽，铁皮连接要求做咬口，加焊锡密焊，咬口错缝搭接。钉眼、接缝用焊锡进行密焊锉平，屏蔽扇拼装密合，屏蔽功能80～100 dB。

脉冲发电机组基础，因四台发电机并列布置，采用每两台联合在一起成一组基础。机组基础底面积为567 m^2，顶标高6 m，底板砼量约518 m^3，每组砼量为2000 m^3左右，总砼量为4000 m^2，是国内同类基础中较大的。基础钢筋密度大，深度深，断面小，4 m以上部位预埋螺栓套管较多。每组基础分为：垫层、底板、4 m以下部位、4 m以上部位（包括顶板）。在底板面1.8 m处留有一道水平施工缝，留做桩承载力试验。

（3）8-6(2-4)改建。

本实验室主要供给离子回旋共振、低混杂波、电子回旋等大型设备加热实验用。除大厅外配有4个小实验室、金工间、配电间等。本单项工程利用原2-4实验室改建，标高32.48 m，改建面积1500 m^2，1983年11月开工，1984年4月完工。土建工程决算17.82万元。

本单项工程改建的范围有：大厅主跨长48 m、宽21 m，室内地沟增加与填实，新做水磨石地面（带玻璃条），新粉刷内墙裙及部分墙面维修，原旧门窗及墙裙刷油漆，主、附墙面（室内）刷涂料，主跨顶面大面喷白，其他金属面刷油漆。

（4）8-3机加车间。

机加车间主要为加工受控实验装置和电物理实验装置用，根据实验装置的特点，车间以大型设备的机械加工为主，配置了大型的车床、铣床、单臂刨、磨床、钻床等设备。车间标高37.15 m，建筑面积为2441 m^2，1978年8月开工，1980年12月竣工，土建工程决算88.27万元，单位面积造价361元。

机加车间为钢筋砼排架结构，主跨厂房长78 m、宽21 m，配置30/5 t吊车，檐口高16.19 m，安装大型机床设备；附跨厂房宽9 m，檐口高9.39 m，分别配置10 t和5 t吊车，安装中小型机床设备。

地面为砼地面，屋面防水为二毡三油五层防水层。

装饰工程除檐口、雨篷、横竖线条、勒脚做水刷石外，外墙均为清水砖墙，水泥砂浆勾缝。

（5）8-5水处理系统。

8-5水处理系统包括冷冻站和去离子水制备间。

① 冷冻站安装三台氨制冷压缩机和循环冷却水泵，向实验室提供空调用冷冻水和工艺设备循环冷却水。氨制冷压缩机单机制冷能力78 kcal/h，总制冷能力234 kcal/h，出蒸发器冷冻水送水温度6 ℃，进蒸发器冷却水回水温度11 ℃。冷却水循环采用玻璃钢冷却塔降温，其循环水量，立式冷凝器为900 t/h，所区工艺设备为90 t/h。

冷冻站包括机器间、水泵间、设备间、控制室、变压器间、维修间和冷水池（工艺设备循环包括冷水池和热水池）。冷冻站标高31.5 m，建筑面积804 m^2，1983年2月开工，1984年8月完工，工程决算34.29万元，单位面积造价414元。

冷冻站机器间为现浇整体框架，跨度12.9 m，设备间为预制构件装配，钢筋砼大型屋面板，跨度12 m，檐口高度7.8 m。冷却塔装于设备间的屋顶，三台氨制冷压缩机并列安装，六组蒸发器水箱并列放置。二个冷却水池容积分别为130 m^3和20 m^3。

地面为砼地面，屋面二毡三油防水层，并加100 mm厚的加气砼保温层；上人屋面做25 mm厚的水泥方砖面层。

装饰工程外墙以干黏石面为主体，内墙为一般中等粉刷，刮腻子喷浆墙面和水泥砂浆墙面。

② 去离子水制备供给实验装置实验冷却用水，安装一套去离子水设备，水质电阻率大于7 MΩ·cm，离子水制备能力80 t/h。去离子水房布置在8-1实验大厅西附跨，面积为180 m^2。

(6) 8-10锅炉房。

锅炉房安装三台热水锅炉，向全所实验室、工厂、办公室集中统一提供热水采暖、空气调节，产热量为750 kcal/h。锅炉房位于所区西南角，该区地形高于2号区和8号区，热水系统容易达到热平衡。管道构造简单，运行维护管理方便，节省燃料、热损耗少。

本单项工程采用两台φ=1000 mm单极纳离子交换器进行水质处理，以满足锅炉补水需要，处理水量为10 m^3/h。

锅炉房包括大锅炉房、水泵房、水处理间、化验间、控制室、维修间和小锅炉房。标高33 m，建筑面积496 m^2。1983年8月开工，1984年5月完工，工程决算16.74万元，单位面积造价337元。

大锅炉房长21.6 m、宽12 m，为预制构件装配，薄腹梁大型屋面板屋顶，钢筋、大型屋面板。檐口高8.3 m，烟囱高35 m，基础外径为6 m，三台锅炉并列放置，基础中心线(炉排中心线)间隔6 m。

地面分别为混凝土地面和水泥地面，屋面为两毡三油防水层，加蛭石砼保温。

装饰工程外墙为干黏石面，内墙为抹灰墙面。

(7) 8-8家属住宅大板房。

建筑面积3636 m^2，单元组合为2～2.5，共64户，每户平均建筑面积56.8 m^2，四层二幢，混凝土大模板预制整体装配，1978年6月开工，1979年12月完工，土建工程决算56.55万元，单位面积造价155元。该工程为整体装配、工期短、造价低。缺点是：混凝土墙体薄，热功性能及隔音均较差，外粉颜色不美观。

(8) 8-9室外工程。

室外工程包括暖管、冷水管、给水管、循环水管、下水、雨水管、电气外线和电缆沟(包括电力电缆沟和通信电缆沟)、道路,于1983年8月开工,1984年6月完工,工程决算249.63万元。

① 暖管输送95~75 ℃的热水,冷水管输送6 ℃的冷冻水,管直径50 mm以上采用无缝钢管,40 mm以下采用普通焊接钢管,管道的连接除与阀件连接外,均应用焊接。暖管保温材料为水泥膨胀珍珠岩瓦,冷水管道保冷材料为软木,厚度为75 cm。管道均采用支架支承。暖沟积水采用移动式排水泵,定期排水。

② 地沟沟底垫层为100号砼,钢筋砼沟底,沟壁用200号砼,留有支架生根预埋件。每30 m距离留一道伸缩缝,缝作防水处理。地沟均留有检查井、涨缩井和阀门井。井盖标高,在道路广场与设计地面平,在绿地则高10 cm。

③ 给水管供给实验室、工厂科研和生产用水。设计给水为生产、生活、消防合用系统,供水量112 t/h,与旧给水网连接形成环形供水。循环水管供给科研实验工艺设备用水,分供水、回水管道。给水管和循环水管直径大于75 mm用普压给水铸铁管,小于70 mm用镀锌钢管,连接循环系统增设清水池作为储备水源。给水管、循环供水管在转弯、三通等部件处,均作支墩。管道标高沿地面按下列管顶埋深敷设:给水管0.9 m,循环回水管0.7 m,循环供水管1.15 m。与污水管相碰,则下弯让之。

④ 排水分雨、污分流系统,雨水沟主要位于路两侧,由道路边暗沟排出通向污水塘;粪便污水经化粪池处理,与其他污水汇合,排入所区已建的污水塘。排水管用水泥管,抹带接口,混凝土通基,排水管出口用八字式石砌出水口。

⑤ 电气外线工程包括馈电线、道路照明,原有低压配电线路改造(架空线改电缆线)和电话广播线。所有电气外线除高压架空线外,均采用电缆埋地敷设,电缆比较集中的地方设有电缆沟。电缆沟宽1 m,深0.55~0.7 m,层架间距0.2 m,支架宽0.31 m,电缆支架间距1 m。10 kV以下电缆埋地深度为0.8 m,35 kV电缆埋地深度为1 m。

电话电缆在局部地区因地方窄小,采用水泥管道敷设,管径大于50 mm。在用管道敷设电缆起止点,转弯及分支处,均设有电缆入孔井。

⑥ 主干道路面宽为4.5 m,$R>12$ m;辅助道路面宽为3.5 m,$R<6$ m;人行道路面宽≥1.5 m。

所区南面沿水库边设护坡墙,以防止路面塌方。

(9) 架空母排。

从8-2电源大厅向8-1实验大厅至2-1电感大厅负载供电,采用架空母排送电,额定负载为50 kA。架空母排于1984年8月开工,1984年11月完工,工程决算75.37万元。

本单项工程包括支承母排的基础，室外和室内母排的制作安装。母排采用120 mm×8 mm的铜排8片并联组合架空支承的结构。

以上9个单项工程的建安部分，实际完成投资1218.67万元，占“五定”规模1384万元的88.05%，竣工面积20471 m^2（内改建1200 m^2），其中科研生产用房16835 m^2、生活用房3636 m^2，为“五定”规模20438 m^2的100.1%。

4. 设备安装情况

工程设备方面，等离子体所于1977年开始订货，1979年开始到货，共订设备2312台件，价值1697.46万元，其中非标专用设备38台件，价值888.34万元。

8-1实验大厅安装设备717台件，价值368.84万元。由于有关的受控实验装置正在安装和建造中，有些设备先分别安装在原来的装置实验室，已经为多种实验装置提供实验条件，发挥使用效益。随着实验大厅装置建造的完善化，有关设备将陆续移来大厅安装就位。

8-2电源大厅安装设备1350台件，价值880.78万元。4台20000 kW直流脉冲发电机组1980年到货，1982年开始安装。按照国家标准，轴承座振动单幅值不超过0.10 mm，双幅值不超过0.20 mm；轴承座进口油温35 ℃，出口油温65 ℃，允许温差30 ℃。电机安装后，轴承振动单幅值不超过0.01 mm，轴承温度不超过50 ℃。1983年开始进行空转调试，1984年进行了低负载调试，证明四台发电机安装质量符合规范要求，现已为所里科研提供实验条件。配套设备供电、控制、测量、油路等设备运行时均达到原设计要求。

35 kV变电所设备已安装调试完毕，经合肥供电局检验，符合供电要求，同意送电，现已投入电网运行。

8-6(2-4)波加热实验室（改建）安装设备6台件，价值5.75万元。现已为波加热实验室提供场地和电源等实验条件。

8-3机加车间是等离子体所基建最早竣工的项目，安装设备147台件，价值315.19万余元。所有机床安装调试均达到规范质量标准。现在已经具备加工成套实验装置的机械加工力量，并已承担院内外电物理实验装置的加工制造任务。

8-5冷冻站安装设备55台件，价值580.4万元。1983年开始安装，1984年正式运行。三台氨制冷压缩机安装质量达到规范要求，今年夏天已向实验室输送冷冻水，供空调器使用。制冷量达到设计能力。

去离子水制备安装设备9台件，价值49.56万元，现已能提供合格的纯水。

8-10锅炉房安装设备26台件，价值27万元。三台热水锅炉1984年安装并运用，冬天已向实验室送热水供暖，采暖供热量达到设计要求。

5. 遗留问题和意见

（1）电感大厅的母排安装，因设计图纸出图晚未及施工，现留待1985年施工。

（2）四台直流脉冲发电机组带负荷试验，待电感大厅母排安装后进行。经商得建设银行同意，等负荷试验后补办专项验收。

（3）由于八号装置停建，清理非标准专用设备中，合肥变压器厂和合肥电机厂待偿还的设备还有12台件未安装，合计价值34.16万元。其中8台设备暂时用不上；3台设备合肥变压器厂仍借用尚未偿还；1台设备（4 m^3）封存在合肥电机厂。这批设备等竣工验收后作调拨或降价出售处理。

6. 已发挥效益

从受控站到等离子体所，五年来，基本完成了八号工程的建设内容，等离子体所已经成为国内大型、国际中型的核聚变研究中心，开始在国际上崭露头角。

（1）现有装置。

目前，等离子体所已有四个装置，分别是HT-6、HT-6M两个托卡马克装置，以及HER磁镜装置、MPT-X多极器装置，各有自己的特色和研究目标。

HT-6装置经过几年的努力，装置诊断齐全，运行参数先进，开始进行有特色的物理实验，也引起了国际上的重视。1984年9月，在伦敦举行的由国际原子能机构组织的“第十届受控核聚变和等离子体物理”国际会议上，HT-6被写入会议的总结报告，这是中国首次被提及，它标志着我国相关研究水平已跨入国际先进行列。

HT-6M是等离子体所自行设计、制造、安装的中型托卡马克，目的是开展加热实验。经过四年的努力，已在新建的8-1实验大厅总装完毕，并完成了各项工程试验，各项指标达到设计水平。纵场在15 kG工作时无任何可辨的振动和声响，应力和过电压测试完全达到设计指标，真空室及抽气系统经二次烘烤和调试，整个系统的极限真空可达3×10^{-8} Torr，标志着国内最高水平的供电系统已全部安装完毕，并已放电，争取早日调出平衡的等离子体。HT-6M装置灵活，便于实验，其中八号工程基础上装置及测量系统，投资不到206万元。而尺寸、规模相仿的“中国环流器一号”是历经10年投资4000万元建成的。待到1986年，等离子体所微波和中性注入加热系统准备好后，HT-6M将实现环流器一号所根本不能及的参数。

HER热电子环磁镜，这个装置投资不到10万元，而体积与303装置相当的等离子体热电子环简单磁镜已经运行一年多，它标志着等离子体所不是单一拥有托卡马克，而是拥有稳态磁镜并且能够得到稳定的等离子体，能够开展ECRH机制研究和热电子环等离子体的稳定性研究。

MPT-X是国内第一个用于研究由脉冲过渡到稳态的装置，也是一个专门用于开展等离子体基础研究的装置，它主要为今后建造非圆截面装置提供技术基础。

（2）加热技术。

中性注入加热采用7 cm离子源作源头，扩散泵作抽气泵的小型注入器已成功地进行了试验，经测试达到原定设计指标，最大功率为82 kW。这是我国第一台完整地完成中性注入束注入的系统。15 cm离子源取得了一定进展后，为1 MW注入器的研制奠定了基础。

离子回旋共振加热，与“北广”协作的1 MW发射机设计工作接近完成，预计1985年初投入生产。15 kW射频模拟系统即将投入统调。

建立了两套100 kW的ECRH波源，为HER和HT-6M提供了重要的实验条件。

（3）强磁场技术。

为充分利用等离子体所条件（水、电、加工、场地等），经中国科学院数理学部组织召开的论证会通过，将在等离子体所三室（强磁场研究室）建立一个以2×10^5 G混合型稳态强磁场装置为中心的强磁场实验室，它是中国科学院重点实验室，只需国家投资200万元，建设期三年。建成后将填补我国在这个重要领域的空白，为物理、化学、生物等多学科提供极端条件，推进我国科学事业的发展。如在其他地方建设同样的实验室，需投资2000万元。

等离子体所工厂承担了国家重点工程——高能所正负电子对撞机中关键部件——102块磁铁（内有二极矩、四极矩、校正磁铁等）的研制和加工任务。其中二极矩磁铁重约3 t，尺寸公差、垂直度、平面度要求严格，精度高。工厂仅用了39天就完成了第一块磁铁，经高能所测试全部指标合格，在工程项目奠基典礼及国务院重大项目办公室召开的会议上，中央领导和外国专家都给予了高度评价。

（4）为国民经济服务。

随着我国电力事业的迅速发展，单台发电机容量日益增大，发电机的励磁容量、转子磁贮能和时间常数必随之增大，这就对作为发电机主要保护手段的快速灭磁和转子过电压保护提出了新的更高的要求，成为当前电力工业发展中的重要攻关课题之一。在各种灭磁方案中，由于非线性电阻灭磁不仅灭磁速度快，且其有防止过电压的功能。等离子体所在解决20000 kW直流脉冲发电机的快速灭磁工作中，对采用高能氧化锌非线性电阻灭磁进行了综合研究，取得了经验，并且具有各种电源应用经验，1983年在花凉亭电站10000 kW机组上初试成功。下一步准备于1985年初在富春江电站60000 KW机组上做进一步试验，然后在葛洲坝、白山等大型水电站（1.7×10^5～3×10^5 kW）推广，最后争取用于三峡巨型水电站（超过5×10^5 kW机组），这不但能为所院带来经济效益，也能为国民经济作出一定贡献。

（5）近期展望。

① 从1985年到1990年，充分利用现有四台电机的能力建立一个既有一定规模又具有一定特色的托卡马克，具有以下特点：

a. 大拉长比的非圆等离子体，拉长比近于2。

b. 利用现有八号电感储能线圈去压缩等离子体进一步加热。

c. 完全实现等离子体所自主加工。

该装置的建成和实验，将使等离子体所在国际核聚领域里占有一定地位。由于有八号工程为基础，这样一个重大装置只需要国家投资1000万元左右，除场地外，材料、抽气系统、控制系统、诊断系统等已具备。

② 在非托卡马克研究中，以轴对称串级磁镜为基础，准备在1985—1988年，建立一个包括在热垒的轴对称串级磁镜，这在世界上也刚起步不久，我们可以放在8-1实验大厅内与HT-6M、HDCT共用电源。

③ 加强加热技术和高温等离子体诊断的研究，中性注入加热和离子回旋共振加热都达到1 MW。实现电子和离子温度，密度的时-空分布、杂质分布，等离子体宏观形态，粒子和波辐射的时-空分布的诊断测量及相应的数据采集和处理系统，建立小型数据库。

④ 积极开展核聚变的工程技术研究，如脉冲电源、超高真空技术、强磁场、电物理实验装置等。

⑤ 进一步发挥相关技术特长，争取在某些重大技术领域为国民经济作出贡献。

（6）远期愿景。

受控核聚变尽管是比较远期的研究项目，但对于整个人类，对于我国的未来都是极其重要的。可以肯定，随着我国经济的发展，受控聚变的研究在20世纪90年代必将有较大的发展。由于有八号工程创造的条件，以及等离子体所近年来所做的工作和形成的队伍，国家给予一定的支持，在董铺岛建立重大装置是完全可能的。

例如，如果不进行α粒子加热实验，我们有可能在中型装置上通过大功率加热达到“点火”条件。这时八号装置主机大厅完全可作为实验场地，装置可以在所内加工，要增加的是一台大功率交流机组及10 MW以上的加热系统。

正因为八号工程不是集中建造一个装置，而是给装置提供了很好的建造和运行环境，因此从长远角度看，它的效益和作用会越来越大。它使得等离子体所在中国聚变领域的竞争中占有明显的优势，保证了我们能真正赶上世界先进水平。

建设中的HT-6M-1

HT-6M托卡马克装备鉴定会在等离子体所召开(1986年12月)

四台ZMF-500-50发电机组

电机组工作人员合影(1984年)

早期科学岛上的机加工车间

安装276台650型蓄电池的蓄电池电源大厅

HT-6M装备投入运行，周光召同志讲话（1985年1月18日）

1×10^5 kW交流脉冲发电机（法国赠送，原用作受控电源，安装在8—2电机大厅西侧）

如今立于蜀山湖畔的ZMF-500-50发电机组

参加303EMG实验电磁炮建设的部分同志
(左起:胡金康、刘彦琴、余元旗、许家治、刘保华、邱励俭、吴朝智、万元熙、侯海晏、刘正之、徐玉珍、吴君闩、李丽娟、张延标、潘垣、郭祥玉、黄河)

20世纪80年代的科学岛鸟瞰图

HT-7装置

EAST 装置

12 八号工程竣工验收

1985年1月18日是一个传统观念中的好日子，中国科学院在等离子体所举行了HT-6M装置运行典礼。周光召副院长在典礼仪式上发表了热情洋溢的讲话，鼓励科研人员振奋精神，努力工作。安徽省省长王郁昭也莅临指导。

HT-6M装置经过近两年的运行，进行了一系列的物理实验，取得了很有价值的实验结果。高温等离子体参数：等离子体电流达到120 kA，电子温度达到8×10^6 ℃，离子温度达到4×10^6 ℃，能量约束时间达到5 ms。完成了多种形式的放电清洗实验、脉冲表面电流实验、低杂波电流驱动实验等多种物理实验。HT-6M装置性能优良，可靠性强，达到了同类装置20世纪80年代的国际水平（后获中国科学院科技进步一等奖）。它的建造和运行，标志着我国具有建造中型受控核聚变装置的能力，并为今后建造大型核聚变装置培养了一支具有战斗力的技术研制和工程设计队伍。

12.1 院领导贺信

在八号工程即将进行竣工验收的前夕，中国科学院副院长周光召给等离子体所发来了热情洋溢的贺信（图12.1）：

中国科学院等离子体物理研究所：

在新的一年刚刚开始的时候，合肥等离子体物理研究所传来捷报，八号工程已经竣工，即将组织验收。八号工程的竣工提供了新的重要的实验手段，对我国进一步开展等离子体物理研究工作必将起到积极的促进作用，我谨向全所广大科技人员和职工表示衷心的祝贺。

等离子体物理所全体同志团结协作，艰苦创业，在建所的同时积极开展科学研究工作，在创造物质条件的同时重视人才的培养，经过短短几年的努力，不仅为进一步开展物理研究工作打下了较好的基础，而且初步取得了一些科研成果，培养锻炼出一支科技队伍。在八号工程进行过程中，所领导和全所职工从本所实际情况出发，积极正确贯彻中央关于调整的政策精神和院对所的具体调整意见，确保了整个工程调整计划的顺利执行。希望全所同志今后继续努力，再接再厉，按照改革精神，充分利用现有条件，积极开展研究工作，创出自己的特色，使我国的等离子体物理研究工作尽快接近国际先进水平。

最后，预祝八号工程竣工验收会议圆满成功！

中国科学院党组书记、副院长严东生也发来贺信（图12.2）：

合肥等离子体所领导及全体同志：

值此合肥等离子体所基建工程竣工验收之际，谨代表院向你们表示热烈祝

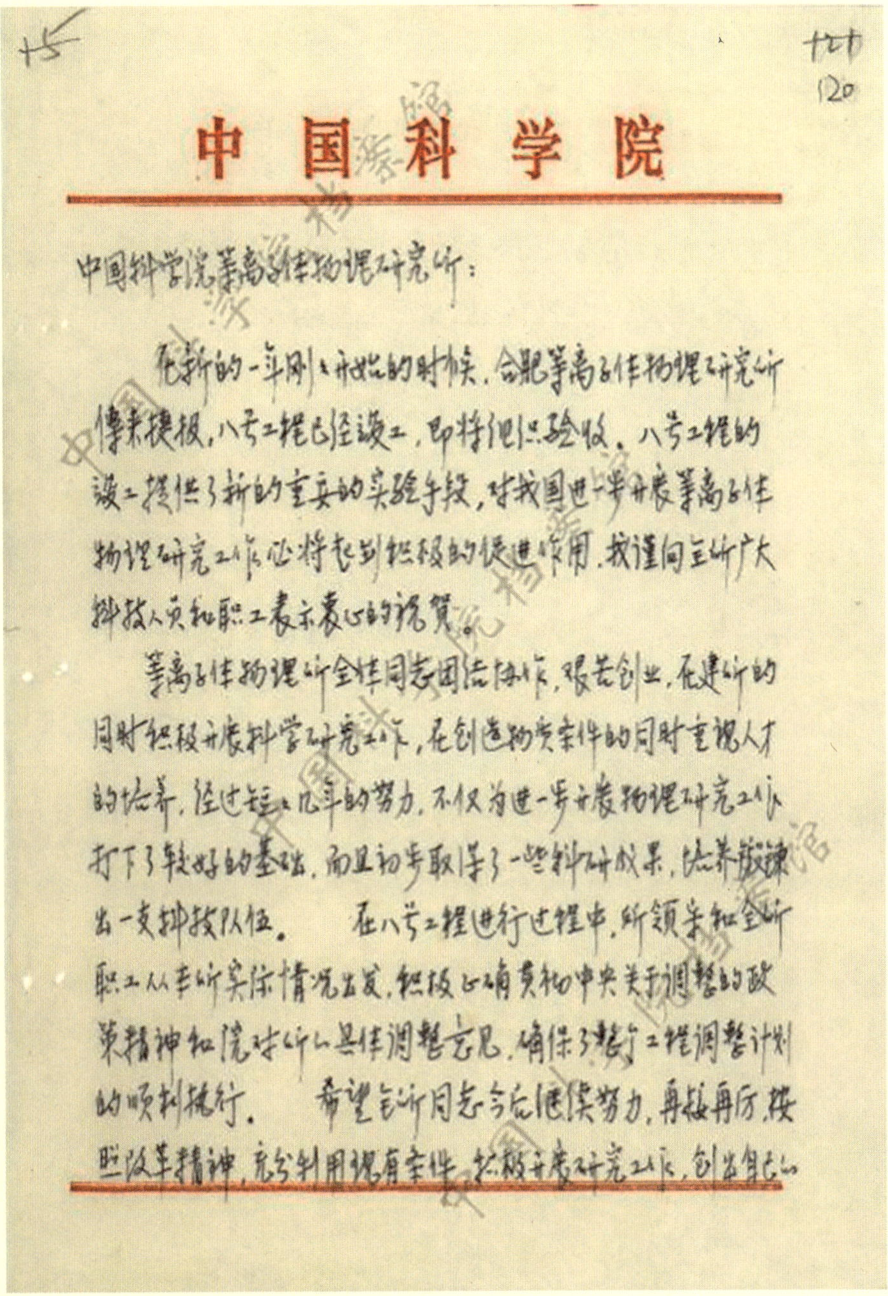

中国科学院

中国科学院等离子体物理研究所：

在新的一年刚刚开始的时候，合肥等离子体物理研究所传来捷报，八号工程已经竣工，即将组织验收。八号工程的竣工提供了新的重要的实验手段，对我国进一步开展等离子体物理研究工作必将起到积极的促进作用。我谨向全所广大科技人员和职工表示衷心的祝贺。

等离子体物理所全体同志团结协作，艰苦创业，在建所的同时积极开展科学研究工作，在创造物质条件的同时重视人才的培养，经过短短几年的努力，不仅为进一步开展物理研究工作打下了较好的基础，而且初步取得了一些科研成果，培养锻炼出一支科技队伍。　在八号工程进行过程中，所领导和全所职工从本所实际情况出发，积极正确贯彻中央关于调整的政策精神和院对所的具体调整意见，确保了装置工程调整计划的顺利执行。　希望全所同志今后继续努力，再接再厉，按照改革精神，充分利用现有条件，积极开展研究工作，创出自己的

图 12.1　周光召发给等离子体所的贺信

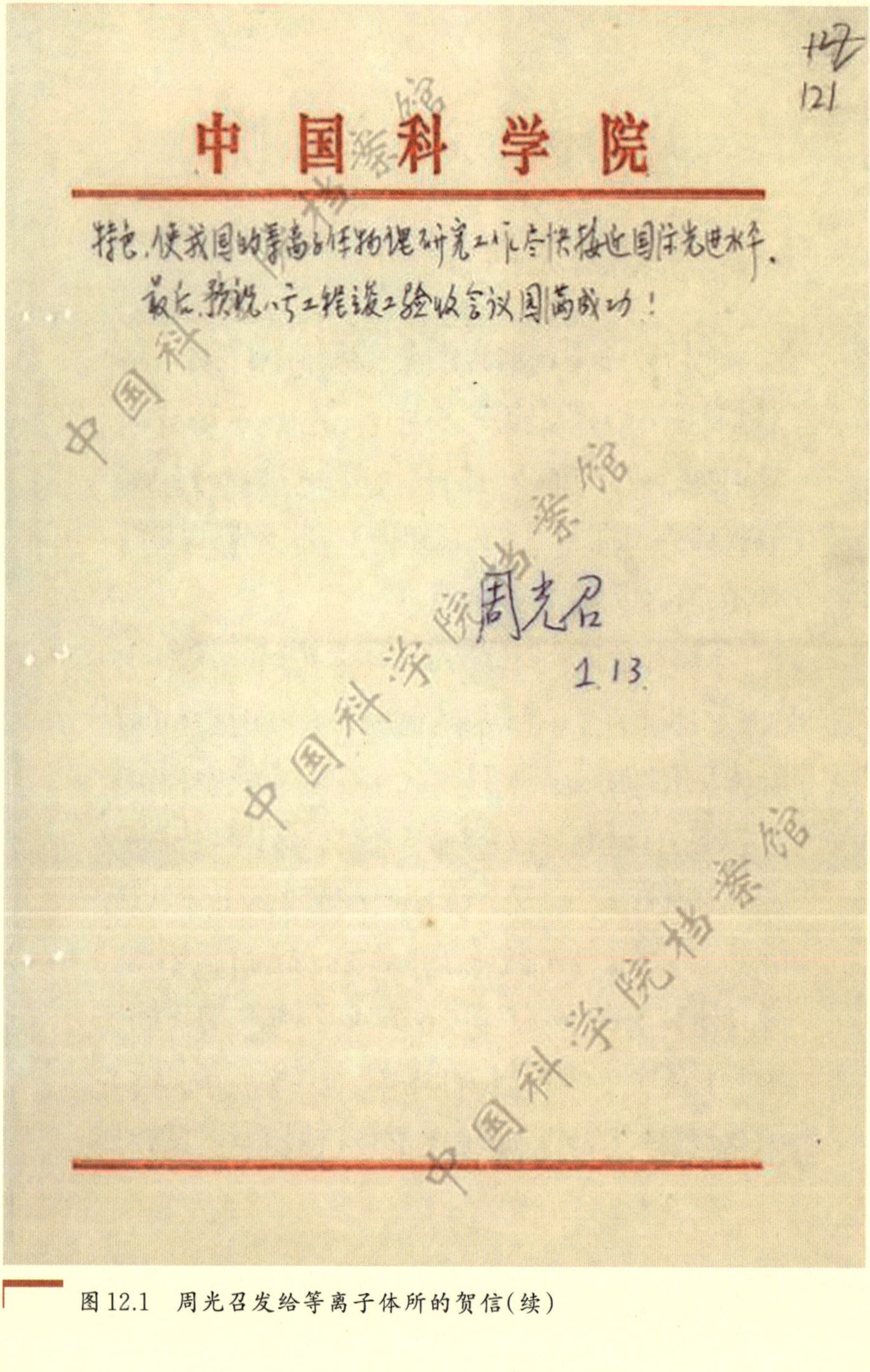

142
121

中国科学院

特色，使我国的等离子体物理研究工作尽快接近国际先进水平。

最后，预祝八号工程课题二验收会议圆满成功！

周光召

1.13

中国科学院档案馆

图 12.1　周光召发给等离子体所的贺信(续)

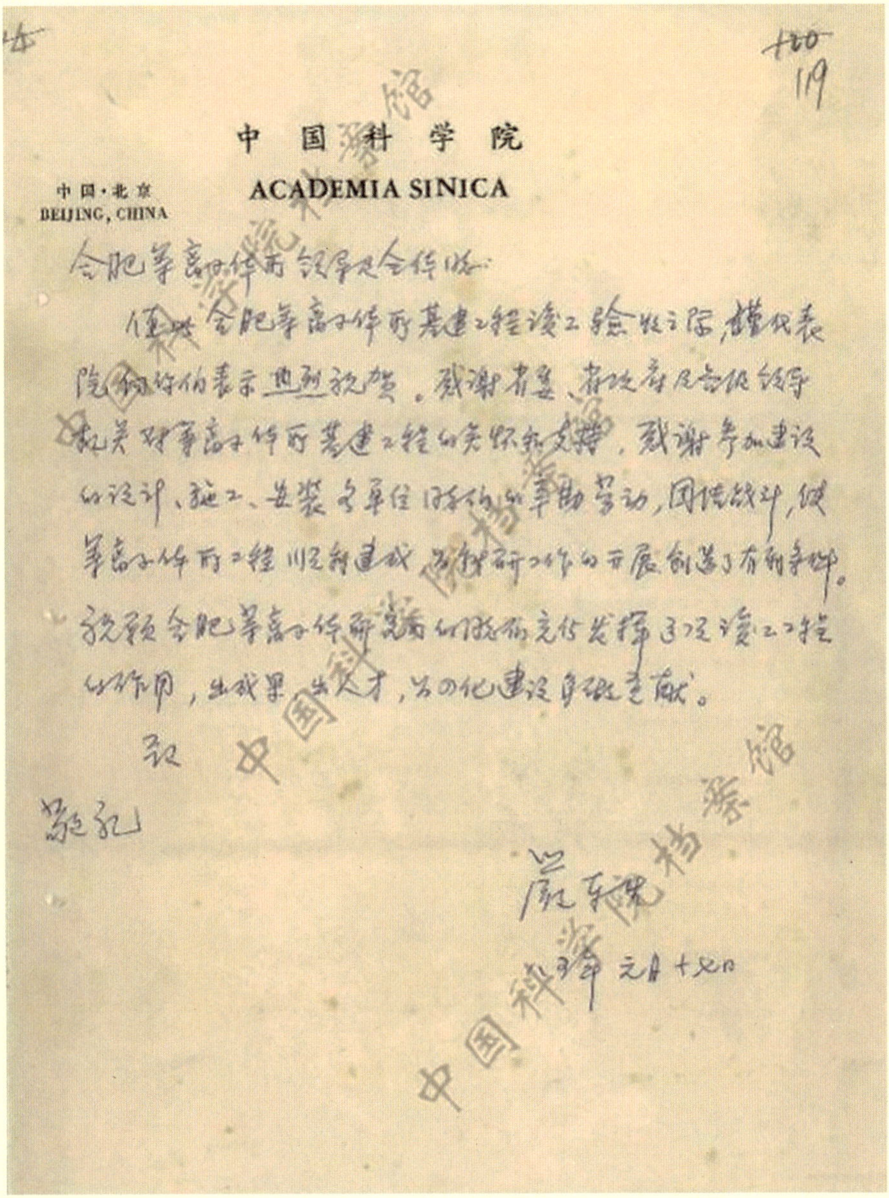
中国科学院
ACADEMIA SINICA
中国·北京
BEIJING, CHINA

合肥等离子体所领导及全体同志：

值此合肥等离子体所基建工程竣工验收之际，谨代表院领导向你们表示热烈祝贺。感谢省委、省政府及合肥市领导机关对等离子体所基建工程的关怀和支持，感谢参加建设的设计、施工、安装各单位同志们的辛勤劳动，团结协作，使等离子体所工程顺利建成，为科研工作的开展创造了有利条件。祝愿合肥等离子体所全体同志们充分发挥这项工程的作用，出成果，出人才，为四化建设多做贡献。

致

敬礼

严东生

元月十九日

图 12.2　严东生发给等离子体所的贺信

贺。感谢省委、省政府及各级领导机关对等离子体所基建工程的关怀和支持，感谢参加建设的设计、施工、安装各单位同志们的辛勤劳动，团结战斗，使等离子体所工程顺利建成，为科研工作的开展创造了有利条件。

祝愿合肥等离子体所的同志们充分发挥这项竣工工程的作用，出成果，出人才，为四化建设争做贡献。

12.2　竣工验收委员会

1985年1月19—20日，中国科学院受国家计委的委托，在合肥召开了受控热核反应八号工程竣工验收会议，竣工验收委员会名单如下（图12.3）：

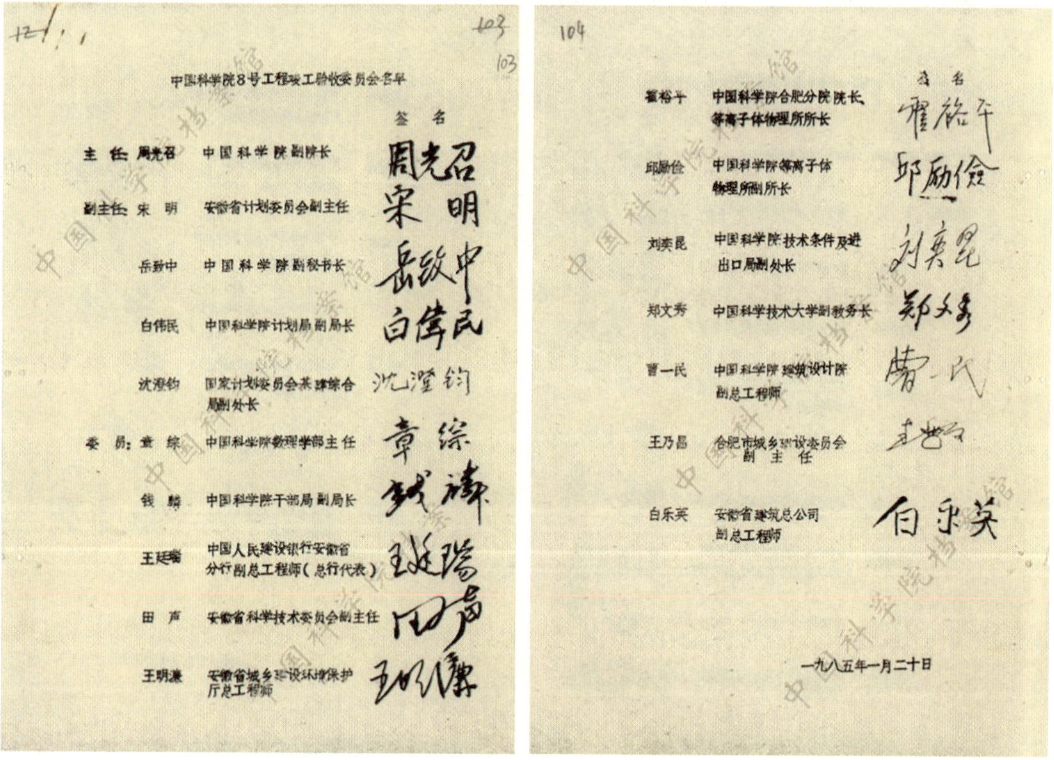
中国科学院8号工程竣工验收委员会名单

签名

主任：	周光召	中国科学院副院长
副主任：	宋　明	安徽省计划委员会副主任
	岳致中	中国科学院副秘书长
	白伟民	中国科学院计划局副局长
	沈澄钧	国家计划委员会基建综合局副处长
委员：	章　综	中国科学院数理学部主任
	钱　臻	中国科学院干部局副局长
	王廷瑞	中国人民建设银行安徽省分行副总工程师（总行代表）
	田　声	安徽省科学技术委员会副主任
	王明谦	安徽省城乡建设环境保护厅总工程师
	霍裕平	中国科学院合肥分院院长、等离子体物理所所长
	邱励俭	中国科学院等离子体物理所副所长
	刘奕昆	中国科学院技术条件及进出口局副处长
	郑文秀	中国科学技术大学副教务长
	曹一民	中国科学院建筑设计院副总工程师
	王乃昌	合肥市城乡建设委员会副主任
	白乐英	安徽省建筑总公司副总工程师

一九八五年一月二十日

图12.3　八号工程竣工验收委员会名单

主　任	周光召	中国科学院副院长
副主任	宋　明	安徽省计划委员会副主任
	岳致中	中国科学院副秘书长
	白伟民	中国科学院计划局副局长
	沈澄钧	国家计委基建综合局副处长

成　员　章　综　中国科学院数理学部主任
钱　麟　中国科学院干部局副局长
王廷瑞　中国人民建设银行安徽省分行副总工程师(总行代表)
田　声　安徽省科学技术委员会副主任
王明濂　安徽省城乡建设环境保护厅总工程师
霍裕平　中国科学院合肥分院院长、等离子体所所长
邱励俭　中国科学院等离子体物理研究所副所长
刘奕昆　中国科学院技术条件进出口局副处长
郑文秀　中国科学技术大学副教务长
曹一民　中国科学院北京建筑设计院副总工程师
王乃昌　合肥市城乡建设委员会副主任
白乐英　安徽省建筑总公司副总工程师

来自55家单位的165名代表参加了八号工程竣工验收会议,人员名单如表12.1所示。

表12.1　八号工程竣工验收会议代表一览表

姓名	性别	单　　位	职务/职称	专业
周光召	男	中国科学院	副院长	
岳致中	男	中国科学院	副秘书长	
沈澄钧	男	国家计划委员基建综合局	副处长	
宋　明	女	安徽省计划委员会	副主任	
王廷瑞	男	中国人民建设银行安徽省分行(总行代表)	副行长、副总工程师	
田　声	男	安徽省科学技术委员会	副主任	
王明濂	男	安徽省城乡建设环境保护厅	总工程师	土建
白伟民	男	中国科学院计划局	副局长	
章　综	男	中国科学院数理学部	主任	
霍裕平	男	中国科学院合肥分院	院长兼所长、研究员	
李凤楼	男	中国科学院合肥分院	副院长、高工	
刘　曙	男	中国科学院合肥分院	党组书记	
阎长久	男	中国科学院合肥分院	秘书长	
朱振泉	男	安徽省计划委员会	副处长	
许克家	男	安徽省计划委员会		
杨永泉	男	中国人民建设银行安徽省分行	处长	
张智定	男	中国人民建设银行安徽省分行	副科长	
陆　森	男	安徽省科学技术委员会	副处长、工程师	航空

续表

姓名	性别	单　　位	职务/职称	专业
史　进	男	安徽省城乡建设环境保护厅	副厅长	化学
刘思雄	男	安徽省城乡建设环境保护厅	副处长	暖通
张长银	男	安徽省城乡建设环境保护厅	助工	
王若琊	女	中国科学院计划局	副处长	
唐世跃	男	中国科学院数理学部	工程师	
刘奕昆	男	中国科学院技术条件进出口局	副处长	
杨其铭	男	中国科学院	院长秘书	
汤小青	男	中国科学院计划局		
王　迁	男	中国科学院计划局		
朱一平	男	合肥市计划委员会	工程师	土建
徐　狄	男	合肥市科学技术委员会	主任	
方运德	男	合肥市规划设计院	副总工程师	规划
郭　伟	男	中国人民建设银行合肥市支行	副行长	
余章实	男	中国人民建设银行合肥市支行	副科长	
余亚平	男	中国人民建设银行合肥市支行	副科长	
童乃斌	男	中国人民建设银行合肥市支行		
刘　巍	男	合肥市劳动局	助工	压力容器
张善康	男	合肥市统计局	干部	统计
刘乃新	男	合肥市环境保护局	科长	放射化学
李家申	男	合肥市环境保护局	助工	化工机械
万广宏	男	合肥市环境保护监测站	书记	
唐长风	男	合肥市供电局	工人	
张　歌	男	合肥市卫生局	党委书记	
瞿林怀	男	合肥市卫生防疫站	工程师	卫生
徐明生	男	合肥市总工会	副部长	劳保
丁先正	男	合肥市公安消防大队	大队长	消防
曹秀园	男	合肥市公安消防大队	技干	消防
叶树新	男	安徽省建筑总公司	处长	
白乐英	男	安徽省建筑总公司	副总工程师	
李永良	男	安徽省第一建筑公司	副经理、工程师	
邓元普	男	安徽省第一建筑公司	副经理、工程师	
邓德尧	男	安徽省第一建筑公司	副经理	
袁士信	男	安徽省第一建筑公司第二工区	工程师	
袁　平	女	安徽省第一建筑公司第二工区	技术员	

续表

姓名	性别	单　　位	职务/职称	专业
张元武	男	中国科学技术大学	副总工程师	
周子章	男	中国科学技术大学	副处长	
王金鹏	男	中国科学技术大学	工程师	机械
顾俊廉	男	中国科学技术大学	总支书记	
王玉莹	女	中国科学技术大学	工程师	预算
栾开洛	男	中国科学技术大学	会计师	会计
胡曙初	男	合肥工业大学	讲师	结构
钱翰清	男	中国科学院上海分院	工程师	工民建
张　毅	男	中国科学院上海分院	干部	管理
吴至浩	男	中国科学院南京分院		水电
戴明月	女	中国科学院南京天文仪器厂	会计	财务
苗德贵	男	中国科学院兰州近代物理所	工程师	加速器
于慧芬	女	中国科学院青岛海洋所	会计	
孙楚帆	男	中国科学院紫金山天文台	工程师	土建
卜纪民	男	上海电机厂	工程师	电机
邱世钟	男	上海电机厂	工程师	电机
王鸿品	男	上海电机厂	工程师	电机
吴金明	男	上海电机厂	主任	电机
王　哲	男	沈阳润滑设备厂	技术员	机械制造
周斌岐	男	宜兴纯水设备厂		
高　峰	男	安徽医学院	工程师	土建
殷泉清	男	水电部第二电力建设工程局	技师	机械
程瑞珍	女	合肥市房屋建设开发公司	科长	会计
茅邦勇	男	合肥晚报社	编辑	
李　明	男	合肥晚报社	摄影记者	
叶道理	男	合肥晚报社	政治部主任	
詹　旭	男	安徽人民广播电台	记者	
周瑞平	男	安徽省文化报社	记者	
邱励俭		中国科学院等离子体物理研究所	副所长、研究员	反应堆
马幼芬		中国科学院等离子体物理研究所	工程师	电讯
沈光荣		中国科学院等离子体物理研究所	主任、工程师	管理
丛培茂		中国科学院等离子体物理研究所	处长	
赵共和		中国科学院等离子体物理研究所	副处长	
黄　贵		中国科学院等离子体物理研究所	副处长	物资

续表

姓名	性别	单　　位	职务/职称	专业
李谟祥		中国科学院等离子体物理研究所	科长、工程师	电气
季幼章		中国科学院等离子体物理研究所	处长、副研	电机
乐秀夫		中国科学院等离子体物理研究所	副处长、高工	工企
钟小华		中国科学院等离子体物理研究所	工程师	建筑电气
冯士芬		中国科学院等离子体物理研究所	工程师	电气
邓伯芳		中国科学院等离子体物理研究所	工程师	电机
姚秀鸾		中国科学院等离子体物理研究所	工程师	工企
黄诗言		中国科学院等离子体物理研究所	工程师	电机
周敏忠		中国科学院等离子体物理研究所	工程师	工企
周士国		中国科学院等离子体物理研究所	工程师	电机
李自淳		中国科学院等离子体物理研究所	工程师	动力
许成金		中国科学院等离子体物理研究所	工程师	无线电
沈耐芬		中国科学院等离子体物理研究所	工程师	电力
贺旦莉		中国科学院等离子体物理研究所	工程师	电机
杨　军		中国科学院等离子体物理研究所	工程师	电气
于凤兰		中国科学院等离子体物理研究所	工程师	化工
于　琦		中国科学院等离子体物理研究所	助理会计师	会计
孙世洪		中国科学院等离子体物理研究所	助工	电气
孙德庆		中国科学院等离子体物理研究所	助工	暖通
李惠琴		中国科学院等离子体物理研究所	科员	
孙学义		中国科学院等离子体物理研究所	科长、工程师	
邵玉贵		中国科学院等离子体物理研究所	工程师	
卢为国		中国科学院等离子体物理研究所	工程师	
钱正龙		中国科学院等离子体物理研究所	科长	
黄望淑		中国科学院等离子体物理研究所	工程师	
李汉民		中国科学院等离子体物理研究所	助工	
郑光华		中国科学院等离子体物理研究所	助工	
刘福国		中国科学院等离子体物理研究所	技干	
李智秀		中国科学院等离子体物理研究所	助工	
罗银妹		中国科学院等离子体物理研究所	助工	
胡　萍		中国科学院等离子体物理研究所	助工	
王孟兰		中国科学院等离子体物理研究所	助工	
丁　刚		中国科学院等离子体物理研究所	工人	
朱绪法		中国科学院等离子体物理研究所	工人	

续表

姓名	性别	单　　位	职务/职称	专业
庄建春		安徽省物资局	工程师	
胡水银		安徽省档案局	馆员	
王乃昌		合肥市城乡建设委员会	副主任	规划
蒋白义		合肥市城乡建设委员会		
方　悦		合肥市规划处	助工	
李先春		安徽省金属材料公司	副科长	
陆炳根		安徽省工业设备安装公司第二工区		
张志海		安徽省工业设备安装公司第二工区		
钱　麟		中国科学院干部局	副局长	
彭明山		安徽省第一建筑公司第四工区		
陈珑娣		中国科学院合肥分院工程处		会计

12.3 验收领导小组验收报告

在竣工验收委员会的领导下，八号工程验收工作由验收领导小组（表12.2）进行组织，根据工程竣收要求，成立了土建验收小组（表12.3）、工艺设备验收小组（表12.4）、安全卫生和环境保护验收小组（表12.5）、财务验收小组（表12.7、表12.8、表12.9）、8-2杯形基础混凝土强度鉴定小组（表12.10）等，从1985年1月15日至18日先行同步开展了验收工作。

经过四天的紧张工作，各验收小组分别出具了相关的竣工验收报告。

1. 土建验收小组

土建验收小组的全体代表进行了认真分析、反复讨论、查阅资料、现场查验后，得出以下结论：

（1）土建设计方面。

本工程在总体设计上布局合理，满足了科研和生产的使用要求，并考虑了近期和远期的发展需要，留有充分的发展余地，使新老实验区形成了有机的整体，并在近期内已发挥了经济效益。在单体设计中，尤其对8-2电源大厅的四台直流脉冲发电机组的基础设计，邀请了国内有名望的专家学者进行论证分析，最后决定采用天然地基，每两台电机联合组成钢筋混凝土墙式联合基础。实践证明，这种设计是成功的，设计质量是好的，具备国内先进水平。

表 12.2　八号工程初步验收领导小组成员

姓名	职务	单　　　位	职务/职称
白伟民	组长	中国科学院计划局	副局长
宋　明	副组长	安徽省计划委员会	副主任
王廷瑞	副组长	中国人民建设银行安徽省分行(总行代表)	副总工程师
章　综	副组长	中国科学院数理学部	主任
王明濂	副组长	安徽省城乡建设环境保护厅	总工程师
田　声	成员	安徽省科学技术委员会	副主任
刘奕昆	成员	中国科学院技术条件及进出口局	副处长
王乃昌	成员	合肥市城乡建设委员会	副主任
曹一民	成员	中国科学院北京建筑设计院	副总工程师
郑文秀	成员	中国科学技术大学	副教务长
阎长久	成员	中国科学院合肥分院	原秘书长
邱励俭	成员	中国科学院等离子体物理研究所	副所长

表 12.3　土建组初步验收小组成员

姓名	单　　　位	职务/职称
钱翰清	中国科学院上海分院	工程师
富喜来	中国科学院北京建筑设计院	工程师
胡曙初	合肥工业大学	讲师
邓伯芳	中国科学院等离子体物理研究所	工程师
王　迁	中国科学院计划局	干部
朱振泉	安徽省计划委员会	副处长
叶树新	安徽省建筑总公司	处长
赵晋生	中国科学院北京建筑设计院	工程师
石春福	中国科学院北京建筑设计院	工程师
蔡裕泽	中国科学院合肥分院计划处	副处长
周治国	中国科学院合肥分院	科长、工程师
撒木兰	中国科学院合肥分院计划处	工程师
郑德尧	安徽省第一建筑公司	副经理
袁士信	安徽省第一建筑公司二工区	工程师
袁　平	安徽省第一建筑公司二工区	技术员
王传清	合肥市郊区修建公司三十里岗建筑队	队长
方运德	合肥市规划设计院	副总工程师
庄建春	安徽省物资局	工程师
胡水银	安徽省档案局	馆员

续表

姓名	单　　位	职务/职称
朱一平	合肥市计划委员会	工程师
方　悦	合肥市规划处	工程师
高　峰	安徽省医学院	助工
吴治浩	中国科学院南京分院	工程师
孙楚帆	中国科学院紫金山天文台	工程师
季春晖	中国科学院安徽光机所	副处长
陶中华	中国科学院固体物理研究所	副处长、助研
张桂荣	中国科学院智能机械研究所	
丛培茂	中国科学院等离子体物理研究所	处长
赵共和	中国科学院等离子体物理研究所	副处长
周士国	中国科学院等离子体物理研究所	工程师
李自淳	中国科学院等离子体物理研究所	工程师
沈耐芬	中国科学院等离子体物理研究所	工程师
孙世洪	中国科学院等离子体物理研究所	助工
杨　军	中国科学院等离子体物理研究所	工程师
孙学义	中国科学院等离子体物理研究所	工程师
邵玉贵	中国科学院等离子体物理研究所	科长、工程师
王孟兰	中国科学院等离子体物理研究所	助工
郑文秀	中国科学技术大学	副教务长
曹一民	中国科学院北京建筑设计院	副总工程师
王明濂	安徽省城乡建设环境保护厅	总工程师、高工
孙守占	机械部第一机电设备安装公司第三工程处	队长
卢国琛	中国科学院安徽光机所	副所长、高工
彭明山	安徽省第一建筑公司第四工区	

本工程的整个土建设计，经过竣工后的实用考验，符合工艺和使用要求，设计质量优良。

（2）土建施工方面。

本工程在施工中，施工单位、设计单位和建设单位高度重视、共同努力、密切配合，做到了精心施工，确保质量。8-1实验大厅、8-3机加车间、8-4变电所、8-5冷冻站、8-9室外工程中管道工程、8-10锅炉房施工质量均被评为优良。8-6(2-4)改建工程、8-8家属住宅、8-9室外工程中道路排水工程施工质量被评为合格。8-2电源大厅因基础标号未查清，暂不评定。如以后查清，基础质量合格,亦可被评为优良。

(3) 水暖电方面。

本工程水、暖、电总体布局和单项设计均是合理的,既满足了近期科研、生产的需要,又留有充分的发展余地,为今后进一步发展奠定了基础。水、暖、电各单项工程的施工资料说明,施工质量达到且部分超过了设计要求,经过竣工后的使用检验,效果良好,符合科研、生产的使用要求。

室外排水和污水排放还存在一定的问题,希望在验收后再妥善解决。

水暖电工程经济合理,工期适当,符合国家要求。

(4) 存在的问题。

① 8-2电源大厅,经验收发现杯形基础的混凝土标号中有一组试块试压只有86#,与设计标号150#相差过大,不符合质量要求。要求在验收后尽快查清问题,做出适当处理。

② 本工程竣工图纸在验收前没有完成。大家在讨论中反映强烈,认为竣工图纸非常重要,必须在验收后组织力量限期完成。在1985年4月底前绘制完毕,6月底以前装订存档。

③ 本工程的污水排放,虽然数量不大,但应进行监测,根据监测结果做出适当处理。董铺水库为合肥市饮用水源,市政部门对此有严格要求。希望主管部门和分院考虑在全岛范围统一处理,尽快解决。

室外雨水原设计为明沟排水,后施工时改为暗沟。因此,标号不够,排放困难,建议验收后解决。

④ 本工程绿化问题,应在验收后予以解决。董铺岛是合肥市的重点风景区,绿化问题尤为重要。

⑤ 两幢大板楼住宅虽属合格,但因当时推广大板建筑,并以此工程作为试验性建筑,大板接缝处漏水严重,今后应予补修。

(5) 未完善的事项。

① 八号工程的屋面防水,请施工单位在春季进行修补。

② 8-1实验大厅无施工执照,请研究所于1985年2月前补办手续。

③ 8-2电源大厅存在下述问题:a. 天窗传动部分及窗户关闭不严而漏水,请所机加工车间进行修理,1985年2月份前完成;b. 测量室屏蔽门关闭不严,请施工单位在1985年2月前进行修整。

④ 冷冻机房及配电房等木制件未刷油漆,请施工单位在1985年2月前进行补刷。

⑤ 冷冻机房的报警器,请施工单位于1985年6月底前补装。

2. 工艺设备验收小组

工艺设备验收小组听取了设计、制造、安装和使用单位对八号工程的主要非标设备，即四套脉冲飞轮发电机组等的制造、设备工艺流程的设计、设备的选型、设备的安装、“三材”的收支情况，以及使用单位对有关情况的报告，查看了现场，查阅了有关单项工程的图纸资料等，初验意见主要内容如下：

（1）工程概况。

八号工程在建设过程中，根据中共中央〔中发（80）2号〕文件和中国科学院〔（80）科发二字857号〕文件关于八号装置停建后继续办好等离子体物理所的精神，对原建设内容作了新的调整和修改，因此对原设计中所需的非标设备和定型的仪器设备也作了相应的调整和修改。

按照“五定”核准的建设内容，包括8-1实验大厅、8-2电源大厅、8-3机加车间、8-5水处理系统等科研用房、辅助用房和生活用房等9个单项工程。

（2）设备概况。

根据“五定”的批准，八号工程的总投资为3101万元，其中设备费为1717万元，共需仪器设备1671台件。实际完成投资3101万元，其中设备费为1879.33万元，共购置仪器设备2312台件，除少量为非标设备外，其余均为国内机械工业部、水利电力部和电子工业部等所属100多个生产厂的定型产品，实际完成设备投资占工程总投资的60.6%。

表12.4　工艺设备组初步验收小组成员

姓名	单　　位	职务/职称
庞广文	机械部第一机电设备安装公司第三工程处	主任
刘奕昆	中国科学院进出口及技术条件局	副处长、工程师
冯士芬	中国科学院等离子体物理研究所	工程师
唐世跃	中国科学院数理学部	工程师
李祥文	中国科学院北京建筑设计院	工程师
钱澄清	中国科学院北京建筑设计院	工程师
张华德	中国科学院合肥分院工程处	处长
朱玉蓉	中国科学院合肥分院	工程师
徐其铭	中国科学院合肥分院工程处	处长
曾学智	中国科学院合肥分院工程处	科长
苗德贵	中国科学院兰州近代物理所	工程师
刘思雄	安徽省城乡建设环境保护厅	副处长
白乐英	安徽省建筑总公司	副总工程师

续表

姓名	单位	职务/职称
蒋长书	安徽省工业设备安装公司	副经理
秦述人	安徽省工业设备安装公司	工程师
徐阿春	安徽省工业设备安装公司第二工区	工程师
项贤政	安徽省工业设备安装公司第二工区	工程师
陈雷康	机械部第一机电设备安装公司第三工程处	副主任
黄兆梁	机械部第一机电设备安装公司第三工程处	工程师
吴　熹	机械部第一机电设备安装公司第三工程处	工程师
范亦微	机械部第一机电设备安装公司第三工程处	工程师
李念庆	机械部第一机电设备安装公司第三工程处	工程师
唐长风	合肥市供电局	工人
卜纪民	上海电机厂	工程师
邱世钟	上海电机厂	工程师
王鸿品	上海电机厂	工程师
吴金明	上海电机厂	主任
王　哲	沈阳润滑设备厂	技术员
周斌岐	宜兴纯水设备厂	技术员
殷泉清	水电部第二电力建设工程局	技师
乐秀夫	中国科学院等离子体物理研究所	副处长、高工
黄　贵	中国科学院等离子体物理研究所	副处长、工程师
黄诗言	中国科学院等离子体物理研究所	工程师
周敏忠	中国科学院等离子体物理研究所	工程师
许成金	中国科学院等离子体物理研究所	工程师
贺旦莉	中国科学院等离子体物理研究所	工程师
卢为国	中国科学院等离子体物理研究所	工程师
李惠琴	中国科学院等离子体物理研究所	科员
黄望淑	中国科学院等离子体物理研究所	工程师
刘福国	中国科学院等离子体物理研究所	技干
李汉民	中国科学院等离子体物理研究所	助工
郑光华	中国科学院等离子体物理研究所	助工
李智秀	中国科学院等离子体物理研究所	助工
罗银妹	中国科学院等离子体物理研究所	助工
胡　萍	中国科学院等离子体物理研究所	助工

工程建设过程中，根据科研工作的实际需要，现建成的各单项工程中实有的仪器设备数与“五定”核准数相比，多购的有641台(件)，不再添置的有32台

(件),未按设计就位而挪位的有204台(件)。

(3) 工艺设计与设备选型和安装调试的情况。

① 8-2电源大厅。

电源大厅工艺布局设计先进,四套ZMF-500-50直流脉冲飞轮发电机组由于上海电机厂采用了先进的设计方案和制造工艺,质量优良,是目前国内最高水平。

供电、控制、保护、测量、通风润滑等系统的设备选型合理。

发电机组经启动、制动和空载运行,并复核了上海电机厂OEH·514·581技术条件之19~21项、23项、25~30项的试验,均达到规定指标(其中22项、24项厂方已做过出厂试验,也达到了规定指标)。

机组的安装是高质量的,经测定:振动单幅值不大于0.01 mm,轴承的稳定温升不超过15 ℃,均超过了预定的验收标准,各辅机的设备安装也达到了国标的要求。

属于8-2单项工程的35 kV变电所的工艺布局、设备选型先进,安装、调试优良,经合肥市供电局验收合格,已于1984年11月23日一次投入运行成功。

8-2单项工程综合评定为优良。

② 其他单项工程。

8-1主机大厅:主要土建设备50 t吊车、空调、风机等选型合理,运转良好。主要工艺设备中性注入器、电容器电源、数据处理系统等设备都已运行,并且取得了实验成果,综合评定为优良。

8-3机加车间:该单项工程将承担八号工程部分工艺设备的加工任务,并为工艺设备的原型实验提供必要的加工场地。车间中安装的各类机床质量合格,安装质量优良。自1980年交付使用以来,该车间已完成大量的加工任务和外协任务,如HT-6M装置等。目前正在承担北京正负电子对撞机二极磁铁和四极磁铁的加工任务。综合评定为优良。

8-5水处理系统:该单项工程包括冷冻站和去离子水系统两部分,是主要的配套工程。冷冻站的设备选型合理,工艺流程好。安装质量高,无泄漏、无氨味,调试运行符合设计要求。综合评定为优良。

去离子子系统装置的水质指标超过了原设计要求。设备本身优良,工艺流程合理,但设备布局受狭小场地的限制,综合评定为合格。

8-10锅炉房:锅炉选型好,安装质量优良,采用集中供暖的方式,降低了煤耗,供暖达到设计要求。综合评定为优良。

(4)“三材”的消耗。

“五定”核准的八号工程建筑面积为20438 m^2(含改建面积1500 m^2),建筑结构为混凝土排和砖混。“三材”的概算需要量为:钢材2063 t,木材3043 m^3,水泥8997 t。实际消耗量为:钢材1993.9 t,木材2668 m^3,水泥8800 t。实际消耗数低于概算数。

(5)遗留问题。

① 竣工资料必须在验收后半年内完善下述内容:每个工号应补充一份概况说明;个别修改图纸应补上签字;机加车间的材料应补上工艺设备汇总表;单机安装、试车运转记录甲乙双方应补上签字,单机资料应装订成册。

② 超过“五定”核准数多购和挪位的设备,应在半年内补齐设备平面图,并增加充分的文字说明。

③ 正在北京电器研究所研制的真空断路器和真空触发器,应在1985年底前交付使用。

④ 因八号装置下马,现存放在合肥电机厂和合肥变压器厂赔偿非标加工预付款抵押的4 m立车、九芯轧平机、联合冲剪机和立式钻床等四台设备,准予在验收后尽快处理完毕。

⑤ 已列入固定资产,因耗能高、产品质量低劣,实际不能安装使用的九台设备,准予在验收后尽快处理完毕。

⑥ 建议在1986年内,所、厂双方应积极组织四套直流脉冲飞轮发电机组的负荷试验。

(6)评价。

八号工程的工艺设计比较先进,设备选型合理,安装质量优良,一次调试成功。为八号工程购置的仪器设备,目前已全部交付使用,达到设计标准,满足使用要求,并在实际工作中发挥了作用,为进一步形成具有我国特色的高温等离子体物理实验基地奠定了良好的基础。

3. 安全卫生和环境保护验收小组

八号工程环境保护、劳动保护、安全卫生、消防竣工初步验收报告如下:

关于环境保护、劳动保护、安全卫生、消防设施等方面的问题,由于种种原因和目前国家对这方面的要求日趋严格,与会代表经过充分讨论和协商,对中国科学院八号工程在这方面做的工作和采取的措施予以充分肯定。在此基础上,对尚存在的一些问题提出落实整改的措施计19项(表12.6),暂定要求中国科学院拨款40万元,限期予以解决,分别使其达到国家规定的要求和标准。鉴于八号工程已竣工,对存在的问题已落实了整改措施和资金,并分别由中国科学院合肥分院及等离子体物理所负责具体实施，为尽快发挥投资效益，加快科研工作步伐，与会代表认为八号工程可以进行正式验收。

表 12.5　安全卫生和环境保护初步验收小组成员

姓名	单　　位	职务/职称
张长银	安徽省城乡建设环境保护厅	助工
曹秀元	合肥市公安消防大队	技干
刘　巍	合肥市劳动局	助工
徐明生	合肥市总工会	副部长
张善康	合肥市统计局	干部
李家申	合肥市环境保护局	助工
瞿林怀	合肥市卫生防疫站	医师
钟小华	中国科学院等离子体物理研究所	工程师
钱正龙	中国科学院等离子体物理研究所	科长
于凤兰	中国科学院等离子体物理研究所	工程师
孙德庆	中国科学院等离子体物理研究所	助工
朱绪法	中国科学院等离子体物理研究所	工人

表 12.6　环境保护、劳动卫生、消防安全整改措施

分类	序号	项　目	地点	存在问题	整改措施	预计费用(元)	资金来源	完成日期	检查者
环保	1	环境影响评价	全所	无环境评价书	补环境评价书	10000		1985年6月底	市环保局
	2	酸碱水处理	纯水站	酸碱水未处理	建酸碱中和池	30000	科学院落实	1985年6月底	市环保局
	3	含油污水处理	全所	含油水未处理	建油水分离装置	70000	科学院落实	1985年6月底	市环保局
	4	所区其他污水处理	全所	污水未处理，污染水库	建议分院规划处理				
噪声	5	纯水站	8-1实验大厅	噪声超过国家标准(87.9 dB)	工作间和机房采取隔离措施	3000	科学院落实	1985年6月底	市卫生防疫站
	6	电机大厅、稀油站	8-2电源大厅	噪音未测	补测噪声，如超过标准应采取改进措施			1985年6月底	市卫生防疫站
	7	卧式空调机房	8-1实验大厅	噪声超过国家标准(85.2 dB)	将修理间改为工作间，增加观察窗，电气设备移入工作间			1985年4月底	市卫生防疫站

续表

分类	序号	项目	地点	存在问题	整改措施	预计费用(元)	资金来源	完成日期	检查者
劳动卫生	8	X射线防护	8-1实验大厅	强度未测	补测强度,防护达到要求方可投入运行			装置运行前	市卫生防疫站
	9	强磁场防护	8-1实验大厅	强度未测	补测强度,防护达到要求方可投入运行			装置运行前	市卫生防疫站
	10	酸碱气防护	纯水站	酸碱槽设在机房内	采取隔离防护措施			1985年底	市卫生防疫站
消防安全	11	8-1、8-2控制室电子计算机房火灾报警		无火灾自动报警、自动灭火装置	安装火灾自动报警、自动灭火装置	200000	科学院落实	1985年底	市消防大队
	12	室外消火栓	8-3机加车间	机加车间缺少室外消火栓	车间南边增设一支室外消火栓			1985年底	
	13	电气设备防爆	冷冻站	电气设备不防爆	按Q-3场所更换防爆型电气设备			1985年6月底	
	14	贮氨罐	冷冻站	两氨罐之间无氨泵	两氨罐间增设一氨泵			1985年6月底	
	15	围墙	科研区	围墙太矮,东、南面无围墙	围墙加高,东面增设围墙,南面加钢网	50000	科学院落实	1985年底	市消防大队
文明生产	16	安全制度、操作规程	所区	安全制度、操作规程不完善,安全标语不明显	建立健全各项安全制度和操作规程,刷新、增加安全标志			1985年3月底	市总工会
	17	安全、环保机构和人员	等离子体所	无安全、环保机构和专职人员	建议建立安全、环保机构,落实专职人员				
	18	绿化	所区	绿化面积太少	增加绿化面积,不应小于占地面积的15%	30000	科学院落实	1986年底	省城乡建设环保厅
	19	安全监察	冷冻站	部分压力容器没开人孔,无损采伤比例不够,安装附件部分没校验,承压元件用了沸腾钢	逐步解决				市劳动局

4. 财务验收小组

财务验收小组出具了八号工程竣工决算的审查意见,具体内容包含以下几方面:

(1) 建设依据。

1976年11月,国家计委以〔(76)计计字312号〕文件批准八号工程的计划任务书,建筑面积15000 m^2,基建投资2500万元;1977年11月,中国科学院以〔(77)科发基字973号〕文件批准八号工程扩大初步设计,建筑面积19600 m^2,其中改建面积3800 m^2,基建投资3000万元;1983年11月,中国科学院以〔(83)科发计字0962号〕文件对八号工程进行"五定",核定建筑面积20438 m^2,其中改建面积1500 m^2,基建投资为3101万元。八号扩建工程于1978年6月动工,工程竣工建筑面积完成20471 m^2,占"五定"批准面积的100.2%;实际完成投资为3101万元,占"五定"核定投资的100%。八号扩建工程的竣工验收,为开展高温等离子体研究基础实验创造了条件。

(2) 投资完成及资金使用情况。

① 八号扩建工程自开工以来,基建拨款支出31702923.01元,其中交付使用资产30505221.91元,转出投资275265.51元,应核销投资229512.58元,应核销其他支出692923.01元。

② 工程项目完成投资和成本总额情况(根据设备实物放置的位置和投资科目的重新归类,调整投资后,工程项目的投资和成本应以调整后的数字为准)。

表12.7 八号工程完成投资和成本总额情况表

工 程 项 目	实际投资(元)	交付使用财产(元)
8-1实验大厅	6165391.77	6028249.59
8-2电源大厅	14459091.61	14200515.34
8-6(2-4)改建	235749.23	233373.85
8-3机加车间	4093250.44	4085768.52
8-5冷冻站	1199463.91	1178711.33
8-5去离子水制备	529226.36	529226.36
8-10锅炉房	507988.57	498467.83
8-8家属宿舍大板房	565537.78	561325.04
8-9室外工程	2500645.98	2437010.22
架空母排	753654.35	752573.83

(3) 对有关基建管理工作的意见。

八号工程基本上符合国家竣工验收的要求，同意进行验收。在建规模控制在国家核定的“五定”规模的总投资内，符合基本建设的总体精神。1980年中央二号文件下达，八号装置停建，所里采取积极的措施，和有关设备订货单位及时认真地洽商，减少了非标设备订货的赔偿以及积压报废引起的经济损失，并利用现有的设备面向科研和生产发挥了经济效益。八号工程竣工后能基本上做到工完料清，及时处理债权债务，所领导和基建管理人员做了大量的工作。在财务管理过程中没有违反财经纪律的现象，竣工验收的基建财务账表、册比较完整。总账数字准确，资金使用比较合理，但分类账还需要进行调整。希望今后在日常账务处理方面应严格执行基建财务会计制度，认真、细致地做好管理工作。

（4）存在的主要问题和解决意见。

① 室外工程按“五定”规模投资超支73万元应认真清理，找出各种超投资的原因及所占的投资比重，连同要求调整单项工程规模的报告于1985年3月底报中国科学院审批。

② 关于设备的处理意见：

a.“五定”设备清单上没有而已经购买的设备385967.81元，分清实际中需要和不需要的两种情况，详细说明其原因，分别于3月底报中国科学院审查，待中国科学院处理。

b.“五定”设备清单上有而实际没有购买的设备39238.09元，说明其原因，于3月底报中国科学院。

c. 委托北京电器研究所研制的直流真空断路器6台和直流触发器20台，总值204904.58元，应在1985年内到货并交付使用，并追补发票和有关原始凭证。

d. 在合肥电机厂封存的4 m立车和合肥变压器厂借用的九芯轧平机等4台设备282688.71元，不能利用的应在1985年6月底以前降价处理，降价幅度不超过国家的有关规定，处理不了的应拉回本所。

e. 对实际库存应安装的立铣、滚剪机、熔铜炉等9台设备，价值308800.86元，1985年6月底前应安装调试完毕，不需要和不能使用的设备于1985年尽快提出处理意见报院审批。

f. 按照“五定”设备清单上所列工程项目，而实际挪在其他项目上使用的设备总值833647.47元，应在1985年5月底以前作出说明和调整设备一览表报中国科学院，并相应地按实际设备所在的项目调整各工程项目的投资明细账。

③ 1985年4月底以前要增补各工程项目的投资账户，做到凭证、账、竣工决算的数字一致。竣工验收的基本建设财务决算表应按照要求进行调整。

④ 结转工程的铜母排母线桥和大电机联合调试费共30.3万元，按合同包干使用，于1985年6月底完成，交于建设银行专户存储，由建行监督使用，完工后补办单项工程验收手续。

⑤ 竣工验收费3万元不能单列，摊入8-2电源大厅的投资中(上述电源大厅的投资及成本数已摊入)。

⑥ 1978年、1979年两年的有关财务数按分院结转八号工程的数额为准，有关账目与凭证留院备查。

表12.8 财务组初步验收小组成员

姓名	单位	职务/职称
郭伟	中国人民建设银行合肥市支行	副行长
汤小青	中国科学院计划局	助理经济师
杨永泉	中国人民建设银行安徽省分行	副处长
张智定	中国人民建设银行安徽省分行	副科长
余章实	中国人民建设银行合肥市支行	副科长
余亚平	中国人民建设银行合肥市支行	副科长
童乃斌	中国人民建设银行合肥市支行	干部
王金鹏	中国科学技术大学	总经济师
栾开洛	中国科学技术大学	副总会计师
张毅	中国科学院上海分院	干部
戴明月	中国科学院南京天文仪器厂	会计师
于慧芬	中国科学院青岛海洋所	会计师
康明	中国科学院合肥分院计划处	会计
陈珑娣	中国科学院合肥分院计划处	会计
于琦	中国科学院等离子体物理研究所	助理会计师

表12.9 八号工程完成投资和成本总额情况表

工程项目	实际投资(元)	交付使用财产(元)
8-1实验大厅	6165391.77	6028249.59
8-2电源大厅	14459091.61	14200515.34
8-6(2-4)改建	235749.23	233373.85
8-3机加车间	4093250.44	4085768.52
8-5冷冻站	1199463.91	1178711.33
8-5去离子水制备	529226.36	529226.36
8-10锅炉房	507988.57	498467.83

续表

工程项目	实际投资(元)	交付使用财产(元)
8-8家属宿舍大板房	565537.78	561325.04
8-9室外工程	2500645.98	2437010.22
架空母排	753654.35	752573.83

5. 8-2杯形基础混凝土强度鉴定小组

该小组的同志在审查八号工程施工验收资料时,发现8-2电源大厅杯形基础混凝土标号试块中,有一组试块标号为86#(1979年6月15日浇捣),不符合设计要求。现经过慎重复查,查阅当时的施工日志,1979年6月15日共浇捣三只基础,是8-2工程最后浇捣的一批基础。根据当时施工人员分析的情况,大家研究确定挖开B-4、B-8、B-12三只杯形基础,进行实地查看,并用回弹方法测定了混凝土强度。这三只基础中,根据当时施工日志,至少有一只是6月15日浇捣的。

经过查看挖开的现场及安徽省建筑科研所用回弹仪实测结果,这三只杯形的混凝土强度分别是:B-4为229#,B-8为260#,B-12为233#(详见《结构混凝土检验报告》)。因此,鉴定小组慎重研究讨论,认为杯形基础符合设计要求,故8-2电源大厅施工质量仍属优良。

表12.10　8-2杯形基础混凝土强度鉴定小组

姓　名	单　　　位	职务/职称
王明濂	安徽省城乡建设环境保护厅	总工程师、高工
郑文秀	中国科学技术大学	副教务长
富喜来	中国科学院北京建筑设计院	工程师
曹一民	中国科学院北京建筑设计院	副总工程师
孙楚帆	中国科学院紫金山天文台	工程师
袁　平	安徽省第一建筑公司二工区	技术员
邓伯芳	中国科学院等离子体物理研究所	工程师
丛培茂	中国科学院等离子体物理研究所	处长
叶树新	安徽省建筑总公司	处长
李永良	安徽省第一建筑公司	副经理、工程师
周治国	中国科学院合肥分院	科长、工程师
石春福	中国科学院北京建筑设计院	工程师
彭明山	安徽省第一建筑公司第四工区	
郑德尧	安徽省第一建筑公司	副经理

续表

姓　名	单　　　位	职务/职称
胡曙初	合肥工业大学	讲师
钱翰清	中国科学院上海分院	工程师
高　峰	安徽省医学院	助工
方　悦	合肥市规划处	工程师

八号工程初步验收领导小组对各个验收专业组的验收报告进行了综合评判,出具了《中国科学院受控热核反应八号工程竣工初步验收鉴定报告》,报告主要内容如下:

中国科学院受国家计委委托,于1985年1月15—18日在合肥召开了受控热核反应八号工程竣工初步验收会议。

参加会议的55个单位165名代表听取了八号工程执行情况介绍和经济效益报告,查看了现场,审阅了竣工资料和财务决算,分为土建、工艺设备、安全卫生和环境保护、财务四个组,对九个单项工程的设计、施工、设备、安装、调试、环保安全、财务决算等是否达到设计指标、满足使用要求、符合验收规范,以及工程质量等进行了充分的讨论和认真负责的评定,出具了初步验收鉴定报告。对遗留问题提出了处理意见。领导小组讨论研究后,对八号工程竣工初步验收提出如下鉴定意见:

(1) 八号工程经过调整,按“五定”规模批准总建筑面积为20438 m^2,实际完成面积为20471 m^2;批准总投资为3101万元,实际完成投资为3101万元,没有突破规模。

(2) 八号工程竣工验收文件、资料基本齐全,准备工作良好。

(3) 同意四个小组的竣工初步验收鉴定报告或审查意见。

① 土建设计:八号工程总体设计上布局合理,考虑了近期和远期的规划设想,留有发展余地,既满足了科研和生产的使用要求,又使新、老实验区形成了有机的整体。对8-1实验大厅、8-2电源大厅等单体设计进行了认真的方案比较,考虑了当地特点,采取的建筑和结构方案是合理的。特别是四台脉冲直流发电机组的基础设计,具有国内先进水平。

② 土建施工:施工单位加强现场组织管理,严格按图纸精心施工,隐蔽工程有验收资料,关键部件有施工记录以确保施工质量。四台发电机组的基础,混凝土浇灌量大,施工难度高,由于精心施工,质量优良。8-2电源大厅的测量室做了电磁屏蔽处理。除8-2电源大厅、8-8家属宿舍大板房以外,整个工程的土建施工质量达到优良。

③ 工艺设计:调整后,将8-1实验大厅改建成一个可以安装多种核聚变实验装置的通用性实验室,适应了科研实验装置周期性更换的需要;8-2电源大厅四台直流脉冲发电机可以有21种方式串、并联运行;变电所深入负荷中心,脉冲负荷与常规负荷分开;采用集中供冷和热水供暖,总体来看,工艺设计比较先进,设备选型合理。

④ 工艺设备安装:各种设备安装后均一次调试成功。四台发电机组空载运转轴承座的振动单幅值小于0.01 mm,轴承的稳定温升不超过15 ℃,达到了国内同类发电机安装质量的最好水平。35 kV变电所的输电线和采用的户内式变电设备,已成功投入电网运行。去离子水设备安装后,水质达到了设计指标。整个工程的设备安装达到了优良的水平。

⑤ 环保设计:八号工程在环保方面做了大量的工作,并采取了相应的措施,同意给予正式验收。鉴于当前国家在这方面的要求日趋严格,应提出并落实整改措施,追补必要的投资,限期达到国家规定的要求和标准。

⑥ 财务决算:八号工程根据调整精神和“五定”规模进行施工安排,资金使用较合理。总投资控制在概算范围内,调整后及时到生产厂家清理非标准设备和材料,做了善后工作,经济损失很小。竣工验收的基建财务账表、册比较完整,总账数字准确。总投资3101万元。交付使用固定资产为30505221.91元,固定资产交付使用率98.37%,经济效益好。

(4) 主要遗留问题及处理意见:

① 验收中发现8-2电源大厅杯形基础的一组混凝土试块强度不符合质量要求。会议要求施工单位在3个月之内查清。如果基础实际强度符合设计要求,同意该单项列入整个工程的总体评价;如果基础实际强度不符合要求,则必须做出适当处理,采取措施,保证安全。

② 非标加工厂家应退回的设备,尚未偿还的需要在验收后半年内做妥善处理。正在制造的直流真空断路器和直流触发器需在1985年内交货。

③ 尾工项目留下的财务拨款30万元,其中室内母排18万元、发电机负载联调12万元,包干使用,需在1986年完成。项目完成后补办单项验收手续。

④ 环保劳卫组提出需采取的环保、安全等措施,应逐项提出具体方案,进行技术、经济论证后,限期完成。所需资金由中国科学院与等离子体所安排落实。

⑤ 全部应补齐的竣工图纸资料及应重新整理的财务决算表格,应于1985年6月底前完成。

八号工程经过八年的努力,精心设计,精心施工,整个工程质量达到优良水平,符合国家验收的要求。现提请国家验收委员会进行验收。

12.4 八号工程竣工验收鉴定书

1985年1月19—20日，由中国科学院副院长周光召和安徽省计委副主任宋明同志等17名委员组成的八号工程竣工国家验收委员会听取了八号工程执行情况介绍和经济效益报告，查看了现场，对《中国科学院受控热核反应八号工程竣工初步验收鉴定报告》进行了认真的审阅。形成了《中国科学院受控热核反应八号工程竣工验收鉴定书》，其主要内容如下：

验收依据：国家计委〔（76）计计字312号〕文件《关于建设合肥受控热核反应八号装置计划任务书》的复文、中国科学院〔（77）科发基字973号〕文件《批复受控热核反应八号工程扩大初步设计》、经国家计委同意的中国科学院〔（80）科发二字857号〕文件《贯彻中央二号文件精神，八号装置停建后，继续办好合肥等离子体物理所的报告》和中国科学院〔（83）科发计字0962号〕文件《关于大中型项目的"五定"的批复》，以及有关的国家验收规范。

验收委员会经过认真讨论，同意初步验收领导小组提交的《中国科学院受控热核反应八号工程竣工初步验收鉴定报告》，认为：

八号工程经过调整，按"五定"规模批准总建筑面积为20438 m^2，实际完成面积为20471 m^2；批准总投资为3101万元，实际完成投资为3101万元，没有突破规模。设计先进，布局合理，整个工程质量优良。竣工验收文件、资料基本齐全，准备工作良好。符合国家验收标准，可以竣工验收。

经过调整后的八号工程包括：适于开展多途径的受控热核反应实验研究的通用性实验大厅、装有4台共80000 kW飞轮发电机组的电源大厅、加工和维修必需的机加车间，以及相配套的其他辅助设施。八号工程总体设计布局合理，考虑了近期和远期的规划设想，留有发展余地，既满足了科研和生产的使用要求，又使新、老实验区形成了有机的整体；工艺设计先进，设备选型合理，适应了科研实验装置不断更新的需要；单体设计各具特色，也是好的。特别是四台脉冲直流发电机组的基础设计，在国内具有先进水平。

八号工程的工程质量优良，土建施工针对科研工程的特点，加强了现场组织管理，严格按图纸精心施工，隐蔽工程有检验资料，关键部件有施工记录以确保施工质量，工程的设备安装均达到一次调试成功，四台发电机组安装质量达到国内同类情况的最好水平，35 kV的变电所已成功地并网运行。

八号工程在环境保护方面做了大量的工作，并采取了相应的措施，情况也是好的。

八号工程基建财务账册比较完整，总账数字准确，资金使用基本合理。转入固体资产投资总数为3050.5万元，总面积为20471 m^2。自1984年12月31日起交付使用。

这项工程的竣工，在高温等离子体物理和受控热核反应研究方面建立了一个初具规模的研究基地，为使我国跻身于这个研究领域的世界先进行列创造了良好的条件。

在建设过程中，已经开展了科学研究工作，做出了有一定水平的物理实验结果，并将单元技术应用于国民经济，取得了好的成绩。整个工程所产生的效益是显著的。

对初步验收鉴定报告所提遗留问题的处理意见：

① 8-2电源大厅杯形基础混凝土质量问题，施工单位极为重视，于1985年1月19日、20日查出施工记录，挖开B-4、B-8、B-12三个基础，进行了检查。经实测结果，混凝土强度高于150#，符合质量要求。

② 污水处理关系全岛及合肥市饮用水源问题，责成中国科学院合肥分院委托合肥市有关部门尽快规划，通过方案论证，报中国科学院审批实施，投资另行安排。

③ 其他遗留问题，同意初步验收鉴定报告所提处理意见。

至此，中国科学院受控热核反应八号工程顺利通过验收，时间定格在1985年1月20日，这是一个在我国受控热核反应研究历史上具有里程碑意义的日子，它会永远铭刻在所有为八号工程作出贡献人员的心灵深处。

邱励俭在八号工程验收会上做项目建设总结报告(1985年1月18日)

霍裕平所长陪同王郁昭省长、周光召副院长视察8-2电机大厅

电机大厅工作人员等候八号工程竣工验收会议代表(1985年1月)

中国科学院合肥等离子体物理研究所

关于1980年八号工程及等离子体物理方面外事工作安排计划报告

八号受控热核实验装置工程目前正处于实验阶段初期，在这个期间，为使方案更加完善和合理，使加工过程可能出现的问题及早发现，得到解决，除国内加强交流和研制外，和国外同行进行讨论和交流是重要方式之一。国外已走过的某些经验教训对我们是宝贵的，它不仅可以使我们少走弯路，加快进度，更可使我们节约资金，提高可靠性。为此，希望在1979年国外同行来访的基础上，在1980年进一步加强出访，与组织来访或讲学活动。为此，提出如下计划，这些计划内容中的大部分均与今年来访的美国普林斯顿等离子体物理实验代表团的高特力伯（所长）、弗茨（物理付所长）、罗森布鲁斯（理论权威）、美国马里兰大学等离子体与受控研究中心执行所长刘全生、普林斯顿等离子体实验室朱祖凯教授、意大利弗拉斯卡蒂电离气体实验室的托斯基（所长）、布鲁耐利、安德列昂尼（前任所长）、塞格列非正式商谈过，有不少意见，是他们主动提出的。

一、派人出去。

八号工程主机设计已经全部完毕。虽然在全国范围进行了设计审定，但今年各次来访的外国同行，均对我设计提出了一些意见，也提出了担心之处，提出了薄弱环节。经我们分析，这些意见大部分是中肯的。他们也希望我们派人去与他们专家讨论，也可以请他们的专家来

(1)在1980年初，派综合小组带八号方案去普林斯顿进行讨论。时间一个月左右，其任务是对八号方案总体进行复核。

(2)在1980年中，派电源小组（包括注入电源）去美国普林斯顿和MIT参观考查电源系统和对我供电系统的技术设计进行复核。

(3)在1980年秋，派诊断小组前去普林斯顿参观考查诊断工作，如有可能，希望在该所协助下，购买某些诊断设备的关键部件或仪器，希望届时能解决部分外汇指标。

(4)派2—4人去美国普林斯顿工作（POSt. DOCtor）、主要参加PLT、PDX物理实验工作，学习如何组织大型装置的物理实验工作。工作年限要与该所商量（要打通与能源部关系）。

(5)派2—4人去意大利弗拉斯卡蒂电离气体实验室参加实验工作。工作年限要与该实验室商量（科学院要与意大利原子能委员会协议）。

(6)派2—4人去马里兰大学等离子体物理与受控中心与普林斯顿高等问题研究所工作，初步口头谅解去马里兰工作的第一年生活费用由我方负担，第二年由马里兰大学负担，去高等问题研究所可争取由他们负担生活费甚至路费。(.)、

(7)在接到邀请时，希望批准去欧州点火装置、欧州联合环（JET）参观访问，并参观欧州原子能联营受控部管理下的各主要实验室与欧州共同体的受控研究建立联系。

二、请人进来

(1)建议邀请美国能源部主管受控聚变的官员Uiufner、CLarK

~2~

中国科学院档案馆

《关于1980年八号工程及等离子体物理方面外事工作安排计划报告》

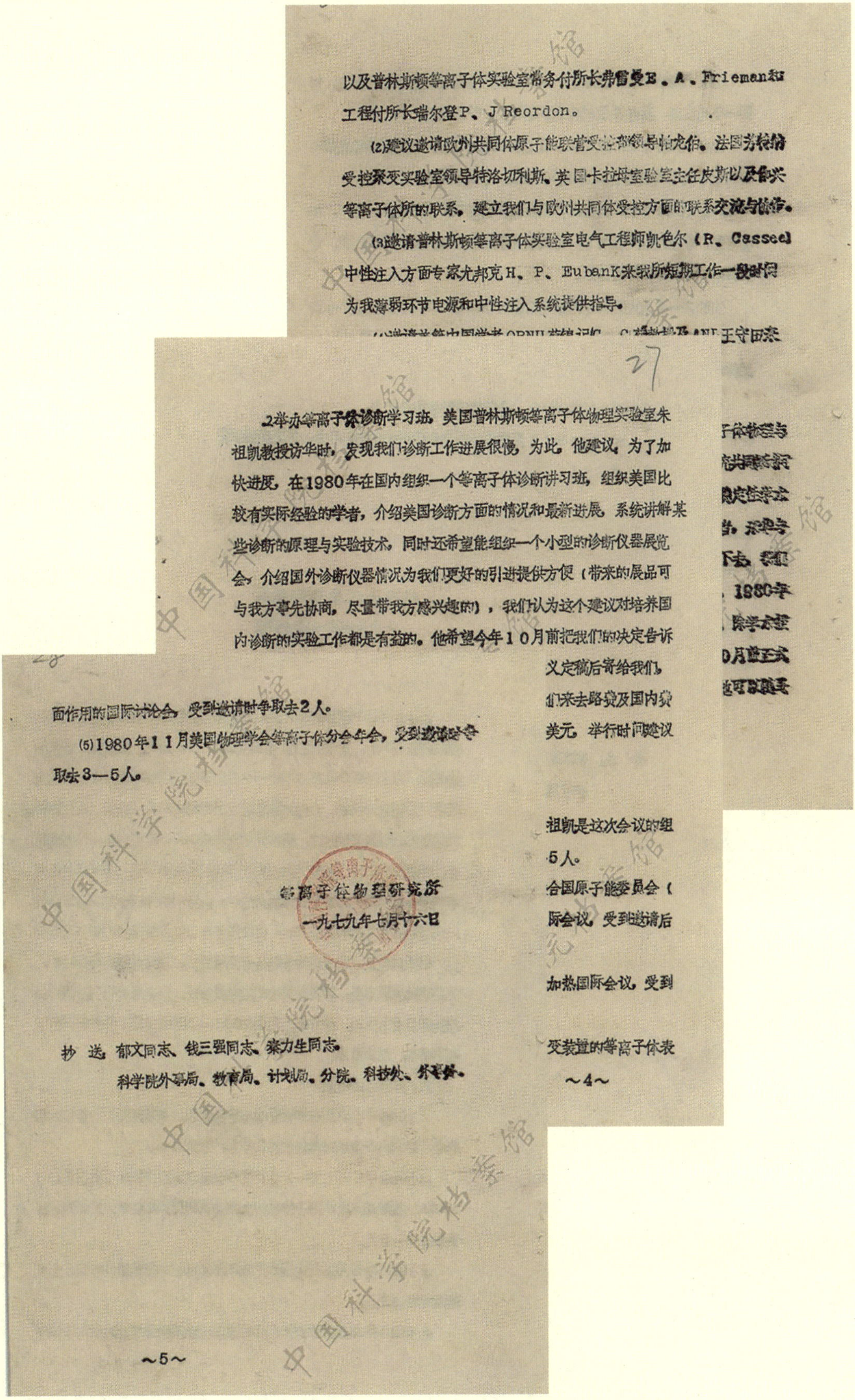
以及普林斯顿等离子体实验室常务付所长弗雷曼E．A．Frieman和工程付所长瑞尔登P、J Reordon。

(2)建议邀请欧州共同体原子能联营受控部领导帕尤伦。法国芳特耐受控聚变实验室领导特洛切利斯。英国卡拉姆实验室主任皮斯以及伽兴等离子体所的联系。建立我们与欧州共同体受控方面的联系交流与协作。

(3)邀请普林斯顿等离子体实验室电气工程师凯色尔（R．Cassel）中性注入方面专家尤邦克H．P．EubanK来我所短期工作一段时间为我薄弱环节电源和中性注入系统提供指导。

27

2举办等离子体诊断学习班。美国普林斯顿等离子体物理实验室朱祖凯教授访华时，发现我们诊断工作进展很慢，为此，他建议，为了加快进度，在1980年在国内组织一个等离子体诊断讲习班，组织美国比较有实际经验的学者，介绍美国诊断方面的情况和最新进展，系统讲解某些诊断的原理与实验技术。同时还希望能组织一个小型的诊断仪器展览会，介绍国外诊断仪器情况为我们更好的引进提供方便（带来的展品可与我方事先协商，尽量带我方感兴趣的），我们认为这个建议对培养国内诊断的实验工作都是有益的。他希望今年10月前把我们的决定告诉

义定稿后寄给我们。

们来去路费及国内负

美元。举行时间建议

祖凯是这次会议的组

5人。

合国原子能委员会（

际会议，受到邀请后

加热国际会议，受到

变装置的等离子体表

～4～

面作用的国际讨论会，受到邀请时争取去2人。

(5)1980年11月美国物理学会等离子体分会年会，受到邀请时争取去3—5人。

等离子体物理研究所

一九七九年七月十六日

抄送：郁文同志、钱三强同志、秦力生同志。

科学院外事局、教育局、计划局、分院、科技处、外事处。

～5～

《关于1980年八号工程及等离子体物理方面外事工作安排计划报告》(续)

13 结束语

从1973年到1985年，中国科技人员在生活条件艰苦、科研环境贫乏、亲人聚少离多的董铺岛上度过了激情四射的12年。在这12年里，几百名科技精英从祖国的四面八方相聚在董铺岛上，把他们的智慧、青春和心血挥洒在八号工程上。为了人类未来的能源，为了人类未来的发展、为了人类未来的美好，他们在董铺岛上谱写了一首又一首令人感动、令人赞叹、令人振奋、令人自豪的进行曲。

八号工程的建设，充满着艰辛和坎坷，有科学上的问题，有技术上的难点，有工程上的短板，有情感上的悲怆，还有决策上的时代性。在这条长征路上，广大科技人员以宽广的胸怀接纳着事业旅途中的不完美，以坚实的步伐走过那段难以忘却的岁月，以过人的智慧突破了数以万计困难的“围追堵截”，最终证明，大气、努力和坚韧是八号工程长征成功的不二法宝。

八号工程已经远去，但是她的精神、她的文化、她的价值、她的故事对科学岛的发展形成了深远的影响。今天的小太阳名扬四海，稳态强磁场突破世界纪录，大科学装置集中区胜境迷人，所有的这一切都离不开八号工程，在科学岛大科学装置发展历程上，八号工程是无可争议的攀登基石，当之无愧的开拓先锋。

衷心感谢以下诸位同志的鼎力支持与无私帮助，正是有了你们的贡献，本书才得以顺利出版：

季幼章先生、姚民军先生、宋兆海先生、许家治先生，以及谢纪康先生、张澄女士，他们的智慧与力量是本书不可或缺的一部分。

特别感谢陈泽先先生(陈春先先生之弟)，邱慧立先生(邱励俭先生之子)与杨屹女士(邱励俭先生儿媳)，霍鑫先生(霍裕平先生之子)，他们的积极贡献与鼓励，为本书的成书增添了无限动力。

此外，还有许多在幕后默默付出的相关同志，他们的努力与奉献同样值得我们铭记与感激。

在此，我们向所有为本书出版付出辛勤努力的人们致以最诚挚的谢意！

八号工程全景(前面:8-2电机大厅;中间:8-1实验大厅;左边:8-4变电所;后面:4号楼)

八号工程主要建筑:8-2电机大厅

附录 八号工程大事记

1964年

毛泽东主席发出科学技术赶超世界先进水平的号召。

1965年

中国科学院着手制定我国科学技术跃进的10～20年规划，认为在物理学方面应该在6个项目上赶超：等离子体和受控热核反应、低温工程、强磁场技术、高压工程、固体能谱、强电流脉冲放电技术。为此拟建立一个综合性的实验物理中心，称为技术物理中心，也称“325”工程。

中国科学院物理所将留苏高才生陈春先调入拟建的技术物理中心，负责核聚变、技术物理研究方面的调研、规划，制定实施方案和措施等。

1966年

技术物理中心的建立计划因特殊历史时期的动荡而中断，随之受控核聚变研究也就此搁置。

1970年

9月11日，在中国科学院第四个五年计划赶超项目讨论会上，物理所陈春先与电工所严陆光提出利用中国科学院安徽光机所八号电感建设一个具有世界先进水平的强磁场环形热核反应实验装置的设想。

1971年

物理所党委书记高原带着陈春先来到合肥，与安徽光机所副所长何志明、科技处副处长姚民军、一室邱励俭和季幼章等同志协商在安徽光机所建造核聚变实验装置。

1972年

10月4日，周恩来总理对我国受控核聚变研究作出“受控研究两家搞，两条腿走路，百家争鸣”的批示（指中国科学院与二机部同时进行研究），中国科学院党的核心小组正式确定受控热核反应研究为全院重点项目。

我国科学家代表团考察美国、英国、瑞典等国家的主要受控热核反应研究中心。

1973年

1月28日，物理所和安徽光机所联名向中国科学院提出《关于建设受控热核反应研究实验站》的请示报告。

4月6日，中国科学院批复同意在合肥建设受控热核反应研究实验站。实验站由物理所和安徽光机所双重领导。同年下半年开始，从全国各地调入的人员陆续到达安徽光机所。

1974年

3月17日，安徽光机所和物理所形成了《关于合肥强磁场环形受控热核反应实验装置(八号装置)初步方案报告》。计划在充分利用安徽光机所现有大型电感能源、强磁场方面实验条件和有关技术力量基础上，在1974—1976年建成合肥环形热核中间实验装置，称为八号工程。

3月27日，安徽光机所成立受控工作领导小组，党委副书记、革委会副主任凌汉如兼任组长，在党委领导下，在科技处具体指导下，统一指挥安徽光机所受控研究工作。

10月，在成都举行全国受控热核反应研究学术交流会(“109”会议)。会上全面讨论交流了研究成果，座谈了发展规划。

12月26日，建成受控托卡马克模拟装置(HT-6模拟装置)，并成功放电。

11月24日至12月27日，中国科学院二局组织物理所陈春先、霍裕平，电工所严陆光，力学所薛明伦、薛以年、刘新萍等6人，到安徽光机所参加八号装置技术方案的讨论工作。

1975年

1月20日，安徽光机所和物理所向中国科学院二局报告HT-6模拟装置的初步试验情况，八号装置的初步设计方案，八号模拟装置的加工、总装、调试情况。

2月21日，中国科学院在北京召开受控热核反应八号工程协调会议。会议认为，受控热核反应是自然科学中的重大研究课题，组织院内外的大协作，把各单位统一组织起来进行会战是必要的。

5月20日，中国科学院在安徽光机所召开“受控热核反应八号工程方案”讨论会，主要讨论了八号受控热核反应实验装置物理试验、工程设计及有关理论和技术问题。

7月，中国科学院党的核心小组和院领导对八号工程方案作出“统一规划、互相协作、拉大距离”的指示，八号工程方案组于1975年8月集中进行了近一个月的工作，提出了八号工程第二方案的工作报告。

9月14—21日，安徽光机所党委副书记凌汉如带队，中国科学院二局有关人员，以及安徽光机所、物理所、电工所、北京大学等有关科研人员共12人组成调研组，专程到二机部585所对八号工程方案进行讨论，听取其对工程方案的意见。

12月14—22日，中国科学院在合肥召开八号工程总体方案论证会。钱三强副院长到会指导。会议重点对八号工程的总体和物理方案以及工程方面的重大技术原则问题进行论证。

1976年

1月19日，中国科学院向国家计委呈报《关于报批受控热核反应计划任务书的报告》。

7月，中国科学院以《关于重新报批受控热核反应八号工程设计任务书的报告》，向国家计委报送了《受控热核反应八号工程计划任务书》。

11月10日，国家计委以《关于建设合肥受控热核反应八号装置计划任务书》对此报告做出批复：同意中国科学院在合肥安徽光机所建设受控热核反应八号装置，总投资4000万元。

1977年

4月上旬，副院长钱三强率中国科学院二局、人事局、计划局相关人员来合肥，落实八号受控热核反应装置研制和工程建造任务。

5月30日，中国科学院召开院务会，院党组书记、副院长李昌主持，讨论有关八号受控热核反应装置研制和工程建造任务需要解决的问题。

6月23—29日，经二机部五局和中国科学院二局同意，在合肥召开"托卡马克型点火装置调研报告会"，研究点火装置的物理设计和工程建造等方面的问题。

8月25—26日，受控热核反应研究实验站（受控站）在合肥召开八号工程土建扩大初步设计方案审定会，并将扩初方案上报中国科学院。

8月，国家计委发出《请一机部落实重离子加速器和八号受控热核反应实验装置计划的通知》，请一机部有关部门按中国科学院提出的技术要求试制，逐项做好安排，共同努力，把这两项工程"尽快搞上去"。

11月1日，中国科学院对安徽光机所委托中国科学院北京建筑设计院编制的有关《受控热核反应八号工程扩大初步设计》作出批复：基本同意报来的扩初设计，但投资需进行调整。

12月26日，安徽省电力局按国家计委和水电部有关八号工程建设的指示精神，决定启动淮南电厂至合肥八号装置的110 km 220 kV输电线路及八号装置变电工程的设计、施工任务。

1978年

2月15日，安徽光机所启用"中国科学院安徽八号工程会战指挥部"印章。3月25日，安徽省革命委员会科技局批准启用

“中国科学院八号工程”印章。

5月11日,中国科学院决定:以受控站为基础、八号工程为支撑,开始筹建等离子体物理研究所。李吉士、陈春先同志任中国科学院合肥分院等离子体物理研究所负责人。

7月24—31日,在一机部和中国科学院的重视和直接领导下,在合肥召开了“八号工程非标落实会”(“787”会议)。在这次会议上,144个非标项目,已签合同的有23项,已签协议的有115项,已签纪要的有3项,仅有3项未落实,整体效果很好。

8月15日,中国科学院对八号工程电源大厅修改设计作出批复,同意电源大厅的面积由5657 m^2增为6195 m^2。电机大厅屋架改为钢屋架。

8月15日,安徽光机所受控站以中国科学院等离子体物理研究所名称呈送报告给中国科学院,要求尽快落实八号工程220 kV输变电工程项目归口安排问题。

9月19日,中国科学院以相关文件指示,中国科学院等离子体物理研究所已经成立,自即日起启用“中国科学院等离子体物理研究所”印章。八号工程的建设也由等离子体物理研究所接续。

1979年

1月6—13日,在合肥召开“791”主机技术设计审定会。对八号工程主机技术设计进行审查,对八号工程的抽气、充气系统,数据处理系统进行审定。

5月22日,遵照中国科学院党组会议精神,等离子体所草拟了《中国科学院等离子体物理研究所建所计划任务书》,并于8月4日报送中国科学院。该计划书从办所目标、任务、机构设置、人员编制、八号工程调整、基本建设等方面进行了明确的阐述。

7月7日,中国科学院同意:李吉士、李凤楼、陈春先、邱励俭、王宇、姚民军等6位同志任等离子体所副所长(陈春先任职到1981年11月16日)。

1980年

1月,中共中央以相关文件批转《中央科学研究协调委员会会议纪要》,指出“在原子科技研究方面,二机部与科学院应密切分工协作,各有侧重”,“二机部的托卡马克装置将于明年建成,科学院不必另建,可与二机部合作共同利用,搞好研究工作”。遵照此文件精神,中国科学院决定停建八号受控热核反应装置。

2月5日,等离子体所向中国科学院呈报《关于贯彻中央二号文件、停建八号、继续办所的请示报告》。院领导指示:“所要保留,力量要保存。”

4月17日,等离子体所向中国科学院报送《关于贯彻中央二号文件、停建八号、结合办所的情况汇报》,阐明:八号装置停建及经费使用情况;八号装置停建,继续建所;八号工程项目转为建所的基本条件。

6月9日,中国科学院以相关文件行文给一机部,说明由于八号工程停建,要求将原安排一机部相关单位设计生产的非标专用设备96项撤销67项,保留29项转等离子体所利用。涉及的经济问题按国家有关规定办理。

6月19日,中国科学院向国家计委、国家建委呈报《关于贯彻中央二号文件精神,八号装置停建后,继续办好合肥等离子体物理所的报告》。八号工程停建后,中国科学院对等离子体所的方向任务作出相应调整,充分利用现有条件,继续建设并完善研究工作的必需手段,转向以高温等离子体物理为主的受控核聚变的研究工作。

8月29日,中国科学院调整1980年基本建设投资计划,恢复对等离子体所的基建投资。这表明等离子体所已经初步摆脱了八号工程停建危机,所提出的未来等离子体所的发展方向和研究任务已经得到中国科学院和国家的认可。

8月,中共中央政治局委员、国务委员方毅,全国人大常委会副委员长严济慈来等离子体所检查工作,并参观八号装置模型。

10月13日,等离子体所向中国科学院上报《〈关于贯彻中央二号文件,八号装置停建后,继续办好合肥等离子体物理所的报告〉的补充报告》,阐明:关于等离子体所的科研方向、任务、具体研究领域和机构设置;人员编制发展到650人。

12月1日,中国科学院对1980年基本建设投资计划进行调整,大幅度提高了电源大厅投资,增列了八号工程退货损失费。

1981年

4月23日,中国科学院副院长华罗庚来到中国科学院合肥分院,考察等离子体所,并参加8-1实验大厅奠基仪式。

10月27日,等离子体所制定了《1982—1986年科学事业发展规划》,根据中国科学院"侧重基础,侧重提高,为国民经济和国防建设服务"的工作方针,决定以实现核聚变过程中的高温等离子体为研究方向,主要集中研究磁约束途径,并制定了科研任务、人才培养方面的五年奋斗目标。

HT-6小型托卡马克装置建成。

1982年

年初,等离子体所对HT-6进行改建,定名为HT-6A。1983年改名为HT-6B。

6月,等离子体所编制了《等离子体物理所基建(八号工程)"五定方案"》。7月8日上报中国科学院审核。

7月,为了进行多途径探索,等离子体所建造了一个轴对称的热电子环HER磁镜,进行热电子等离子体的加热、平衡、稳定性等问题的研究。

10月，中国科学院调整1982年固定资产投资计划。将等离子体所冷却系统建筑面积扩大到804 m^2，锅炉房扩大到400 m^2。

11月15日，等离子体所报告中国科学院，申请在等离子体所建立强磁场实验室，填补我国在这一科学领域里的空白。

11月20日，等离子体所报告中国科学院，申请在等离子体所建立波加热实验室。报告指出：波加热实验研究是磁约束类型受控热核聚变实验装置的重要加热手段之一。

年底，非托卡马克新型的磁约束装置MPT-X多极器建成。

1983年

11月9日，中国科学院对大中型项目“五定”报告进行批复。经调整，核定等离子体所建筑面积为20438 m^2，总投资3101万元，1984年竣工验收。

年底，HT-6M装置建成，投入运行。

1984年

年底，八号工程建设内容已经基本完成，等离子体所发布《八号工程基本情况》的报告，对整个八号工程（主要是扩建工程）的建设过程、内容和结果进行了梳理，阐明：研究所概况；扩建工程总体完成情况；土建完成情况；设备安装情况；遗留问题和意见；已发挥效益。

1985年

1月18日，中国科学院在等离子体所举行HT-6M装置运行典礼。周光召副院长发表讲话。

1月19—20日，中国科学院受国家计委委托，在合肥召开受控热核反应八号工程竣工验收会议。竣工验收委员会主任为周光召副院长。

八号工程竣工验收留念

前排左起：

左4 闫长久　中国科学院合肥分院秘书长

左9 邓德尧　安徽省第一建筑公司副经理

左10 季幼章　中国科学院等离子体物理研究所处长

左11 白乐英　安徽省建筑总公司副总工程师

左12 曹一民　中国科学院北京建筑设计院副总工程师

左13 刘奕昆　中国科学院技术条件及进出口局副处长

左14 霍裕平　中国科学院合肥分院院长、等离子体物理研究所所长

左15 田　声　安徽省科学技术委员会副主任

左16 钱　麟　中国科学院干部局副局长

左17 沈澄钧　国家计委基建综合局副处长

左18 岳致中　中国科学院副秘书长

左19 周光召　中国科学院副院长

左20 宋　明　安徽省计划委员会副主任

左21 白伟民　中国科学院计划局副局长

左22 章　综　中国科学院数理学部主任
左23 王延瑞　中国人民建设银行安徽省分行副总工程师(总行代表)
左24 王明濂　安徽省城乡建设环境保护厅总工程师
左25 邱励俭　中国科学院等离子体物理研究所副所长
左26 郑文秀　中国科学技术大学副教务长
左27 王乃昌　合肥市城乡建设委员会副主任
左28 王若琊　中国科学院计划局副处长
左29 乐秀夫　中国科学院等离子体物理研究所副处长
左31 唐功先　中国科学院等离子体物理研究所副所长
左32 邵世举　中国科学院等离子体物理研究所党委副书记
左34 姜同文　中国科学院等离子体物理研究所助研
左35 赵共和　中国科学院等离子体物理研究所副处长
左36 黄　贵　中国科学院等离子体物理研究所副处长
左38 胡懋廉　中国科学院等离子体物理研究所
左39 王金鹏　中国科学技术大学总经济师

分组验收报告包括：土建验收小组报告、工艺设备验收小组报告、安全卫生和环境保护验收小组报告、财务验收小组报告。

《中国科学院受控热核反应八号工程竣工验收鉴定书》指出：八号工程经过调整，按“五定”规模批准建筑面积为20438 m^2，实际完成面积为20471 m^2；批准总投资为3101万元，实际完成投资为3101万元，没有突破规模。设计先进，布局合理，整个工程质量优良，竣工验收文件、资料基本齐全，准备工作良好，符合国家验收标准，可以竣工验收。